T0209114

CODICI CIFRATI

Arne Beurling
e la crittografia nella II guerra mondiale

Bengt Beckman

CODICI CIFRATI

Arne Beurling
e la crittografia nella II guerra mondiale

Traduzione a cura di
Clemente Ancona

 Springer

Traduzione a cura di:
Clemente Ancona

Revisione Scientifica:
Renato Betti

ISBN-10 88-470-0316-4
ISBN-13 978-88-470-0316-3

Springer fa parte di Springer Science+Business Media
springer.it
© Springer-Verlag Italia 2005
Stampato in Italia

Progetto grafico della copertina: Valentina Greco, Milano
Fotocomposizione e impaginazione: Valentina Greco, Milano
Stampa: Signum Srl, Bollate (MI)

Indice

Parte 1

Parte 2

Introduzione all'edizione italiana

Nei primi anni della II guerra mondiale ebbe luogo uno dei fatti più clamorosi nel campo della crittografia militare, quando il matematico svedese Arne Beurling decrittò il codice che i Tedeschi utilizzavano per le comunicazioni strategiche fra Berlino ed i territori occupati in Norvegia e in Finlandia. Un'impresa paragonabile a quella del famoso codice *Enigma* – compiuta dai servizi di *intelligence* di Inghilterra e Polonia con l'apporto del noto matematico Alan Turing – seppure, a differenza di questa, rimasta segreta fino a tempi recenti. Il risultato più evidente di questo lavoro fu forse la decrittazione dei dati di invasione dell'Unione Sovietica – la cosiddetta "operazione Barbarossa" – come viene narrato nel libro.

L'autore, Bengt Beckman, dopo la guerra è stato per molti anni a capo dell'agenzia svedese di intercettazione e decifrazione (FRA) e, quando il materiale è uscito dal segreto militare, ne ha ricostruito con precisione e passione tutta la storia, dai primi risultati della *intelligence* svedese in occasione della Guerra d'Inverno russo-finlandese, alla nascita dell'agenzia stessa ed ai successi del periodo bellico. Della storia fanno parte essenziale il clima politico e la speranza che la Svezia riesca a mantenersi neutrale, il lavoro di decrittazione visto nella normalità delle attività quotidiane da parte dei dipendenti dell'agenzia, il genio isolato e scontroso di Beurling che non rivela le proprie mosse. Sullo sfondo: le vicende per noi poco note della guerra nel Baltico e nel mare del Nord.

I fatti che riguardano la decrittazione dei messaggi tedeschi sono semplici da riassumere: all'inizio della guerra, la Germania chiede di poter utilizzare i cavi telefonici in territorio svedese per le proprie comunicazioni con i paesi occupati. La Svezia acconsente e, da allora, ha a disposizione una grande quantità di messaggi riservati attraverso la regolare intercettazione del traffico delle telescriventi. Il maggior successo crittografico si manifesta presto, nell'aprile del 1940, soltanto due settimane dopo che il comando tedesco ha introdotto una nuova macchina – la *Geheimschreiber* (o *G-schreiber*) – un dispositivo che appare primitivo agli occhi di oggi ma che al tempo sembrava inespugnabile: tutti i telegrammi intercettati sono leggibili "in chiaro" dal comando svedese. Due settimane sono state sufficienti ad Arne Beurling, che partiva soltanto da una certa quantità di intercettazioni ma era a digiuno di ogni nozione relativa alle telescriventi, per emulare il dispositivo cifrante e ridurre il problema a quello di una semplice *routine* che personale appositamente addestrato, ma per altro non specializzato, può eseguire in tempi molto brevi.

Di fatto, come sempre avviene nel settore della crittografia, il successo si basava su una serie di piccoli errori commessi. Piccoli, ma imperdonabili – come l'uso ripetuto delle parole chiave – e in definitiva dipendeva dalla pigrizia e mancanza di fantasia degli operatori tedeschi, se non da incompetenza o frustrazione. Solo in qualche caso, si basava su una vera e propria attività di spionaggio. Ed è proprio in queste piccole fessure che si insinua la bravura dell'analista crittografo.

Con le vicende relative alla II guerra mondiale, la storia millenaria della crittografia conosce le manifestazioni più alte di una fase del proprio sviluppo, dopo che l'invenzione del telegrafo a metà dell'800 e più ancora l'avvento della radio avevano reso possibili comunicazioni rapide e facili, a scapito del fatto che fossero facilmente intercettabili. Il rimedio consiste nel cifrare con metodi sempre più intricati le comunicazioni esposte ad indiscrezione. In questa fase la crittografia è ancora un'arte – l'arte di trasmettere messaggi riservati. Più che un metodo riproducibile e analizzabile nelle sue regole, è una pratica che si acquisisce con l'esperienza. Si basa sulla fantasia del progettista e richiede intuito nell'analista che vuole infrangere il cifrario: non a caso Beurling non rivelerà mai la propria strategia di attacco alla *G-schreiber*. "Un mago non rivela i propri trucchi", si limita a ripetere, alquanto irritato, a chi vuole spiegazioni che forse non è in grado di dare.

Matematico raffinato, cultore di analisi complessa e di analisi armonica, Beurling si rende conto che il lavoro di decrittazione è analogo a quello che precede la dimostrazione di un teorema o la formulazione di un risultato. Per niente formalizzabile, è un lavoro che affonda le radici in una massa di dati, di sensazioni e di verifiche empiriche. Il risultato appare all'esterno, in tutto e per tutto, un atto di magia. E il libro parla anche, con linguaggio accessibile a diversi livelli, dei possibili sistemi di cifratura e sovracifratura, degli attacchi, delle osservazioni vincenti e delle strade senza sbocco, di tutto quel substrato di tentativi e prove empiriche che, quando hanno successo, fanno del lavoro di decrittazione un'impresa unica.

Dotato di forte personalità e grande ascendente, ma allo stesso tempo facilmente irritabile, Beurling è un personaggio singolare, in maniera naturale al centro di tutte le attività, dei successi come degli inevitabili contrasti che si manifestano nell'ambiente scientifico. E il libro lo segue anche nel periodo post bellico, quando si trasferisce all'*Institute for Advanced Study* di Princeton, fino alla sua scomparsa nel 1986, quasi a voler comprendere le ragioni del successo crittografico attraverso l'ulteriore esame del personaggio, o forse soltanto per far conoscere maggiormente la personalità di Beurling che, nonostante i risultati scientifici e il brillante lavoro di decrittazione in tempo di guerra, non è molto conosciuto al di fuori della Svezia.

Oggi la crittografia ha abbandonato la fase dei sistemi empirici di cifratura e decrittazione, basati sull'intuizione personale e dotati di poche regole, soprattutto di carattere statistico-combinatorio, così come nel corso del tempo ha superate altre fasi: il periodo "eroico" monoalfabetico, quando la fantasia costituiva la maggiore sorgente di imprevedibilità per l'intercettatore, poi la sistematica rinascimentale, con i primi cifrari polialfabetici, i primi congegni meccanici e i primi algoritmi, contrastata efficacemente dai metodi statistici. L'inizio del '900 presenta nuovi concetti e nuovi dispositivi, come il flusso delle chiavi generato casualmente e l'uso di macchine elettromeccaniche per il trattamento dell'informazione. Dall'inizio del '900 sorge una grande quantità di dispositivi, soprattutto a rotori, come l'*Enigma* e la stesa *G-schreiber*, che ricorrono a metodi sempre più complessi per cifrari i messaggi.

La nuova fase, quella della moderna crittografia, riguarda la nascita dell'idea di "chiave pubblica" negli anni '70. Con essa, l'antica arte di trasmettere messaggi segreti si sta facendo scienza, anche sotto l'emergenza delle necessità delle comunicazioni commerciali: oltre alle esigenze militari e diplomatiche, da sempre presenti, la crittografia coinvolge operazioni quotidianamente compiute da tutti, in ambito privato e personale. E la materia si trova oggi al crocevia, pratico e concettuale, di numerose discipline scientifiche: teoria dell'informazione, complessità computazionale, calcolo delle probabilità, teoria dei numeri, per citarne solo alcune. Investe problematiche di grande valore sociale e politico, coinvolge la nostra *privacy* e il nostro giudizio morale, ha rilevanza sul piano economico e del diritto.

Al confronto con i sistemi di cifratura odierni, quelli di cui si narra nel libro appaiono irrimediabilmente ingenui e datati, non solo alla luce delle moderne potenzialità di calcolo, ma anche delle nuove idee. Eppure, solo qualche decennio fa, per la loro analisi è stato necessario ricorrere ad un massiccio lavoro umano, continuo e sistematico, ai primi rudimentali sistemi di calcolo automatico, appositamente progettati, e all'opera insostituibile e creativa di un "mago". L'apporto umano è ancora alla base di qualsiasi impresa di questo genere. Questa ne è la storia. Una storia recente.

Renato Betti
Politecnico di Milano

Premessa

Quando scoppiò la Seconda Guerra Mondiale, il 1° settembre 1939, la Svezia aveva due pericolosi vicini. La Germania aveva già occupato l'Austria e la Cecoslovacchia e l'Unione Sovietica stava avanzando pretese territoriali sulla Finlandia e gli Stati Baltici. Una settimana prima dell'attacco della Germania alla Polonia, i due antagonisti sorpresero il mondo – che aveva sperato in un equilibrio del terrore – concordando un patto di non aggressione, il Patto Molotov-Ribbentrop. Sembrava che le due fiere unissero le loro forze.

Per motivi storici, l'URSS veniva percepita dagli Svedesi come la minaccia più immediata: la Svezia era stata in guerra con la Russia più o meno in continuazione durante il periodo 1200-1809, ed ora sembrava che l'Orso Russo si stesse preparando ad avanzare di nuovo nella nostra direzione. La Sezione Cifra del Quartier Generale dello Stato maggiore della Difesa, di recente formazione, aveva concentrato i propri sforzi sui sistemi di codifica sovietici, allo scopo di seguire le mosse della marina sovietica.

Nell'autunno del 1939 le pretese sovietiche si fecero sempre più minacciose e, quando i Finlandesi si rifiutarono di cedere, la Russia attaccò. In Svezia l'aggressione diede origine a moti d'indignazione fino ad allora raramente registrati e a manifestazioni di solidarietà. I Finlandesi tennero duro per tre mesi – la cosiddetta Guerra d'Inverno durò dal 30 novembre al 13 marzo – ma alla fine dovettero accettare severe condizioni.

In Svezia la minaccia immediata parve affievolirsi, ma il 9 aprile i Tedeschi occuparono la Danimarca e la Norvegia. I soldati svedesi da poco smobilitati dovettero riprendere servizio.

Per comunicare con Berlino, gli occupanti della Norvegia usavano cavi che passavano attraverso la Svezia, e gli Svedesi furono abbastanza indelicati da intercettare le linee. All'inizio il sistema crittografico tedesco parve troppo difficile da forzare. Tuttavia le cose cambiarono quando Arne Beurling, professore di matematica all'università di Uppsala, fu chiamato a dare una mano: per diversi anni le comunicazioni tedesche furono regolarmente decrittate.

Il governo e le forze armate svedesi avevano la possibilità di seguire lo sviluppo degli eventi, e non solo in Norvegia, da poltrone di prima fila. Venivano trasmessi regolari rapporti sui diversi teatri di guerra agli ufficiali dello Stato maggiore di stanza in Norvegia. In più, risultò che una parte della corrispondenza tra Berlino e l'ambasciata tedesca di Stoccolma era criptata con lo stesso tipo di macchina cifrante.

L'attacco tedesco all'URSS nel giugno del 1941 non giunse agli Svedesi come una sorpresa: riuscendo a leggere i telegrammi tedeschi cifrati, ne erano a conoscenza con settimane d'anticipo. La Guerra di Continuazione tra Finlandia e Russia, per la quale in Svezia vi fu scarso entusiasmo, portò alla cooperazione tra Germania e Finlandia, con truppe tedesche stazionanti in Finlandia. Così come le truppe di stanza in Norvegia, esse usavano cavi telegrafici attraverso la Svezia e lo stesso sistema di cifratura, cosicché, di nuovo, gli Svedesi furono in grado di intercettare e decrittare le loro comunicazioni.

Per quasi tutto il resto della guerra, le truppe tedesche circondarono quasi completamente la Svezia: erano in Norvegia, in Finlandia, nel Baltico, in Polonia, in Danimarca e, ovviamente, nella stessa Germania. Questo, prima dell'avvento dei missili da crociera e degli ICBM (*Inter-Continental Balistic Missiles*, missili balistici intercontinentali), né ci si poteva aspettare aiuto da qualcuno. In Norvegia stazionavano 350.000 soldati tedeschi, la maggior parte dei quali poteva essere usata in operazioni contro la Svezia. In tale situazione, per il governo svedese fu inestimabile la possibilità di seguire i piani tedeschi: si potevano avere indicazioni di un possibile attacco con vasto anticipo.

In ogni modo, non giunsero indicazioni in tal senso, e nessun attacco ebbe luogo. Nell'inverno 1942-43 la bilancia si spostò a svantaggio dei Tedeschi. Persero 250 mila uomini a Stalingrado e, in Africa, Rommel cominciò a ritirarsi. L'esito della guerra si poteva ormai intravedere.

Al tempo stesso, verso la fine del 1942, i Tedeschi cominciarono a rendersi conto che le loro comunicazioni in cifra erano ampiamente decifrate in Svezia. Vennero allora introdotti alcuni miglioramenti nel sistema e, piano piano, venne a mancare questo spiraglio sulla macchina da guerra tedesca. Ma ormai il pericolo si era andato riducendo.

Durante la fase più critica della guerra la direzione politica e militare poté seguire i piani e le disposizioni dei Tedeschi e modificare di conseguenza la propria politica, cercando di tenere la Svezia fuori dalla guerra.

La storia della violazione del codice tedesco è narrata in dettaglio in questo libro per la prima volta.

Hans Dalberg

Prefazione

La storia dei successi crittoanalitici – quando si riescono a infrangere i sistemi di cifratura di altri paesi – è generalmente tenuta segreta. Ma con l'andar del tempo la segretezza viene gradualmente allentata, ed ora si può narrare la storia della decrittazione del sistema tedesco *Geheimschreiber* da parte di Arne Beurling.

Nel 1946, quando cominciai a lavorare per la FRA come coscritto, la guerra era ormai terminata. Qui racconterò le storie di coloro che hanno preso parte, e portato a compimento, alcune tra le più notevoli e singolari imprese crittoanalitiche mai realizzate. Inoltre, darò qualche esempio di come viene fatta l'analisi crittografica, sia a livello elementare che a livello più avanzato. Il lettore è invitato a cimentarsi personalmente con questi esempi.

Nel 1991 sono andato in pensione, dopo essere stato a capo della sezione di analisi crittografica della FRA. Le mie fonti principali sono gli archivi della FRA e gli uomini e le donne che hanno partecipato allo sforzo bellico. Alla fine del libro c'è un elenco di quelli che ho intervistato. Sono grato a tutti loro, ma vorrei esprimere dei ringraziamenti speciali a un paio di vecchi amici.

Il primo in assoluto è Carl-Gösta Borelius, morto nel 1995. Ho sfruttato a man bassa le sue memorie e i suoi appunti. Egli inoltre mi ha aiutato con materiale crittografico e tecnico durante la stesura di questo libro. Un'altra fonte di estremo valore è stato Åke Lundqvist, che ho intervistato varie volte, ripetutamente citando brani dei suoi rapporti. Sven Wäsström, il guru dei nostri servizi di *intelligence*, mi ha fornito un aiuto inestimabile nel chiarire una serie di punti oscuri. Ulla Flodkvist ha tradotto per me vari testi dal tedesco, Gunnar Blom ha contribuito con la storia di un caso di analisi crittografica, e Gunnar Jacobsson, così come molti altri, mi hanno raccontato le loro storie e i fatti relativi agli anni pionieristici del *sigint* svedese. Sono grato ad Anne-Marie Yxkull Gyllenbrand, Gertrud Nyberg-Grenander, Lennart Carleson, Erna e Lars Ahlfors. Tutti hanno conosciuto personalmente Beurling e tutti mi hanno aiutato a creare un ritratto della sua complessa personalità.

Vorrei infine ringraziare Olle Häger e Hans Villius. Il progetto di questo libro è nato durante la preparazione di un documentario TV su Arne Beurling, realizzato insieme a loro. Essi mi hanno incoraggiato e indotto a cominciare a scrivere: dopo aver letto il manoscritto, hanno contribuito con idee e opinioni, delle quali sono loro molto grato.

Bengt Beckman

Parte 1

1. Un cifrario del XVIII secolo

Alla FRA, l'agenzia svedese per le comunicazioni segrete, mi capitò di dover affrontare strani compiti, come quando nel 1988 ricevetti una lettera con quattro frasi cifrate, tratte da un diario del 1770.

Un dottorando e storico dell'università di Uppsala di nome Jan Häll aveva trovato queste frasi mentre stava conducendo una ricerca su Swedenborg[1] e seguaci. Non essendo riuscito a scoprire il sistema di cifratura, si rivolse per aiuto al Ministero della difesa e, dopo un po' di giri, la lettera approdò sul mio tavolo. Nella loro forma originaria le frasi erano le seguenti:

16 giugno:	*Öpka cgplotnl utpx oyx Otolyss Otiåtigt Lmnqrt Urlayxa*
9 settembre:	*Balagxa mbaljaysråa hcts*
30 settembre:	*Banjöay orp cgp ora hcts*
14 ottobre:	*Hctsxyl tz ora mpxt*

Al fine di rendere la presente esposizione più comprensibile, abbiamo creato un gruppo di frasi simili in lingua italiana:

VQDWHCBQ RPQUQ ULH PQKK PRAYRAWBR KLMNQR TQKBWVB

KLXXWAWHBW QHVQUQTQOW RYLHQR

QO PQL RPQUL DWVW OR PQR RYRHQR

URCKRBR VR KLXXWAWHJR

Il diario era quello di un tal Christian Johansén e, di quest'ultimo, Jan Häll scrisse quanto segue:

"Come premessa, posso dire che Johansén presto divenne il principale allievo di Swedenborg nel XVIII secolo. Nel 1770, quando furono scritte le frasi, egli aveva 25 anni e, per la prima e ultima volta, aveva appena incontrato Swedenborg. Al tempo egli lavorava come precettore presso la casa del proprietario delle ferriere Tunafors, Hellenius. Sembra che avesse trascorso molti

---

[1] Emanuel Swedenborg, scienziato svedese del XVIII secolo, trasformato in mistico religioso, fondatore di una setta che portava il suo nome.

Da un diario del XVIII secolo

dei suoi giorni giocando d'azzardo, anche se allo stesso tempo anelava a condurre una vita religiosamente corretta. Nel diario si trovano poche tracce sul contenuto delle frasi, ad eccezione del fatto, abbastanza certo, che fossero di argomento religioso: tutte e quattro sono state scritte di domenica, forse in relazione a servizi ecclesiastici".

Avrei certo potuto delegare questo compito a qualche collega più giovane del mio dipartimento, ma la curiosità ebbe la meglio e il giorno stesso mi portai a casa la lettera.

Chiunque voglia mettere alla prova la propria abilità può ora interrompere la lettura e mettersi a lavorare per conto proprio. Attrezzi raccomandati sono: carta, matita, gomma e un sacco di idee.

Il sistema sembra proprio uguale a quelli assegnati come esercizio nei corsi elementari di crittografia, una semplice sostituzione di parole separate da spazi. Il primo ordine delle operazioni consiste quindi in una tavola di frequenza delle lettere:

A	B	C	D	E	F	G	H	I	J	K	L	M	N	O	P	Q	R	S	T	U	V	W	X	Y	Z
4	6	2	2	0	0	0	7	0	1	7	7	1	1	3	6	17	18	0	2	5	5	11	4	3	0

La distribuzione molto irregolare delle lettere non contraddice l'ipotesi di una semplice sostituzione. La tabella indica anche che la lettera più comune della lingua italiana, la *e*, è rappresentata dalla *W*, dalla *Q* o dalla *R* e il fatto che queste lettere siano spesso in fine di parola conferma che possono stare per delle vocali.

Quando si affronta una semplice sostituzione, si può usare con vantaggio una proprietà strutturale, la ripetizione o quasi ripetizione di sequenze di lettere. In questo caso, vediamo che le sequenze *RPQU* e *KLXXWAWH* si presentano entrambe due volte, mentre *RYLHQR* e *RYRHQ* hanno tutto in comune meno la terza lettera, e anche che *PQL* e *PQR* differiscono solo per la lettera terminale. Il digramma *QR* compare quattro volte e i correlati *QO* e *QL* una sola, tutte in fine di parola. Si trovano anche relazioni più esotiche, ma ci accontenteremo di questi esempi.

Per cominciare, con *PQL* e *PQR*, buoni candidati potrebbero essere sostantivi come "uso/usi", oppure articoli: "mio/mia" o "tuo/tua", soprattutto se si conferma che *Q* sta per una vocale. L'accostamento *KLXXWAWH* è seguito in un caso da *BW*, e nell'altro caso da *JR*, alimentando il sospetto di una provenienza verbale con desinenze come *-ente* e *–enza* [differente/differenza], tenuto conto della doppia *XX*; i sostantivi e gli aggettivi variano tendenzialmente per la sola lettera finale, e questo potrebbe essere il caso di *RPQUQ* e *RPQUL* [onere/oneri], e gli aggettivi sono tipicamente sostantivati da *-ità* [felice/felicità] o anche *–ezza* [contento/contentezza], il cui schema non è presente. L'ipotesi verbale, includente l'assunto che *KLXXWAWH* termini con *-ente* e *–enza*, non contraddice il fatto che *e* ed *a* sono vocali ad alta frequenza.

Cosicché, la nostra prima *Ansatz* sarà:

```
A B C D E F G H I J K L M N O P Q R S T U V W X Y Z
r t         n   z                       e
```

```
VQDWHCBQ RPQUQ ULH PQKK PRAYRAWBR KLMNQR TQKBWVB
  en  t              n         r ret          te t
```

```
KLXXWAWHBW QHVQUQTQOW RYLHQR
  erente      n        e      n
```

```
QO PQL RPQUL DWVW OR PQR RYRHQR
      e e                      n
```

```
URCKRBR VR KLXXWAWHJR
  t          erenz
```

Notiamo che le lettere *R* e *Q*, molto frequenti, dovrebbero rappresentare vocali. Dato che la *e* è occupata da *W*, per la combinazione *QR/QL* siamo rimasti con i suggerimenti "*ia/io*" oppure "*ia/iu*". In effetti, dalla tavola delle frequenze, il secondo caso sembra meno probabile, quindi, con *r* corrispondente a *A*, e *a* a *R*, otteniamo una prima indicazione: abbiamo a che fare con un *alfabeto a sostituzione reciproca*. Sembra difficile sfruttare tale ipotesi in questo particolare momento, cosicché per ora la lasceremo da parte e guarderemo ai risultati delle ipotesi formulate finora:

```
A  B  C  D  E  F  G  H  I  J  K  L  M  N  O  P  Q  R  S  T  U  V  W  X  Y  Z
r  t                 n     z     o           i  a           e
```

```
VQDWHCBQ  RPQUQ  ULH  PQKK  PRAYRAWBR  KLMNQR  TQKBWVB
 i  en t ia  i i   on   i        ar areta   o    ia  i te  t
```

```
KLXXWAWHBW  QHVQUQTQOW  RYLHQR
 o   erente   in i i  i e a o n i a
```

```
QO  PQL  RPQUL  DWVW  OR  PQR  RYRHQR
 i   io a i o    e e    a   i a a  a n i a
```

```
URCKRBR  VR  KLXXWAWHJR
 a   ata  a  o   erenza
```

Per fare progressi, dobbiamo fare un'audace supposizione su alcune parole. Un attraente bersaglio è RPQUQ con il suo compagno RPQUL, che sembrano gridare di essere semplicemente "amico/amici". Ciò tra l'altro concorda con la lettera *P* al posto della frequente *m*.

```
A  B  C  D  E  F  G  H  I  J  K  L  M  N  O  P  Q  R  S  T  U  V  W  X  Y  Z
r  t                 n     z     o        m  i  a        c     e
```

```
VQDWHCBQ  RPQUQ  ULH  PQKK  PRAYRAWBR  KLMNQR  TQKBWVB
 i  en t i amici  con mi    mar areta   o    ia  i te  t
```

```
KLXXWAWHBW  QHVQUQTQOW  RYLHQR
 o   erente   in ici  i e a o n i a
```

```
QO  PQL  RPQUL  DWVW  OR  PQR  RYRHQR
 i   mio ami co  e e    a mia a  a n i a
```

URCKRBR VR KLXXWAWHJR
ca   ata   a o   erenza

Le rimanenti lettere sono facili da immaginare: *V=d/C=t* e *K=s/Y=g* e si conferma che si tratta di una sostituzione reciproca:

A B C D E F G H I J K L M N O P Q R S T U V W X Y Z
r t u v w x y n q z s o p n l m i a k b c d e f g j

VQDWHCBQ RPQUQ ULH PQKK PRAYRAWBR KLMNQR TQKBWVB
divenuti amici con miss margareta sophia bistedt

KLXXWAWHBW QHVQUQTQOW RYLHQR
sofferente indicibile agonia

QO PQL RPQUL DWVW OR PQR RYRHQR
il mio amico vede la mia agania

URCKRBR VR KLXXWAWHJR
causata da sofferenza

Notiamo che il sofferente Christian ha fatto un errore: ha scritto "agania" anziché "agonia". Ciò va tenuto in conto quando si trattano sistemi con carta e matita. L'alfabeto usato può scriversi:

S O P H I A B C D E F G J
K L M N Q R T U V W X Y Z

la cui chiave mnemonica poteva facilmente essere ricordata dal nostro addolorato protagonista.

La scoperta della signorina Bistedt ebbe una sua parte nella tesi di Jan Häll, che fu pubblicata come *I Swedenborgs labyrint* [Nel labirinto di Swedenborg] (Atlantis, 1995, in svedese) sulla quale chi scrive è stato debitamente informato.

Terminologia

Molte parole in fatto di scrittura segreta derivano dalla parola greca *kriptós*, segreto. Parliamo così di *cripto* o *crittosistema*, o anche di *cripto* tout court, o di *dispositivo* o *apparato criptico* o *crittico*. *Crittologia* e *crittografia* vengono usati quando si vuole parlare della scienza o arte della scrittura segreta. A volte crittologia è il termine più comprensivo, e crittografia si riferisce solo all'arte di mantenere segreta l'informazione. La crittologia quindi comprende la crittoanalisi, la decifrazione dei sistemi crittati, vale a dire il reperimento dell'informazione senza avere una totale conoscenza a priori del sistema usato.

Una seconda classe di termini – *cifrario, macchina cifrante, cifrare* – deriva dal latino *cifra*, equivalente a *zero*, (originalmente dall'arabo *sifr*, equivalente a vuoto, zero). Infine, c'è la parola *codice*, amata e impropriamente usata. Nella teoria dell'informazione, il termine *codice* è usato per qualunque sistema di rappresentazione dell'informazione, sia esso segreto o palese, come ad esempio il codice Morse o l'ASCII. In crittologia, la parola viene spesso adoperata in luogo di "cifrato" o di "criptico", benché la terminologia ortodossa ritenga che "codice" equivalga a *libro di codici* (come spiegheremo meglio più avanti), per differenziarlo da *cifratura*, vale a dire un crittogramma nel quale le lettere sono cifrate a una a una. Con le moderne tecniche di cifratura è difficile attenersi, da un punto di vista filosofico, a questa dicotomia, e noi saremo piuttosto liberali nell'usarla. L'espressione popolare per crittoanalisi, "infrangere un codice", risulta di scarso gusto per il professionista, ma è difficile da bandire dai titoli di testa dei giornali.

Una parola ambigua in fatto di crittologia è *chiave*, che può avere molteplici significati. A volte *chiave* equivale a *variabile criptica*, che è un termine indicante elementi segreti spesso cambiati in un sistema. Chiave può anche indicare il risultato intermedio del processo di cifratura – *chiave corrente, flusso di chiavi* - così come una parte regolare del linguaggio in frasi ed espressioni, come l'inglese *keyboard* (tastiera), o *elemento chiave*, dove "chiave" non ha alcuna connotazione crittografica.

Per sequenze di lettere, come *AB, XYZ E IJKL*, useremo le parole *digrafo, trigrafo, tetragrafo* anziché *bigramma, trigramma* ecc. *Signal Intelligence* o brevemente *sigint*, è il termine inglese adoperato per indicare le informazioni raccolte intercettando segnali e ascoltando trasmissioni via radio o via cavo.

Altri termini verranno spiegati strada facendo. Dato l'argomento di questo libro, dovremo spesso riferirci a varie istituzioni svedesi, i nomi abbreviati delle quali sono ben noti al lettore svedese. Useremo pertanto traduzioni semi-ufficiali – MAE per Ministero degli Affari Esteri (UD in svedese) - o ne inventeremo di nuove, per quanto possibile facilmente intelligibili – come QGSMD o Quartier Generale dello Stato maggiore della Difesa, in svedese *Försvarsstaben*.

2. La prima macchina cifrante al mondo

La prima macchina cifrante al mondo fu svedese. Essa fu presentata al re Gustavo III in una lettera del barone Frederik Gripenstierna, una figura peraltro ignota ai circoli crittografici. Una fattura della sua ditta, la Firma Charles Apelquist & Company, mostra che il prezzo era di 130 *riksdaler*.

L'apparecchio stesso e i suoi disegni sono andati smarriti. Una descrizione di questo dispositivo, contenuta in un opuscolo, fu trovata negli anni '70 nell'Archivio di Stato di Svezia: "Descrizione che illustra come una macchina cifrante, costruita dal sottoscritto, può essere usata per cifrare e decifrare" [tradotto dallo svedese]. In calce si legge: Drottningholm, 23 settembre 1786, F. Gripenstierna.

Per singolare coincidenza, Drottningholm è situata sull'isola di Lovö, sul lago Mälaren, dove ha sede la FRA, la ricordata agenzia svedese per le comunicazioni segrete, e dove lo scopritore del documento, Sven Wäsström, trascorse la maggior parte della sua vita professionale.

Altre circostanze sono ancor più singolari. Nella lettera al re, Gripenstierna fa riferimento al proprio nonno, Christofer Polhem, in questi termini: "...da me inventata secondo i principi appresi in gioventù da mio nonno...". Polhem fu un inventore prolifico. In Svezia è meglio conosciuto per via della cosiddetta serratura Pohlem, ma egli lavorò in vari settori; per esempio, giusto per nominarne alcuni: impianti di autotrasporto delle miniere, utensili per tagliare il legno, telai, apparecchi di sutura, orologi a pendolo... Senz'altro, una macchina cifrante poteva far parte del suo vasto repertorio.

Sven Wäsström ha esplorato a lungo la vasta corrispondenza di Pohlem con i sapienti europei del tempo, scoprendo che Pohlem aveva studiato l'*Abacus Numeralis*, un'opera del gesuita e studioso Kircher. In questa opera sono abbozzati i principi della macchina di Gripenstierna.

Frederik Gripenstierna ebbe un'ampia opportunità di venire a conoscenza delle idee del nonno. Dopo la morte della moglie, Pohlem si trasferì nella tenuta della famiglia Gripenstierna a Ekerö, un'altra isola del lago Mälaren, vicino a Lovö, dove visse fino al 1755. La figlia di Pohlem sposò Carl Gripenstierna, ciambellano della regina vedova Hedvig Eleonora e proprietario di Kersö, un'altra isola del lago Mälaren, molto vicina a Lovö. Carl Gripenstierna ebbe due figli; il maggiore, Frederik, nacque nel 1728, ricevette la sua baronia nel 1755 e morì nel 1804.

Molti indizi fanno pensare che la macchina di Gripenstierna debba in realtà chiamarsi macchina di Pohlem. Probabilmente, fu costruita in esemplare unico, benché per ogni genere di uso pratico ne fossero necessari almeno due. Si può affermare con sicurezza che essa non fu mai messa in opera realmente, ma spero che sia di qualche interesse lo studio del suo progetto. Sven Wäsström e l'autore di queste righe hanno tentato di farne una ricostruzione, e Boris Hagelin, della Crypto AG svizzera, ne ha costruito un modello, conservato nel museo dell'azienda.

L'idea di base del progetto non è molto complicata e può essere descritta agli addetti ai lavori come un sistema Vigenère a sostituzione non ordinata, di lunghezza finita e con periodo variabile. La *Chiffre-Maskin* era costituita da 57 dischi alfabetici racchiusi in un cilindro. Metà della circonferenza di ogni disco recava incise le lettere in ordine alfabetico, e l'altra metà conteneva, sempre incisi, 30 numeri compresi tra 0 e 99, disposti in totale disordine. Le lettere si potevano vedere solo attraverso uno spioncino situato da una parte del cilindro, mentre i numeri si potevano analogamente vedere attraverso un altro spioncino, sull'altra parte del cilindro.

L'apparecchio era azionato da due persone. Si introduceva il testo in chiaro, in sezioni di 57 caratteri al massimo, dalla parte delle lettere, ruotando i dischi finché le lettere giuste comparivano nello spioncino. Quindi l'altra persona registrava i numeri che comparivano nello spioncino della sua parte. Gripenstierna sottolinea il vantaggio: solo una persona vedeva il testo in chiaro. L'altra, presumibilmente il segretario del re, vedeva e registrava solo il testo cifrato.

Un'ulteriore complicazione era quella di poter lavorare con sezioni più corte di 57 caratteri. I primi dieci dischi avevano dei codici numerici di due cifre, arbitrariamente scelti, incisi sopra lo spioncino dalla parte del segretario,

e l'addetto alla cifratura poteva cominciare da uno qualsiasi di questi dischi. Per rendere possibile la decifrazione, il numero di codice del disco di partenza veniva scritto alla fine di ciascuna sezione cifrata.

Dato che il segretario leggeva da sinistra a destra, le lettere cifrate della sezione compariva all'inverso. Ciò era automaticamente corretto durante il processo di decifrazione.

Nella sua descrizione, Gripenstierna dice che la macchina contiene 1539 variazioni delle lettere "da cui discende l'innegabile impossibilità di essere mai in grado di calcolare i valori delle lettere della *Chiffre*". Il numero 1539 è il prodotto 27x57, probabilmente il numero di lettere dell'alfabeto che egli usava, moltiplicato per il numero dei dischi. L'alfabeto del testo in chiaro non è noto con esattezza, ma dagli esempi di testo dati da Gripenstierna si può supporre che fosse costituito almeno dalle lettere dell'alfabeto svedese, eccetto la X e la W, più i punti, le virgole, il punto e virgola e le spaziature.

A B C D E F G H I J K L M N O P Q R S T U V Y Z Å Ä Ö . , ; -

C'era anche uno spazio bianco, che in verità non rientrava nel processo di cifratura.

È senz'altro naturale che, in crittografia, il progettista pretenda che il proprio sistema è inviolabile, così come è naturale che il criptoanalista metta alla prova questa pretesa. Quali difficoltà doveva affrontare un criptoanalista e quali possibilità aveva di ripristinare il testo in chiaro da una *dépêche* cifrata con un simile dispositivo?

Nella macchina di Gripenstierna non c'è niente di simile ad una variabile crittologica, vale a dire nessun elemento segreto che cambi da messaggio a messaggio o da un giorno all'altro. La sicurezza risiede nel mantenere segreta la costruzione della macchina: i numeri incisi sui dischi e i numeri di codice dei primi dieci dischi. In tal modo, se da un lato si evita che l'analista abbia qualche idea sui principi progettuali della macchina, dall'altro gli si consente di avere un testo cifrato abbastanza lungo costituito, per esempio, da 100 righe.

Nel linguaggio crittografico, il sistema è un *Vigenère*, un cifrario a sostituzione con più alfabeti. Vigenère era un diplomatico francese che illustrò il suo sistema in un opuscolo del 1586.

Il compito dell'analista non è facile. Egli scopre presto che il sistema non è una semplice sostituzione, e in un secondo tempo può supporre di trovarsi alle prese con un Vigenère. Il primo ordine di operazioni da affrontare consiste nella ricerca del *periodo*, vale a dire del numero di alfabeti. Dopo un po' dovrà ammettere di aver sbagliato e cominciare a supporre che il periodo sia variabile. Studiando le ripetizioni nel testo cifrato e notando che la distanza tra queste è dell'ordine di grandezza di 50, o di multipli approssimati di 50, egli comincerà a sospettare che i periodi variabili siano all'incirca di questa lunghezza. Con questo in mente, egli può *adattare*, o *mettere in fase*, sezioni del testo cifrato in relazione tra di loro. Di nuovo è aiutato dalle ripetizioni del testo, ma anche dal fatto che il numero dei digrafi (vale a dire delle combinazioni di due cifre) in ogni alfabeto non può essere maggiore di 30 (l'alfabeto, più i segni di punteggiatura). Il nostro analista potrà allora scoprire la numerazione delle sezioni e con tale conoscenza mettere in fase completamente il sistema.

A questo punto egli avrà ridotto il problema ad un comune Vigenère, che può essere attaccato compilando tabelle di frequenza dei digrafi che appaiono in ogni colonna (corrispondenti ai dischi). Il digrafo più comune in ciascuna colonna è in genere il separatore delle parole, poi seguiranno i digrafi per *a, e, n, t* ecc., ma non necessariamente nel giusto ordine. Indovinando correttamente solo alcune lettere e usando le ripetizioni trovate, potrà allora tentare di trovare brevi parole comuni da adattare alle proprie congetture. Dato che non si è ancora reso conto che le sezioni sono scritte all'incontrario, sbaglierà nelle proprie supposizioni fino a quando non troverà l'idea giusta.

Il compito dell'analista è semplificato se dispone di un *crib*[1], o porzione di testo in chiaro, di cui egli sa che fa parte del messaggio, e se conosce o può conoscere la posizione che esso ha all'interno del messaggio. Quando le lettere del *crib*, o piuttosto i digrafi che lo rappresentano, sono trovati in altre sezioni, questa informazione può essere usata per intuire alcune parole con maggiore verosimiglianza.

L'analista viene anche aiutato dall'accesso a un consistente numero di messaggi. In questo caso per lui è più facile scoprire il sistema dei numeri di codice delle ruote iniziali.

Un analista esperto ha buone probabilità di ricostruire la maggior parte del testo disponendo di una *profondità* pari a 100: in questo caso 100 sezioni correttamente disposte in fase. In ogni caso è necessaria una buona dose d'inventiva e di intuizione linguistica, oltre a diligenza o semplice tenacia.

Più avanti è riportato il testo cifrato inviato da Gripenstierna al re. Se cercassimo di decifrarlo non andremmo molto lontano. Ma in questo caso c'è un *crib*, costituito dalla lettera di accompagnamento del messaggio, "il formato della lettera concorda con il messaggio cifrato".

---

[1] Nel gergo scolastico inglese può anche equivalere a *bigino,* e "to crib" sta per *copiare* (p.e. dal quaderno del compagno di banco) (n.d.t).

47.14.89.97.90.59.89.7.4.51.63.84.2.36.K

78.4.92.82.6.62.104.96.74.8477.99.88.95.84.51.8.1.8.73.51.

82.89.68.89.47.49.16.19.44.57.45.15.49.30.58.88.94.81.93.51.13.52.18.78.39.21.36.95.86.80.82.86.
67.42.4.65.8.60.40.33.19.84.16.20.86.87.7.83.87.16.96.89.84.16.51.
30.85.68.42.89.77.50.15.96.46.96.88.17.68.6.85.75.58.89.56.49.87.84.70.90.3.88.36.
87.97.5.18.39.77.66.77.40.13.58.43.19.8.10.9.80.69.93.13.87.50.69.90.91.97.58.77.10.9.49.
82.46.10.90.63.67.87.56.49.59.36.70.4.65.57.88.50.95.18.49.89.99.76.64.8.81.87.18.92.18.71.84.
3.63.33.96.79.77.4.73.14.67.99.18.47.5.67.48.76.84.46.88.82.68.41.96.74.84.77.99.88.95.84.30.
68.87.48.64.18.15.60.30.89.81.50.69.58.90.88.80.97.14.84.81.31.47.6.86.84.73.48.73.
18.48.83.82.6.87.68.88.75.96.96.80.8.31.10.90.69.19.9.51.39.88.90.91.97.97.97.77.10.81.5.81.84.88.36.
48.19.98.5.89.10.96.81.55.91.1.19.90.91.88.8.92.18.8.48.84.35.96.18.8.
41.79.34.6.78.17.97.58.4.35.84.96.80.64.47.6.85.71.58.3.55.40.87.35.90.91.88.8.98.48.848.48.85.48.44.51.
49.16.41.1.68.15.15.60.30.89.81.50.69.58.90.88.80.97.14.86.81.31.97.30.86.33.73.48.73.
17.85.36.57.84.96.89.48.16.98.55.6.1.81.70.58.74.84.98.10.88.49.

47.14.89.97.90.59.89.7.4.51.63.88.8.8.36.

78.4.93.88.6.68.40.41.96.74.8477.99.88.95.84.51.8.1.8.73.51.

68.98.31.10.90.69.19.9.51.39.88.90.91.97.97.97.17.10.81.5.51.8.8488.36.

48.77.40.75.18.58.85.41.86.35.7.8.60.64.80.91.15.80.86.51.98.66.89.14.88.49.65.51.8.18.78.8.
73.85.90.40.36.46.40.18.10.60.49.86.96.79.33.8.86.87.18.8.18.38.36.

69.48.8.48.30.70.87.35.70.96.43.19.89.65.7.80.45.51.34.18.33.8.51.

Lettera cifrata indirizzata al re

La lettera in chiaro:

Stormägtiste Allernådigste Konung!

Efter Allernådigste Befallning har jag nu förfärdigat en Chiffre-Clav, och som jag högeligen önskar, att den måtte vinna Eders Konglige Majestäts Nådigste Approbation; så utbeder jag mig den Nåden, att inför Eders Konglig Majestät, få den samma i underdånighet uppvisa.

Med underdånigste Zele och Soumission, har jag den nåden, att intill dödstunden framhärda,

Stormägtiste Allernådigste Konung,

Eders Konglig Majestäts,

Allerunderdånigste Tropligtigste

Tienare och undersåte

Fridric Gripenstierna.

Il fatto che il *crib* sia scritto nello svedese del Settecento è irrilevante: chiunque può cercare di ricostruire almeno una parte degli alfabeti cifrati. Si può seguire la strategia appena accennata: le righe del testo cifrato sono da leggere all'incontrario e spostate in modo che le rispettive colonne siano tutte cifrate con la semplice sostituzione definita dalla ruota corrispondente.

A titolo d'esempio, e di traccia, trascriviamo la prima riga del testo cifrato, con il numero di codice della ruota corrispondente (solo all'inizio il numero di codice è preceduto dalla lettera *K*) e il *crib*:

K36	*02*	*22*	*63*	*51*	*04*	*07*	*29*	*59*	*90*	*97*	*89*	*14*	*47*
	s	*t*	*o*	*r*	*m*	*ä*	*g*	*t*	*i*	*g*	*s*	*t*	*e*

Non si sa se Gripenstierna abbia scelto a caso le combinazioni a due cifre degli alfabeti cifrati, o se abbia usato un qualche tipo di algoritmo. Se il lettore riesce a ricostruire gli alfabeti delle ruote, è invitato a esprimere un'opinione, anche se, naturalmente, la lunghezza del testo riprodotto qui è troppo breve per giungere a conclusioni definitive.

Il cilindro di Bazeries

Il cilindro di Bazeries, progettato dal francese Étienne Bazeries nel 1891, è simile alla macchina di Gripenstierna, anche se un po' più raffinato. Nella sua semplicità, è un'invenzione ingegnosa. Le sue 25 ruote, contenenti ciascuno una permutazione delle lettere A-Z, ruotano intorno ad un asse comune. Il cifratore fa girare le ruote per comporre il testo in chiaro in una posizione designata, e legge il testo cifrato in un'altra posizione, scelta a caso. Il decifratore non ha bisogno di sapere quale posizione di lettura sia stata scelta; egli

"Je suis indécryptable" [non sono decrittabile]

semplicemente inserisce il testo cifrato nella posizione designata, quindi guarda le 25 possibili posizioni di lettura. Le lettere formeranno un testo leggibile in una sola di esse, e quello sarà il messaggio originale in chiaro. La ragione per la quale ciò è possibile sta nella notevole *ridondanza* del linguaggio: solo pochissime tra le possibili combinazioni di 25 lettere hanno senso.

Lo statista americano, poi divenuto presidente, Thomas Jefferson, aveva sviluppato un'idea simile cento anni prima, ma il suo progetto non ebbe uso immediato e finì per essere dimenticato. Esso però fu nuovamente ripreso in considerazione durante la seconda guerra mondiale: gli Americani usarono un dispositivo chiamato M-94, basato sullo stesso principio.

3. Damm, Hagelin e Gyldén

L'industria crittografica svedese ebbe inizio con i fratelli Damm. Arvid era un ingegnere tessile e Ivar un insegnante di matematica. Entrambi erano appassionati di crittografia. Poco prima della morte di Ivar, nel 1918, i fratelli pubblicarono un breve opuscolo dattiloscritto, *Kryptologins grunder* [Fondamenti della crittologia]. Secondo Arvid, l'ultima parola pronunciata dal fratello in letto di morte fu "cripto".

Arvid Damm aveva una grande quantità di idee e fece molti progetti. Nel 1918, con l'aiuto del comandante Olof Gyldén, capo del Collegio della Marina da guerra, fondò una compagnia, la AB Cryptograph. Gyldén coltivava un notevole interesse per la crittografia ed aveva antenati matematici: suo padre era il noto astronomo Hugo Gyldén, nella cui famiglia crebbe la figlia di Sofia Kovalevsky. Il figlio di Olof, Yves Gyldén, avrà una parte di primo piano nella storia della crittografia svedese.

Con la AB Cryptograph, Damm poté cominciare a sfruttare commercialmente le proprie idee; nell'arco di cinque anni furono costruiti sei diversi prototipi di macchina cifrante. Tuttavia la produzione tendeva a fermarsi a questo stadio iniziale. Le macchine risultavano inaffidabili ma, nonostante le luminose idee crittografiche contenute nel loro progetto, Damm non riusciva a venderle. Forse l'inettitudine commerciale di Damm era in qualche misura dovuta alla sua eccentricità ed al suo stile di vita *bohémien*. La storia del suo "matrimonio" illustra bene questo aspetto della sua personalità.

Damm era un accanito donnaiolo. Durante un soggiorno in Finlandia, si innamorò di un'artista da circo ungherese; dovunque il circo si spostava, lì Damm compariva. Il suo amore non fu del tutto ignorato, ma prima di cedere al suo spasimante, la principessa del circo volle che la relazione venisse formalizzata. Damm risolse il problema invitando un certo numero di amici ad un finto matrimonio, con tanto di testimoni e con uno dei convenuti travestito da prete, per la celebrazione.

In seguito, incontrata una giovane donna più attraente, Damm volle annullare il "matrimonio" in tribunale, nonostante la decisa opposizione della "moglie". Durante il processo la sordida storia venne a galla, con il racconto del falso matrimonio fatto da Olof Gyldén. Per difendersi, Damm accusò la finta moglie di spionaggio, ma l'accusa fu confutata. E naturalmente il sodalizio d'affari tra Damm e Gyldén giunse al termine.

Nel 1921 la compagnia di Damm era ormai sull'orlo della bancarotta, quando entrò in scena la famiglia Hagelin. Karl Wilhelm (Vasilevich) Hagelin (padre di Boris, che in seguito sarebbe divenuto famoso come costruttore di macchine cifranti) era nato in Russia da genitori svedesi. Era amico stretto di Emanuel Nobel e membro di primo piano della compagnia petrolifera della famiglia Nobel a Baku. A causa della rivoluzione russa, la compagnia fu costretta a rinunciare ai propri possedimenti in Russia, così Emanuel Nobel e K.W. Hagelin si trasferirono in Svezia. Decisero allora di investire nella compagnia di Damm, sia perché erano entrambi attratti dalle innovazioni tecniche, sia perché intravedevano nuove possibilità commerciali della crittografia per la corrispondenza d'affari.

Boris Hagelin aveva allora trent'anni. Diplomato in ingegneria, pur non avendo conoscenze in fatto di crittografia, né interesse per la materia, fu inserito nella compagnia dagli investitori. Il suo compito era quello di controllare e tener d'occhio l'imprevedibile Damm, che era incline a sviluppare ingegnose ma invendibili apparecchiature.

Un ex impiegato e collaboratore di Damm, G.A. Lindbeck, ha espresso la massima ammirazione per l'intelligenza e le doti tecniche di Damm. Molti prototipi progettati da Damm sono esposti al museo della Crypto AG in Svizzera, una compagnia fondata da Boris Hagelin nei primi anni '50.

La più importante tra le invenzioni di Damm fu la B1, l'"Elettrocrittografo". Si basava su un suo brevetto del 1919 relativo a un sistema di cifratura mediante rotori. Un rotore è un dispositivo ruotante che, in ogni posizione, realizza una sostituzione semplice. La stessa idea fu sviluppata quasi contemporaneamente da Hebern negli Stati Uniti, da Koch in Olanda e da Scherbius in Germania. In un rotore, la sostituzione è realizzata con fili elettrici che collegano 26 contatti sulla parte *in chiaro* a 26 contatti sulla parte *in cifra*. Si possono immaginare i contatti come rappresentanti le lettere *A-Z*. Quindi, la parte in chiaro *A* è collegata alla parte in cifra *D*, per esempio, *B* a *Z* e così via. Premendo *B* su una tastiera, un impulso elettrico viene trasmesso al contatto *B* della parte in chiaro. Attraverso un filo, la corrente giunge al rotore nel punto *Z*, che è la lettera cifrata che sostituisce la *B* del testo in chiaro. Dopo che una lettera è stata cifrata, il rotore ruota, cambiando la sostituzione semplice. Dato che ci sono solo 26 posizioni, il rotore tornerà al punto di partenza dopo 26 spostamenti, in modo che la macchina, senza aggiunte speciali, eseguirà solo una sostituzione Vigenère di periodo 26. Il tocco in più sta nel montare un certo numero di ruote su un asse comune, eseguire le sostituzioni in serie, e far scattare i rotori l'uno rispetto all'altro fra i caratteri del testo. Con ciò il periodo Vigenère può essere reso molto lungo. Questo stesso principio fu usato nella macchina Enigma durante la seconda guerra mondiale.

Nel 1925 Damm si trasferì a Parigi, a quanto pare per continuare il proprio lavoro sulle macchine cifranti da telegrafia. Boris Hagelin lo sostituì allora nella gestione dell'azienda. Venne così a sapere che lo Stato maggiore generale svedese progettava l'acquisto in Germania di una macchina cifrante chiamata Enigma, e si rivolse ai militari segnalando loro i risultati dell'esperienza compiuta dalla AB Cryptograph in questo campo. Gli furono concessi sei mesi per mettere a punto un valido prototipo. Fu sviluppata e presentata allo Stato maggiore una versione semplificata, ma funzionante, della B1. La macchina era costituita da una tastiera e da due rotori, i cui movimenti venivano controllati da ruote dentate mosse dopo ogni carattere criptato. I denti intorno al perimetro delle ruote potevano essere disposti in due modalità diverse, attiva o passiva, e il numero degli spostamenti compiuti dai rotori era determinato dal numero di denti attivi nella posizione corrente.

Damm si irritò, quando vide i disegni di Hagelin. L'accusò di assoluta ignoranza in fatto di crittografia e giudicò il progetto privo di valore. Ciononostante, dopo essersi consultato con gli esperti (matematici di una compagnia di assicurazione) lo stato maggiore generale l'accettò e la macchina entrò in produzione con la designazione B21. Sfortunatamente, come vedremo, ci si accorse che Damm aveva almeno in parte ragione: Arne Beurling dimostrò che il progetto crittografico era alquanto vulnerabile.

La B21 fu venduta anche a LM Ericsson, la fabbrica di telefoni, per la sua corrispondenza d'affari con il Sud America. Anche i Francesi mostrarono interesse, ma insistettero nel chiedere un dispositivo che potesse stampare automaticamente i testi in chiaro e in cifra, anziché mostrarli su un pannello con lampadine elettriche. Come nella macchina Enigma, una lampadina corrispondente alla lettera da cifrare/decifrare si accendeva ogni volta che la lettera in chiaro/in cifra veniva premuta sulla tastiera. Così la registrazione del testo doveva essere fatta manualmente, scrivendo laboriosamente una lettera dopo l'altra: un procedimento ovviamente soggetto ad errori. Il nuovo modello ricevette il nome di B211.

Avendo visto i miglioramenti nel progetto di Hagelin, i Francesi erano pronti a ordinare 600 macchine, a condizione che venissero fabbricate in Francia, presso la fabbrica Ericsson di Colombes, vicino a Parigi. Ciò procurò a Hagelin un grattacapo, a causa dei movimenti di cassa: la fabbrica francese pretendeva pagamenti in anticipo ma, per principio, il governo francese pagava solo alla consegna. L'intoppo fu superato dal padre di Boris, che s'impegnò a finanziare l'impresa.

Arvid Damm morì nel 1927; Emanuel Nobel nel 1932. Gli eredi di Nobel vollero interrompere i loro investimenti nel settore della crittografia e Hagelin padre e figlio ne rilevarono la quota, rinominando l'azienda AB Ingenjörsfirman Teknik.

Nel corso degli anni trenta, le forniture alla Francia costituirono la spina dorsale della compagnia. Quando scoppiò la Seconda Guerra Mondiale,

Hagelin riuscì a trasferire dalla Francia alla Svezia 400.000 corone di diritti sulla licenza. I soldi furono impiegati nella costruzione di una nuova e più moderna officina. Nel 1940 la compagnia cambiò ancora nome diventando AB Ingenjörsfirman Cryptoteknik.

Già nel 1934, Boris Hagelin ebbe un'idea che rese le macchine Hagelin le più vendute al mondo nel campo della crittografia. Di nuovo, dietro i suoi tentativi, c'erano le richieste dei Francesi. Essi volevano un dispositivo munito di stampante, ma senza batteria, e tuttavia abbastanza piccolo da potersi infilare nella tasca d'una giacca d'uniforme. Hagelin preparò dei modelli in legno per determinare le dimensioni massime, quindi diede libero sfogo ai propri pensieri. Avendo subìto un esaurimento nervoso, dovette trascorrere parecchi mesi nel sanatorio di Saltsjöbaden per guarire, ed ebbe molto tempo per pensare.

Un paio d'anni prima, a Hagelin era stato commissionato un apparecchio per cambiare e distribuire monete, destinato ai bigliettai di tram e autobus e provvisto di un dispositivo in grado di timbrare la ricevuta. La compagnia in questione fece bancarotta e il progetto venne accantonato, ma Boris aveva avuto il tempo di farsi venire l'idea decisiva. Nel distributore di monetine, la somma totale di denaro veniva conteggiata per mezzo di un tamburo a bastoncini, con delle chiavi che azionavano i sottoinsiemi di bastoncini. Ogni bastoncino faceva girare una ruota stampante di un tanto prestabilito, e il numero totale dei bastoncini azionati, vale a dire la somma totale di denaro, veniva quindi stampato dalla ruota.

L'idea nuova di Hagelin fu quella di sostituire delle ruote chiave, o piuttosto ruote dentate con un certo numero di denti sul contorno, al posto delle chiavi. I denti si potevano disporre in due posizioni, attiva e passiva, azionando, come nel distributore di monetine, un preciso numero di bastoncini disposti in posizione attiva. Il numero totale dei bastoncini rappresentava il flusso delle chiavi del processo di cifratura.

Hagelin sviluppò queste idee: nel 1935 i primi dispositivi erano pronti per la prova. La prima versione aveva cinque ruote dentate e fu chiamata C35, secondo l'anno di fabbricazione. Il modello di base per le successive, numerose, versioni fu la C36, che poteva avere sia cinque che sei ruote dentate. La C36 era manovrata a mano e destinata all'uso sul campo. Un modello elettrico per ufficio, munito di tastiera, fu chiamato BC543. Tutti i modelli potevano stampare; alcuni erano in grado di stampare simultaneamente su un nastro di carta sia i testi in chiaro che in cifra.

Dato che la C36 è un classico nella storia delle macchine crittografiche, e forse è il modello fabbricato nel maggior numero di esemplari, daremo qui una più dettagliata descrizione del suo progetto.

L'effetto del processo di cifratura veniva raccolto da una ruota stampante, intorno alla cui circonferenza erano incise le lettere *A-Z*. La ruota stampante era dapprima disposta sul carattere in chiaro, ruotata fino al corrispondente carattere cifrato e quindi fatta stampare su un nastro di carta.

Il cuore del meccanismo era una serie di sei ruote dentate. Il numero dei denti, la *lunghezza della ruota*, variava da ruota a ruota: 26, 25, 23, 21, 19, 17. Per ogni carattere cifrato le ruote si spostavano alla posizione successiva del dente. Cosicché dopo 17 spostamenti, la ruota più breve ricominciava daccapo: il suo periodo era 17. Comunque, dato che le ruote avevano differenti periodi, l'intero meccanismo non si ripeteva prima che venissero compiuti una grande quantità di passi. Di fatto i numeri erano scelti in modo che la macchina non cominciasse a ripetersi se non dopo $26 \times 25 \times 23 \times 21 \times 19 \times 17 = 101.405.850$ passi. L'impostazione dei denti poteva essere cambiata ed era parte della variabile crittologica, o *chiave*.

La seconda parte importante dell'intera configurazione era il gruppo dei bastoncini, o *barrette scorrevoli*, come furono anche chiamate, formanti una gabbia a tamburo. Ogni barretta aveva una sporgenza, che assegnava la barretta stessa a una qualsiasi delle ruote dentate[1]. In tal modo, ad ogni ruota dentata rimaneva associato un certo numero di barrette. In azione, la barretta faceva girare la ruota stampante di 1/26 di circonferenza. La disposizione delle sporgenze costituiva una parte della chiave, o variabile crittologica. Crittograficamente, la sola informazione rilevante sulla disposizione delle sporgenze era il numero di barrette associate ad ogni ruota, dato che le barrette, prese individualmente, non avevano significato.

La cifratura veniva effettuata girando una manopola situata su un lato della macchina. Le 26 lettere dell'alfabeto erano segnate intorno alla circonferenza della manopola. Di fatto, la manopola posizionava la ruota stampante sul carattere in questione. Quindi l'insieme costituito da ruota dentata/disposizione delle barrette veniva girato tirando una maniglia situata sull'altro lato dell'apparecchio. Un certo numero di barrette veniva allora attivato, in particolare quelle le cui ruota dentata associato avevano un dente attivo, e la stampante ruotava di tanti caratteri quante erano le barrette attive. Alla fine di questo ciclo, la ruota stampante veniva impressa sul nastro di carta, dietro al quale si trovava un cuscinetto imbevuto d'inchiostro, e il carattere del disco si imprimeva sulla carta.

Per quanto complicata possa apparire la descrizione della meccanica, il processo di cifratura è piuttosto semplice. Com'è spesso il caso, esso si può

---

[1] La sporgenza poteva anche essere disposta in modo da rendere la barretta totalmente inattiva.

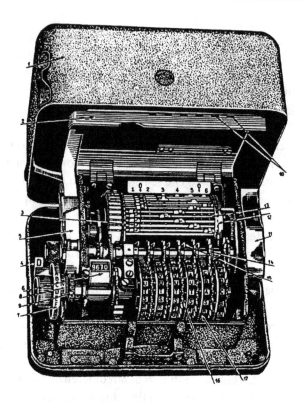

"Meccanicamente, una pura meraviglia" (David Kahn)

descrivere meglio per mezzo di formule matematiche. Le lettere dell'alfabeto *A-Z* siano rappresentate dai numeri da 0 a 25, e siano *P, C* e *K* i caratteri in chiaro, in cifra e del flusso delle chiavi. Quindi

$$C = P - K \bmod 26$$

Il carattere nel flusso delle chiavi rappresenta il numero attivo di barrette ed è, a parte un termine costante *Y*, la somma del numero di sporgenze associate alle ruote dentate:

$$K = Y + a_1 \times K_1 + a_2 \times K_2 + a_3 \times K_3 + a_4 \times K_4 + a_5 \times K_5 + a_6 \times K_6,$$

dove K_i è il numero di sporgenze associate alla ruota *i*, e dove a_i è *zero* se il dente corrente sulla ruota numero *i* è passivo, e *uno* se è attivo. Il numero *Y* è una costante disposta in un giro iniziale della ruota stampante. Il suo valore è parte della variabile crittologica.

Prima di iniziare a cifrare o decifrare un messaggio, le ruote dentate devono ovviamente essere disposte con esattezza sulle posizioni prestabilite, facendole ruotare lentamente con un dito. La posizione era definita da lettere incise sul contorno di ciascuna ruota. Le posizioni iniziali delle ruote, specificate da sei lettere, insieme al numero Y, erano note come *chiave esterna*, mentre le disposizione dei denti delle ruote e quella delle sporgenze erano noti come *chiave interna*.

Un'utile caratteristica del processo di cifratura era la simmetria. Come si può vedere dalla formula precedente, P e C sono intercambiabili, il che significa che non c'è differenza tra cifrare e decifrare. Le ruote vengono disposte, e il testo introdotto, nello stesso modo.

La C36 disponeva di una leva segnata C / D, la cui funzione non era crittograficamente rilevante: quando disposta in modalità C, la macchina stampava il risultato in gruppi di cinque lettere, mentre in modalità D, la X non veniva stampata, dato che era usata come segno di spaziatura. In tal modo, l'*output* era più facile da leggere e da trasmettere, oltre che più piacevole da vedere.

Un'altra caratteristica pratica era che, sia l'*input* che l'*output*, venivano stampati su due nastri differenti. Meccanicamente, l'*input* veniva stampato per primo, prima che il meccanismo della gabbia delle barrette fosse messo in azione e la stampante ruotata.

Queste nuove idee progettuali rappresentavano un grande passo avanti per la crittografia. La sicurezza non dipendeva più dal segreto costruttivo della macchina, come nel caso, ad esempio, dei collegamenti elettrici dei rotori dell'Enigma; di fatto, il nemico poteva usare la stessa macchina, senza essere in grado di leggere i messaggi. Tutto dipendeva dai posizionamenti interni ed esterni che, se compromessi, potevano essere cambiati.

La B211, modesto successo di vendita, aveva ora un successore convincente. I Francesi ne ordinarono 5.000 pezzi, che tuttavia non poterono essere consegnati prima dell'invasione tedesca. Un gran numero fu consegnato alle forze armate svedesi e molti coscritti svedesi - compreso chi scrive - impararono a conoscere bene la C36 durante il servizio militare. Il solo aspetto fastidioso era il modo nel quale veniva cambiata la disposizione dei denti delle ruote; altrimenti la macchina era facile da manovrare e notevolmente affidabile.

Nel 1937, e di nuovo nell'estate del 1939, Boris Hagelin si recò negli Stati Uniti per dare una dimostrazione del funzionamento di una variante elettrica della C36. A quel tempo, gli Americani usavano soprattutto un dispositivo crittografico che ricordava il cilindro di Bazeries e non erano disposti a fare affari. Per questo motivo la cosa fu abbandonata. Dopo l'invasione tedesca della Norvegia, nell'estate del 1940 Hagelin ripartì per gli Stati Uniti senza essere stato invitato e a proprie spese. A tal fine, egli dovette persuadere il MAE svedese a farlo viaggiare come corriere diplomatico: l'occupazione tedesca di gran parte dell'Europa occidentale aveva reso difficile gli spostamenti. Accompagnato dalla moglie e con due macchine crittografiche smontate nel proprio bagaglio, andò in treno fino a Genova e da qui s'imbarcò sulla *Contessa di Savoia*, che stava compiendo il suo ultimo viaggio per gli Stati Uniti, prima che l'Italia dichiarasse guerra agli Alleati.

Questa volta le idee di Hagelin suscitarono grande interesse. Dopo aver dato una dimostrazione del funzionamento della propria invenzione al Signal Corps, egli ricevette un ordine di prova di 50 macchine, che furono quasi subito costruite e spedite per via aerea dalla Svezia. Seguirono alcune prove che fecero perdere tempo ma, finalmente, fu deciso di adottare la C36 come apparecchio tattico standard, con alcune modifiche e con la designazione M209. Al noto fabbricante di macchine da scrivere portatili LC Smith fu ordinato di riattrezzare la fabbrica Corona e di iniziare la produzione della M209. Col tempo, si giunse a costruirne 400-500 pezzi al giorno e il totale nel corso della guerra si dice che sia stato intorno ai 140.000 esemplari.

Hagelin restò negli Stati Uniti, sempre in stretto contatto con il proprio vice presso la AB Cryptoteknik a Stoccolma. Nel dicembre 1943 riferì di aver visitato la fabbrica Corona, dove egli personalmente e la fabbrica avevano ricevuto una medaglia al valore. "Fu una cerimonia solenne e un grande momento della mia vita".

Alla fine del 1944 Hagelin fece ritorno in Svezia. Durante la sua assenza il numero di clienti era cresciuto notevolmente. Un curioso incidente ebbe luogo a proposito di un ordine dal Giappone. L'addetto militare giapponese, Onodera, comprò un certo numero di macchine che Hagelin sosteneva di aver consegnato per mezzo di una barca a remi a un sottomarino in attesa nelle acque dell'arcipelago di Stoccolma. Solo poche macchine sarebbero giunte alla fine in Giappone.

Una storia analoga fu raccontata da Yuriko Onodera, moglie dell'addetto giapponese, nelle proprie memorie intitolate *Mina år vid Östersjön* [I miei anni sul Baltico] (Probus, 1993, in svedese). Secondo l'autrice, il direttore di una compagnia d'ingegneria meccanica di precisione (di cui non ricordava il nome) avrebbe detto al marito della signora che gli Stati Uniti, l'Inghilterra e la Francia compravano i loro prodotti e che, al fine di vincere la guerra contro l'America, anche il Giappone aveva bisogno di tecnologia crittografica. (Come in altre parti del libro, la signora Onodera confondeva l'espressione generica con il nome della compagnia).

In base a istruzioni ricevute da Tokio, furono acquistate tre macchine, in seguito consegnate a un esperto tedesco di Berlino. "Ricevemmo più tardi un rapporto secondo il quale tali macchine furono inviate in Giappone tramite un sottomarino". Questa versione della storia sembra più credibile di quella di Hagelin.

Yuriko Onodera prosegue citando un numero del settimanale *Sankei*, nel quale, sotto il titolo "L'uomo che rubò le lettere", si legge:

Dall'inizio della guerra nel Pacifico, l'agenzia giapponese di criptoanalisi dello Stato maggiore generale dell'esercito ha fatto grandi sforzi per riuscire a leggere le trasmissioni cifrate americane. Finalmente, Shinji Kawakami ha scoperto che gli Americani usano tecnologia crittografica [vale a dire, le macchine di Hagelin]. Dato che lo Stato maggiore generale ha comprato delle macchine tramite l'addetto militare Onodera, di cui aveva ricevuto un rapporto su tale tecnologia, al matematico Kawakami è stato possibile analizzare matematicamente il loro funzionamento. Egli ha scoperto che gli Americani hanno raffinato la tecnologia crittografica [di nuovo, i progetti di Hagelin] e usano un dispositivo più complesso. Nel settembre del 1944 egli finalmente è riuscito a infrangere il codice americano.

Sarebbe interessante sapere se quella venduta ai giapponesi era la C36 standard e se vi erano già inclusi i miglioramenti americani. Quanto all'identità dei rappresentanti della compagnia che aveva organizzato la vendita, tutto porta a pensare che il responsabile fosse il direttore tecnico Bechschöft.

Gli anni del dopoguerra

Boris Hagelin non era sicuro che dopo la guerra ci sarebbero state grandi possibilità di vendita delle macchine cifranti, ed aveva ragione. "Null'altro che silenzio assoluto" disse. Per prepararsi ai magri anni del dopoguerra, chiese al padre e al suo vice Wilhelm Qvarnström di acquistargli una grande fattoria; Hagelin era comunque rimasto in stretto contatto con entrambi nel corso dei quattro anni passati negli USA.

Hagelin padre ovviamente fu lieto di assecondare i desideri del figlio e, insieme a Qvarnström, comprò la tenuta di campagna di Sundsvik, nel Södermanland, a sudovest di Stoccolma. Un'attrazione ulteriore di Sundsvik erano le opere murarie in mattoni d'argilla, un materiale che abbonda nella zona. La possibilità di sfruttare l'argilla dischiuse un nuovo campo d'attività alle attitudini tecniche e imprenditoriali di Boris. Fu costruito un nuovo forno alimentato a petrolio, per la cottura dei mattoni, e la produzione giornaliera crebbe notevolmente, fino a quando il boom edilizio postbellico non giunse al termine, e la fabbrica dovette chiudere. Allora però, la Guerra Fredda aveva reso di nuovo interessante il mercato delle attrezzature crittografiche in campo diplomatico e militare.

Bengt Florin, un ingegnere che faceva parte dell'*entourage* di Hagelin e che aveva lavorato sia nell'AB Cryptoteknik sia nella fabbrica di mattoni, ricorda Hagelin come un uomo dalle mille idee e dall'energia illimitata. Le sue idee erano a volte impraticabili, ma venivano sempre perseguite con notevole ostinazione.

Gli schizzi che Hagelin faceva per illustrare le proprie idee erano spesso difficili da interpretare e ciò non facilitava la loro realizzazione da parte dei collaboratori. "Egli lavorava in modo incredibilmente duro, qualche volta fino al limite delle forze" dice Florin. "Un giorno comparve in officina, un po' distratto, con due cravatte, una normalmente annodata e un'altra che gli pendeva dalla parte posteriore del collo".

Hagelin fu soprattutto un abile ingegnere meccanico, ricco di idee. La crittografia non era realmente il suo forte: quando aveva bisogno di aiuto professionale, consultava gli altri. Quando era necessario, apportava miglioramenti ai prodotti crittografici: "Le modifiche erano un diretto risultato del progresso generale in fatto di crittoanalisi. L'influenza del crittologo svedese Yves Gyldén fu notevole in tale senso".

Sven Wäsström, che conobbe bene Hagelin, dice che egli era generalmente considerato semplice e spontaneo. Per esempio, ottenne il diploma del Regio Istituto di Tecnologia di Stoccolma prima che venisse riconosciuto, ma non usò mai il titolo universitario, preferendo essere chiamato semplicemente "ingegnere". Tuttavia era molto esigente con i suoi collaboratori, pretendendo la loro disponibilità a lavorare in ogni momento e a fargli ogni genere di commissione.

Wäsström ricorda:

Hagelin aveva le proprie idee su come doveva essere la sua biografia. Essa avrebbe dovuto incominciare così: "Boris nacque a Baku in una notte terribilmente tempestosa e squarciata da fulmini accecanti". Egli aveva appreso questo fatto dall'autobiografia di suo padre, *Moj trudovoj putj* [La mia carriera professionale] (in russo) dov'è descritta la nascita del figlio di Karl Vasilevich nella notte del 2 luglio 1892. Boris guardò sempre al padre, di cui teneva un enorme ritratto nel proprio studio, con molto rispetto. Egli però non riteneva di aver avuto un'infanzia felice. Né di aver trascorso allegramente il proprio tempo nello spocchioso pensionato scolastico di Lundsberg, nella Svezia occidentale. La spirito scolastico non gli era congeniale.

Nel 1948 Hagelin si trasferì in Svizzera, dove nel 1952 fondò una nuova compagnia, la Crypto AG, continuando con grande successo a progettare e a vendere attrezzatura crittografica. Morì nel 1983, all'età di 90 anni.

Yves Gyldén

Yves Gyldén, nato nel 1895, ebbe un'educazione internazionale. Sua madre era francese ed egli parlava altrettanto bene il francese e lo svedese. Avendo trascorso parecchi anni in Argentina, dove il padre lavorava nel servizio diplomatico, riusciva a parlare fluentemente lo spagnolo.

In Svezia Gyldén fu un pioniere in molti campi tra loro anche diversissimi. Da una parte egli fu per lungo tempo il grande guru della crittografia locale, dall'altra introdusse il rugby in Svezia.

Secondo Tora Dardel, nata Klinkowström (una cugina prima), Yves si occupò di scrittura segreta fin da ragazzo. La sua famiglia possedeva alcune lettere scritte da Axel von Fersen a Maria Antonietta[2]. Alcune parti delle lettere erano cifrate e altre erano state cancellate. Gyldén padre e figlio amavano lavorare insieme, nel tentativo di decifrare e ricostruire i testi. In tal modo la passione di Yves per la cifratura e la decifratura cominciò presto.

L'altra grande passione di Gyldén, il rugby, ebbe origine durante i suoi dieci anni di permanenza in Francia, dove il rugby è molto praticato. Egli giocava nello *Stade Français*, un club parigino. Negli anni Venti, lavorò per una compagnia francese e quando, per motivi personali, ritornò in Svezia, si portò dietro il gioco. Nella casa d'infanzia di chi scrive c'era un grosso libro, pubblicato dalla Croce Rossa Svedese nel 1934, intitolato *Hälsa och friluftsliv* [Salute e vita all'aperto] (in svedese). Esso conteneva descrizioni di vari sport esotici e la sezione dedicata al rugby era stata scritta da "Yves Gyldén, traduttore autorizzato e presidente dell'Associazione Svedese di Rugby". Nell'articolo, Gyldén sottolinea l'importanza e gli effetti positivi del gioco per la mente e per il corpo.

In Svezia Gyldén lavorò dapprima come traduttore, ma nel 1937 divenne direttore all'esportazione della compagnia farmaceutica Astra. Egli era grosso e chiassoso, a volte collerico, e agli Svedesi dava l'impressione di essere molto francese.

---

[2] Il lettore ricorderà che von Fersen fu il confidente e forse l'amante di Maria Antonietta e fu tra l'altro l'organizzatore del tentativo fallito di far scappare dalla Francia la famiglia reale francese durante la Rivoluzione.

Gyldén era molto dotato sia per le lingue che per la matematica, cosa che lo rendeva particolarmente adatto al lavoro crittografico. Ha scritto articoli di crittologia in francese sulla *Revue Internationale de Criminalistique*, e nel 1931 comparve un suo libro dal titolo *Chifferbyråernas insatser i världskriget till lands* [I contributi degli Uffici Cifra durante la guerra mondiale degli eserciti], (*Militärlitteraturens förlag*, in svedese)[3]. Era un grande insegnante e parlatore, e tenne corsi di crittografia e crittoanalisi in varie scuole militari. Sosteneva che la crittoanalisi poteva essere praticata solo da persone particolarmente dotate: "A nessuno può essere ordinato di decifrare un codice, così come a nessuno può essere ordinato di produrre opere d'arte. La crittoanalisi è infatti un'arte, nota in Francia come *L'Art du décryptement*, in Germania come *Die Deschiffrierkunst* e in Inghilterra come *The Art of Deciphering*".

Nell'ultimo capitolo del suo libro, Gyldén cita il generale Cartier, il quale diceva che la crittoanalisi "si è dimostrata superiore a tutte le altre forme di raccolta di informazioni". È anche interessante notare che ancora nel 1931, quando fu pubblicato il libro, Gyldén disse: "Se costretti dalle circostanze, è possibile mettere in piedi un'efficace operazione crittografica e crittoanalitica nell'arco di pochi anni. Tuttavia, durante questo periodo, è inevitabile fare errori, perdere tempo e non utilizzare i punti deboli del nemico, che potrebbero essere sfruttati. È pertanto necessario che una simile organizzazione sia pronta ad entrare in azione fin dal primo giorno di mobilitazione - o, meglio ancora, qualche giorno prima - e che sia accuratamente addestrata, organizzata e dotata del personale più adatto per trarre vantaggio dagli errori del nemico e sfruttarli immediatamente".

---

[3] Tradotto negli Stati Uniti in una serie del Signal Corps come *The Contributions of the Cryptographic Bureaus in the World War* [I contributi degli uffici crittografici durante la guerra mondiale].

4. Intercettazione di segnali radio e analisi crittografica prima del 1939

Prima Guerra Mondiale

Secondo una tradizione orale, durante la Prima Guerra Mondiale i segnali radio della marina russa erano intercettati dalle navi della marina svedese. Subito dopo il 6 agosto 1914, quando fu dichiarata la guerra, un certo numero di telegrammi cifrati fu captato dalla *HMS Manligheten*, e decifrato a bordo. I testi in chiaro furono inoltrati all'ufficio estero dello Stato maggiore generale.

Secondo Sven Wäsström, non sembrano esistere altri documenti relativi a messaggi e attività di analisi crittografica. Tuttavia, c'era una notevole cooperazione con i Tedeschi, i quali infatti chiesero che copia dei telegrammi di stato russi, gestiti dall'autorità svedese per la telegrafia, fossero trasmessi a loro esponenti. Si trattava di telegrammi provenienti da San Pietroburgo e indirizzati all'ambasciatore russo a Stoccolma, oltre che di telegrammi in transito, destinati principalmente a Londra, ma anche alla Norvegia, alla Danimarca e alla Francia. In cambio, la Svezia avrebbe avuto accesso ai risultati ed ai metodi dell'agenzia crittoanalitica tedesca. Fu firmato un accordo e il capitano Gösta Frisell dello Stato maggiore generale fu mandato in Germania per essere addestrato nell'analisi crittografica del traffico diplomatico russo. In particolare, doveva studiare il libro dei codici usato a quel tempo, il *Codice 392*.

Quando Frisell tornò – dopo aver ottenuto dei voti lusinghieri – per l'Ufficio cifra dello Stato maggiore generale divenne possibile realizzare proprie investigazioni analitiche. Frisell e due altri ufficiali dotati per le lingue - uno di esso si chiamava Herslow – svolgevano i tre compiti principali: controllare i telegrammi commerciali, interpretare codici e messaggi cifrati e mantenere i legami con l'addetto militare tedesco. Quando cadde il regime zarista nel 1917, il notevole traffico in transito s'interruppe e, nel 1919, fu revocata la legge speciale che consentiva allo Stato maggiore generale di far copia dei telegrammi di stato.

Ci fu un altro genere di cooperazione con la Germania: la Svezia accettò di inoltrare telegrammi dall'*Auswärtiges Amt* di Berlino alle ambasciate tedesche all'estero. Il famoso telegramma Zimmermann del gennaio 1917 fu spedito tramite la Svezia. Probabilmente, tra tutti quelli mai spediti, si tratta del telegramma che maggiormente riuscì a cambiare il corso della storia. Esso fu decifrato e letto dagli Inglesi, e confermò le intenzioni tedesche volte a scatenare un'aperta guerra sottomarina, con l'offerta dell'Arizona, del Nuovo Messico e del Texas al Messico se tale paese si fosse unito alla Germania contro gli Stati Uniti. La conseguenza fu che gli Americani entrarono in guerra.

Gli anni Trenta

Nel 1930 un certo tenente G. Landström scrisse un articolo del Collegio di guerra intitolata *Radio avlyssning i krig och fred* [Intercettazione di segnali radio in guerra e in pace], nel quale delineava un'organizzazione comprendente un ufficio d'ascolto a Rimbo, a nord di Stoccolma, e un certo numero di stazioni di intercettazione e localizzazione distribuite sul territorio svedese. Era prevista anche un'agenzia per l'analisi crittografica, costituita da personale reclutato presso le università. Abbastanza curiosamente, gli analisti dovevano essere in grado di lavorare proficuamente solo per quattro o cinque ore al giorno. Con sorpresa, la proposta fu accolta abbastanza bene dalla FRA *Försvarsväsendets radioanstalt* del tempo di guerra [Agenzia radio della Difesa], fatta eccezione per il problema delle ore lavorative degli analisti.

Nel corso di un'importante esercitazione navale del 1928, alcune navi russe si dimostrarono un po' troppo invadenti, inducendo la marina svedese a rendersi conto che era necessario seguire il traffico radio della flotta russa. Un'attrezzatura destinata a questo scopo fu installata sulla corazzata costiera *Sverige*. Nell'estate del 1929 e nell'autunno-inverno 1929-1930, la marina si esercitò nell'intercettazione dei segnali radio militari. Nella primavera del 1931, sulla corazzata costiera *Drottning Victoria* iniziò una regolare intercettazione del traffico militare via radio. Si dovevano captare le comunicazioni radio russe, tedesche e inglesi. Ciò ebbe luogo per iniziativa del capitano, poi ammiraglio, Erik Anderberg. L'operazione era gestita dall'ufficiale della marina, addetto alle trasmissioni, capitano A. F. E:son[1] Scholander. Un gruppo di intercettatori venne addestrato a bordo della *Drottning Victoria*: molti di essi avrebbero poi svolto un ruolo di primo piano durante la seconda guerra mondiale. Il capitano Scholander fece un dettagliato elenco del materiale captato, registrando il traffico militare tedesco, russo e inglese via radio: un chiaro e conciso rapporto fu archiviato il 13 ottobre 1932.

L'anno successivo vide un'attività sistematica in questo campo. Oltre alle navi, veniva usato il centro comunicazioni di Karlskrona. Un'operazione speciale fu messa in atto in febbraio e marzo da un certo tenente Key. Si sospettava che aerei stranieri stessero usando illegalmente lo spazio aereo svedese, con insistenti voci di voli spia al nord della Svezia. Si stanziò una certa somma per eseguire attente ricognizioni di segnali a onde corte. Vennero impegnate più di venti persone e nelle strade di Boden e Luleå era consueto vedere gli ufficiali della marina addetti alla ricognizione. Agli aerei militari che volavano in rico-

---

[1] Quando Eriksson è usato come secondo nome, viene spesso abbreviato come *E:son*.

gnizione sulla Svezia settentrionale fu ordinato di individuare i segnali degli obiettivi russi, inglesi e giapponesi. Stranamente furono omessi gli obiettivi tedeschi. Non fu mai trovato nulla sui voli spia.

Sven Wäsström ha fatto alcune ricerche sui voli spia; egli ritiene che si trattasse di aerei da ricognizione tedeschi, in partenza da portaerei nel mar di Norvegia, che atterravano nella Finlandia settentrionale. Un'indicazione del loro diritto di atterrare in Finlandia è data dal ruolo passivo che hanno svolto i Finlandesi nella cooperazione del Nord su questa materia.

Oltre all'intercettazione, dallo Stato maggiore della Marina fu progettato un servizio DF [onde lunghe]. Negli anni 1932-37 vennero fatti alcuni viaggi di ricognizione per trovare postazioni adatte alla localizzazione e all'orientamento. Le spedizioni furono guidate dal capitano Ragnar Thorén e, per un anno, dal tenente Olof Kempe.

Crittoanalisi

Alcune iniziative nel campo della crittoanalisi furono anche prese da Erik Anderberg. Per alcuni coscritti particolarmente selezionati fu tenuto un corso di crittologia generale e crittoanalisi, diretto da Anderberg, presso lo Stato maggiore della Marina. Il corso venne ripetuto per parecchi anni, più tardi in collaborazione con lo Stato maggiore generale.

Pur disponendo di telegrammi autentici, ottenuti attraverso l'intercettazione, si riteneva che questi fossero troppo difficili da usare per l'insegnamento. Al loro posto si utilizzava materiale didattico o esercizi appositamente predisposti. Al corso prendevano parte ufficiali scelti e semplici coscritti: uno dei più notevoli fu un giovane studente laureato a Uppsala, di nome Arne Beurling.

La storia che segue fu raccontata dallo stesso Beurling. Verso la fine del corso, Anderberg mostrò a Beurling un nuovo dispositivo crittografico che i militari avevano comprato, e lo incoraggiò a portarselo a casa durante il fine settimana per studiarlo. Beurling ne fu entusiasta e, avendo trovato un punto debole nel sistema, chiese ad Anderberg di fornirgli un crittogramma con un *crib* (porzione di testo in chiaro) ragionevolmente lungo. Anderberg allora cifrò un messaggio che iniziava con la parola *"överbefälhavaren"*, ossia 'comandante supremo'. Il giorno seguente Beurling tornò portando con sé l'intero testo in chiaro davanti al perplesso Anderberg, che esclamò: "non è possibile", guardandosi intorno in cerca di una sedia su cui sedersi. L'apparecchio era la B21, la prima macchina cifrante di Hagelin, basata sui principi sviluppati da Arvid Damm.

Di tanto in tanto veniva esaminato un po' di materiale autentico. In tal modo, nella primavera del 1933, il tenente Olof Kempe a bordo della *Drottning Victoria* e il tenente Åke Rossby all'ufficio comunicazioni dello Stato maggiore della Marina, simultaneamente e indipendentemente l'uno dall'altro, decifrarono il sistema usato dall'OGPU, predecessore del famigerato KGB. Questo fu probabilmente il primo caso, dopo la prima guerra mondiale, di un crittogramma militare straniero decifrato in Svezia. Rossby e Kempe avrebbero in seguito svolto ruoli di primo piano nella futura FRA.

QGSMD

Nel 1937, nel corso di una riorganizzazione, fu creato il QGSMD (Quartier generale dello Stato maggiore della Difesa, *Försvarsstaben* in svedese), come successore dello stato maggiore generale. Esso comprendeva un dipartimento per l'intercettazione, diretto da Erik Anderberg, e un dipartimento crittografico, diretto dal comandante Eskil Gester.

L'acronimo FRA comparve per la prima volta nel 1938, quale nome di una stazione d'intercettazione a Karlskrona. Era alloggiata nell'ex caserma del genio e, agli ordini del tenente Kempe, iniziò le operazioni il 1° novembre 1938. Praticamente tutti gli intercettatori che vi lavorarono nel 1938-39 continuarono a operare in quel campo per tutto il resto della loro vita lavorativa. Tra di essi ci furono Carl-Erik Johansson, Nils Wendel, Olle Svanberg, G. E. Olander, Erik Wikingstedt e Olle Bengström. Allo scoppio della Guerra d'Inverno russo-finnica, nel dicembre 1939, la stazione fu trasferita a Stoccolma e integrata con la postazione d'ascolto che la sezione cripto del QGSMD aveva avviato al n° 4 di Karlaplan, capeggiata dal tenente generale Gustaf Tjärnström. Come nel caso di Nisse Johansson, un altro pioniere in fatto di intercettazioni, Tjärnström era stato addestrato sulla *Drottning Victoria*.

Il periodo di Karlskrona comportò una sostanziale comprensione e una preziosa esperienza sul come organizzare l'intercettazione.

Il dipartimento cripto del QGSMD, da poco istituito, contava quattro sezioni, di cui la I, II e III erano adibite al trattamento delle questioni cripto di esercito, marina e aviazione. La sezione IV fu destinata alla crittoanalisi. L'addestramento era la sua principale attività. Nell'autunno del 1937, Gyldén tenne un corso di "Tecniche crittoanalitiche", e trattò argomenti come "Statistiche: scopi, raccolta e uso", nonché "Osservazioni, ipotesi e metodi d'attacco". Egli dipinse il vero crittoanalista come uno con "l'ardore di un cane da caccia e lo zelo di un detective che ha fiutato una traccia". Fu preparato un nuovo corso allargato di crittoanalisi, con molti esercizi e compendi. Furono raccolte statistiche del linguaggio per le lingue europee comuni, compreso il russo.

Il lavoro era guidato da Åke Rossby e dal capitano Sven Hallenborg. La tediosa e monotona raccolta di statistiche del linguaggio – tutta eseguita a mano – era fatta da coscritti, che come diversivo erano di tanto in tanto autorizzati a cimentarsi nella crittoanalisi. In tal modo furono scoperti nuovi talenti crittografici, come ad esempio Åke Lundqvist e Olle Sidow.

Le proprietà statistiche del linguaggio sono una pietra miliare del repertorio crittoanalitico, e l'aver accesso a statistiche affidabili è essenziale per il successo. Le statistiche del francese, compilate nel giugno 1938 e firmate Å. Lqt (Åke Lundqvist) sono un esempio del lavoro compiuto al dipartimento cripto. Questo lavoro si basò su 10.000 lettere di testo corrente.

La prima tabella è una tabella di digrafi 26 x 26, di cui l'alfabeto fornisce le coordinate. Qui si trovano le frequenze di tutti i digrafi (combinazioni di due lettere). Il digrafo più comune è *es*, 3,7%, seguito da *le*, 2,2%. Seguono *en*, *de* e *re*. C'è anche un elenco dei più comuni trigrafi della forma A-B-A (i trigrafi in cui la prima e la terza lettera sono uguali), digrafi all'inizio e alla fine di parole di almeno tre lettere, e trigrafi alternanti x-A-y. Sono elencate le parole francesi più comuni *de*, *la*, *et*, *le*, *les* ecc.). Ovviamente c'è anche una statistica dei monografi, che mostra come in francese la lettera di gran lunga più comune è la vocale *e*, 17,8%, seguita da *a*, *t*, *n*, *i*, *r*, *u*, *l* e *o*. Sono altresì elencate le frequenze delle doppie consonanti e delle lettere d'inizio e di fine parola.

La quantità di lavoro necessario per compilare questo genere di statistica è notevole, ma fortunatamente le statistiche del linguaggio cambiano molto lentamente nel tempo, cosicché, con ogni probabilità, alla fine il lavoro fatto ne risulta compensato. D'altra parte, la crittoanalisi è impossibile senza ricorrere a questo tipo di statistica, e pertanto esistono poche alternative a questo investimento.

Lo spazio assegnato al dipartimento cripto nell'edificio del QGSMD divenne presto troppo esiguo e, nella primavera del 1939, la sezione IV fu trasferita in un altro luogo, nel Lützengatan. Cominciò ad arrivare materiale genuino, dal vivo, e analisti civili e coscritti poterono iniziare a cimentarsi. Si assaporarono i primi successi, cosa che ovviamente costituì un notevole stimolo a proseguire nei tentativi.

Fu anche dato inizio a nuovi tipi di esercizio crittoanalitico. Gli studenti dei primi corsi erano invitati a partecipare alle sessioni domenicali di addestramento preso il QGSMD. Ai partecipanti venivano date istruzioni su un'ipotetica situazione tattica e venivano loro forniti alcuni "telegrammi cifrati intercettati" da analizzare. Per mettere gli studenti in grado di sfruttare la propria abilità linguistica, si supponeva che la Svezia fosse stata attaccata simultaneamente da tutte e quattro le grandi potenze europee - uno scenario, questo, forse poco realistico. Le soluzioni venivano consegnate appena completate, con un tempo per la discussione e la critica alla fine della giornata. Oltre agli studenti già menzionati, alcuni partecipanti si distinsero in un corso tenuto presso il *Ny militär tidskrift* [Nuovo giornale militare] negli anni 1935-36. Kurt Nilsson fu tra coloro che iniziarono la propria carriera crittoanalitica in questo modo. Egli ricorda:

> Mio fratello era ufficiale nella riserva dell'esercito, e tutto ebbe inizio quando mi diede una copia del *Ny militär tidskrift*, contenente un articolo sulla guerra in Abissinia. Letto l'articolo, sfogliai il giornale e una parte attirò la mia attenzione: si trattava di un coacervo di lettere e numeri, che sembrava un gigantesco refuso. La parte era intitolata: "Corso di cifratura", tenuto da Sven Hallenborg, capitano.
>
> Capii subito che quella era un'area che mi si addiceva perfettamente. Hallenborg mostrava come risolvere alcune specie di cifrati, e il suo stile di presentazione era semplice e lucido. Vi erano anche delle parti relative alle frequenze delle lettere, al significato delle ripetizioni di digrafi e trigrafi ecc., tutte cose alle quali non avrei prestato troppa attenzione in precedenza. Alla fine c'erano un paio di esercizi che risolsi e mandai, nella speranza di guadagnare le cinque o dieci corone di premio.
>
> Da allora in poi considerai la crittografia in modo più serio, acquistando una piccola collezione di letteratura crittologica. Giusto per ricordare alcuni titoli: Yardley, *The American Black Chamber*; Givière, *Cours de cryptographie* e il libro di Gyldén sulla crittoanalisi nella prima guerra mondiale.
>
> Tramite il corso NMT [*Ny militär tidskrift*], i militari riuscirono a mettere insieme un elenco di nomi di persone interessate alla crittologia, alcune delle quali furono invitate a partecipare ai "Giochi crittografici" domenicali presso la Casa Grigia. Noi, i principianti, fummo in tal modo messi in grado di conoscere gli specialisti della materia e lavorare insieme ad essi.

CHIFFERKURS.

Det militära behovet av personal kunnig i användandet av chiffer och framför allt med förmåga att forcera olika chiffersystem har småningom väsentligt ökats. I syfte att väcka intresse för denna viktiga verksamhet anordnar Ny Militär Tidskrift en chifferkurs. som tager sin ʾörjan i något av de närmast utkommande numren.

Kursen, som pågår till våren 1936, omfattar redogörelse för de elementära chiffersystemen jämte anvisningar för deras forcering. Före årsskiftet behandlas substitutions-(utbytes-)chiffer. Därefter följer redogörelse för system, som tillhöra transpositions- (omkastnings-)gruppen.

Varje tidskriftsnummer kommer i regel att behandla ett av systemen jämte i anslutning därtill uppställda forceringsuppgifter. Under kursen anordnas »repetitionsskrivningar» och vid slutet av densamma skriftlig »examen».

Redan i detta häfte meddelas två enkla uppgifter. representerande de båda huvudgrupperna av chiffersystemen. Dessa uppgifter ingå icke i kursen. Tre pris (resp. 10, 7 och 3 kr.) utdelas. Lösningarna. åtföljda av tävlingskupong å annonssidan närmast efter sid. 180, skola vara redaktionen till handa senast den 1. juni.

PROBLEM A.
(Svensk normaltext).

TÖIHNA GN Z NÄAN PZYFA RNAZP
AÖNYF NR GFLÄZM ÄHAZXP LFJ YF GN
ÄSÄANJ XNPPNP GBA NÄARNÄAZM ÖWG
JDPPZM YFJ HÖJÄPFJ Z ÄISÄRN RFAHFP
SA.

PROBLEM B.
(Svensk normaltext).

ARLÄL	AETUS	TRÄST	KEFDL	SAFMA
IÄTVE	SESGA	PFNTT	VNOHM	ELISI
NSDKA	RSEÄII	LRRDR	MEASE	PIATL
GIHCO	DASE			

L'annuncio del corso di cifratura sul *Ny militär tidskrift*

Traduzione:

CORSO DI CIFRATURA: Il bisogno, da parte delle forze armate, di persone con conoscenze in fatto di uso dei numeri, e in particolare nella decifrazione di vari tipi di sistemi, è aumentato gradualmente. Allo scopo di ridestare l'interesse per questo importante settore, il *Ny militär tidskrift* organizza un corso di crittologia con inizio in un prossimo numero.

Il corso, da tenersi nel prossimo aprile 1936, comprenderà lo studio di sistemi di cifratura elementare e del modo e delle indicazioni sulla possibilità di risolverli. Quest'anno saranno trattati i sistemi a sostituzione. Ad essi faranno seguito i sistemi a trasposizione.

Ogni numero tratterà un tipo di sistema e includerà esercizi di analisi crittografica. Vi saranno anche "recensioni di testi" ed "esami finali".

Sono presenti in questo numero due semplici esercizi che non fanno parte del corso. Verranno dati 3 premi (10, 7 e 3 corone). Le soluzioni, accompagnate dal modulo che si trova nella sezione degli annunci a pagina 181, debitamente compilato, dovrà pervenire alla nostra redazione entro il 1° giugno.

5. Guerra

Già il primo giorno di guerra un gruppo di crittoanalisti ricevette dal QGSMD l'ordine di recarsi a rapporto alla Casa Grigia. Si presentarono quasi 50 persone, per lavorare agli ordini di Sven Hallenborg e Åke Rossby. Il rumore dei pezzi d'artiglieria che erano trascinati giù nella strada (il reggimento d'artiglieria A1 stava lì vicino) accompagnò la riunione. Il primo ordine di lavoro consisteva nell'organizzare il personale disponibile in varie sezioni. Yves Gyldén fu la scelta obbligata come capo della sezione francese, mentre la sezione inglese venne affidata a Eric Törngren. Nelle sezioni russa e tedesca ci si aspettava che fosse necessaria una buona quantità di crittoanalisi matematica; perciò, ne furono nominati responsabili il capitano comandante Segerdahl e Arne Beurling, il primo un matematico delle assicurazioni, il secondo un professore dell'università di Uppsala.

Kurt Nilsson ha qualcosa da raccontare sulle sue esperienze all'inizio della guerra. Egli lavorava con Yves Gyldén su un libro di codici francese. Un libro del genere può intendersi come una specie di dizionario segreto: ogni parola è rappresentata da una combinazione di lettere o di numeri.

aardvark	0123
adatto	0146
artiglieria	1274
....	....

Qui i numeri di quattro cifre sono chiamati *gruppi di codice*, e un messaggio viene cifrato sostituendo i gruppi di codice alle corrispondenti parole in chiaro.

Lettere, numeri, abbreviazioni e punteggiatura sono spesso inclusi nell'elenco:

. *(punto)*	0001
, *(virgola)*	0020
a	0031
aardvark	0123
adatto	0146
artiglieria	1274
b	1976
balbettare	2001
BBC	2003
....	....

Un libro di codici è formato di solito da molte centinaia di pagine, benché ovviamente non vi siano incluse tutte le parole o tutti i nomi geografici. Le parole che non appaiono nel libro devono essere trascritte lettera per lettera, usando i gruppi di codice corrispondenti a ciascuna lettera. Se i numeri appaiono nello stesso ordine dei loro corrispondenti alfabetici in chiaro, il libro di codici è detto *ordinato*. Il vantaggio di un libro di codici ordinato sta nel fatto che può essere usato sia per cifrare che per decifrare. Con un libro di codici non ordinato, occorrono due diversi volumi o gruppi di volumi, uno per cifrare (con le parole in chiaro in ordine alfabetico) e uno per decifrare (con i gruppi di codice in ordine numerico o alfabetico).

Per facilitarne l'uso, un libro di codici dispone a volte di *sezioni ausiliarie*, comprendenti parole di talune categorie, come nomi geografici, nomi propri, segni di punteggiatura, che pertanto rimangono al di fuori dell'ordine alfabetico.

Il compito del crittoanalista è quello di ricostruire un libro di codici, in modo che possano essere letti i messaggi intercettati. Solitamente sono necessarie molte informazioni sui gruppi di codici che compaiono, così come osservazioni relative alle ripetizioni e alle posizioni nel contesto del messaggio. Il punto di forza di Gyldén come crittoanalista, erano i libri di codici, cosicché Kurt Nilsson poteva giovarsi del miglior insegnante possibile.

Appartenere alla sezione francese era un vero piacere. Come capo, Gyldén aveva una naturale autorità e, senza dominare troppo, era tempestivo nell'elogio e cauto nella critica. Fin dall'inizio l'atmosfera fu molto piacevole.

Il nostro primo compito era un libro di codici del francese diplomatico. Fino ad allora la mia esperienza e quella dei miei colleghi si era limitata agli esercizi con carta e matita. Affrontavamo ora una sfida di un nuovo ordine di grandezza. Per prima cosa dovevamo individuare la costruzione e la struttura del codice. Si usava anche una scheda per conservare traccia di ogni informazione. Il primo ordine di lavoro fu:

• determinare la dimensione delle parole di codice: quattro o cinque cifre o lettere. Da notare che i telegrammi erano sempre inviati con cinque caratteri per gruppo, in modo che, ad uno sguardo superficiale, il telegramma non potesse offrire suggerimenti. In questo caso dovevamo attaccare un codice letterale a 4 caratteri.

• Scrivere telegrammi in forma corretta - gruppi di 4 lettere – su carta a quadretti e annotare i fogli con data e percorso[1].

---

[1] Mittente e destinatario del telegramma.

• Trascrivere i gruppi dei codici sulla scheda, annotando la data, il percorso e altre informazioni utili, come la posizione nel contesto del telegramma. Quando si era ricostruito il significato di un gruppo, lo si trascriveva anch'esso sulla scheda.

Era un lavoro monotono, che richiedeva molto tempo, eseguito in gran parte dalle "Lottas", membri del Corpo Volontarie della Difesa. I locali dell'ufficio, presso la Casa Grigia, divennero presto inadeguati: continuavano ad arrivare sempre più Lottas, crittoanalisti e altri specialisti e più tardi, nell'autunno del 1939, ricevemmo uffici più spaziosi in una vecchia casa in Östermalm, nella parte orientale di Stoccolma, al n° 4 della Karlaplan. La casa fu subito battezzata "Karlbo" [nido di Karl]. Prima di allora eravamo già riusciti a stabilire che quel codice diplomatico francese era a 4 lettere con 10.000 voci, probabilmente ridotte in dimensione, in modo da corrispondere a un codice di quattro numeri usato in parallelo (e che per ovvi motivi avrebbe potuto contenere al massimo 10.000 gruppi).

Acquisimmo anche una notevole quantità di materiale, trascritto su carta a quadretti e registrato in una grande scheda d'archivio. Ciò che mancava era un "punto d'appoggio", una maniera per cominciare. Un tale punto d'appoggio fu fornito da un lungo telegramma dell'ambasciata francese a Stoccolma, indirizzato al ministro francese degli Affari esteri a Parigi. In quel telegramma, compariva con notevole frequenza un gruppo di quattro lettere che nei messaggi precedenti era apparso molto di rado. Sarebbe stato utile trovare qualcosa a monte del telegramma e per questo chiedemmo aiuto al MAE. Per cercare le informazioni che il MAE aveva trasmesso alle ambasciate nei giorni precedenti l'invio del telegramma, Gyldén ed io ne visitammo gli archivi in una buia notte d'autunno. Il *corpus delicti* fu trovato in breve tempo: una circolare indirizzata a tutte le ambasciate a Stoccolma, riguardante l'installazione di mine nelle Kvarken di Södra [nel golfo di Bothnia]. La parola "nave" vi appariva di frequente, e pertanto potemmo desumere con sicurezza che la parola francese *navire* fosse comune nel telegramma per Parigi. Dato che anche altri criteri si dimostrarono adeguati, avemmo la certezza di aver trovato ciò che cercavamo. All'uscita dal palazzo del MAE, Gyldén disse: "È stato un gran bel colpo. Dobbiamo brindare. Ti offro qualcosa da bere al bar dell'Opera". Mentre ci godevamo la nostra bibita, Gyldén notò una coppia seduta a un tavolo d'angolo: "l'uomo che rimorchia la signora attraente è il segretario dell'ambasciata di Francia. Un brindisi per lui!".

La scoperta fatta negli archivi del MAE ci fornì un ottimo *crib*. Esso non solo ci fornì parole di testo comuni, ma anche numerali (da posizioni marittime) e sillabe (da nomi di luoghi). Avevamo finalmente un solido fondamento per procedere spediti. Per Gyldén, di madre francese, era come giocare in casa. Dopo aver trovato le prime parole di una frase, anche se poche, egli esclamava: "Bon!", si accendeva un sigaro e diceva: "Quando un francese incomincia una frase in questo modo, è segno che intende proseguire...". Il più delle volte aveva ragione.

Ho detto prima che il libro di codici aveva 10.000 voci; ciò può far pensare che vi si possano trovare un gran numero di parole. In pratica però viene usato solo il 30% delle parole di un libro di codici, anche quando se ne fa un uso esteso.

Gyldén introdusse una scala di affidabilità dei gruppi di codici decrittati: si trascriveva a matita una ipotesi, accompagnata da un punto interrogativo, mentre le interpretazioni considerate sicure si scri-

Yves Gyldén

vevano in inchiostro. Alla centesima trascrizione a inchiostro, Gyldén invitava tutti a uno *champagne party*. Dato che vivevo proprio vicino alla casa di Karlbo, ero io a procurare i bicchieri. Molte camere di quel vecchio appartamento patrizio disponevano di un camino a piastrelle e Yves, presa posizione vicino a uno di questi, parlava poggiando il gomito alla cappa. Elogiava il personale, lodando le doti e l'abilità, e proponeva un brindisi alla buona prosecuzione del progetto.

Ci furono numerosi *champagne parties*: i Francesi usavano molti libri di codici dello stesso tipo di quello attaccato per primo. Gli altri però erano codici numerici. Purtroppo non ci rendemmo conto subito di aver a che fare con diversi libri di codici, cosicché i gruppi raccolti da tutti quei libri venivano immessi in una sola scheda d'archivio. Accortisi dell'errore, cominciammo a guardare alle caratteristiche distintive e finalmente Gunnar Morén riuscì a decifrare il sistema che ci permise di individuare quale libro di codici doveva essere usato. Dopodiché il lavoro poteva procedere come prima.

6. Entra in scena Arne Beurling

Per via delle sue doti indiscusse, sin dall'inizio Arne Beurling fu il grande nome. Già prima della guerra aveva promesso al comandante Gester, capo del dipartimento cripto del QGSMD, di dare una mano a organizzare un corso di crittologia. Quando il 1° settembre 1939 scoppiò la guerra, Beurling chiamò Gester, che gli affidò subito la sezione russa, considerata la più importante. Egli cominciò con l'esame del traffico diplomatico russo, ma subito si accorse che, con ogni probabilità, veniva usato un cosiddetto "sistema a blocco monouso" (*one time pad system*), i cui principi lo rendevano teoricamente inviolabile. In tale sistema, il flusso delle chiavi correnti viene generato a caso e registrato in due copie, in un *blocco* con triplo interlinea, in modo da poter scrivere sotto il testo in chiaro, e poi ancora sotto il testo cifrato. Un blocco viene usato dal mittente e un altro dal destinatario. I blocchi vengono distrutti dopo essere stati usati, in modo da evitare un'erronea riutilizzazione.

L'ovvia domanda è: "perché non tutti usano blocchi monouso?" La risposta è semplice: in molti tipi di applicazione non sono affatto pratici, se tutti i criteri vengono rispettati. Generazione della chiave corrente, distribuzione, uso e sua gestione richiedono tempo e sono costosi. Per esempio, il nodo centrale di una rete a forma stellare di 50 sottonodi richiede 2 x 50 blocchi, due per ogni sottonodo, e i sottonodi devono poter disporre di un continuo rifornimento di blocchi, a prescindere dalla posizione geografica.

Se – come nel caso russo – la chiave corrente è usata per cifrare un codice numerico, essa sarà costituita da numeri. Altrimenti, per cifrare un codice letterale o direttamente un testo in chiaro, la chiave corrente è di solito composta da lettere. Il processo di cifratura è semplice: la chiave corrente viene sommata al testo in chiaro. Nel caso di numeri, viene spesso usata una falsa addizione, vale a dire che vengono eliminati i riporti: $7 + 5 = 2$. Nel caso delle lettere, queste vengono ri-codificate come numeri, in modo che $A = 01$, $B = 02$ e così via, e l'addizione è effettuata *modulo* 26 (sottrarre 26 se il risultato è troppo grande) o viene di nuovo usata una falsa addizione. Una volta si usavano delle tavole per semplificare le somme; oggi questo compito è svolto dai computer.

Dato che stiamo per studiare con qualche dettaglio la cifratura dei libri di codice numerici, ci concentreremo qui su blocchi monouso numerici. Nel blocco, i numeri sono raggruppati in modo da corrispondere al libro dei codici, per esempio numeri di cinque cifre. Sotto i gruppi di cinque cifre della chiave corrente vengono scritti i gruppi del testo in chiaro o piuttosto gli equivalenti del corrispondente libro dei codici. Sulla terza riga, chi cifra scriverà i gruppi cifrati risultanti.

Se la chiave corrente è usata una seconda volta, intenzionalmente o per errore, il carattere *monouso* del sistema viene perduto, dando la possibilità di attaccare in *profondità*. Ritorneremo su questo metodo più avanti.

Il libro dei codici con cui Yves Gyldén e Kurt Nilsson lavoravano non era sopracifrato: i gruppi dei codici erano trasmessi tali e quali, come *nudo codice*. In questi casi, tutte le ripetizioni e le proprietà statistiche possono essere individuate immediatamente e il codice, prima o poi, sarà violato, sempre che siano disponibili tempo e materiale a sufficienza.

Ma Beurling ora doveva affrontare un libro di codici di quattro cifre con quello che sembrava un sistema a blocco monouso. Se la chiave corrente viene generata in modo corretto, non è possibile individuare alcuna proprietà statistica nei messaggi; il loro contenuto è del tutto anonimo. Per provare che il sistema russo era di questo tipo, Beurling volle trovare i *puntatori* dei telegrammi. Affinché il decodificatore possa sapere qual è il blocco da usare e, possibilmente, da quale punto del blocco cominciare, la codifica deve nascondere questa informazione da qualche parte nel messaggio. Con tutta probabilità, i puntatori compariranno nelle vicinanze dell'inizio dei messaggi.

Ciò che Beurling fece non fu né unico, né terribilmente difficile; erano necessarie solo le tradizionali qualità del crittoanalista, come il potere d'osservazione e di deduzione. Beurling raccontò come svolse il suo compito, ed io qui riferirò la storia.

Esamineremo gli inizi di cinque telegrammi del tipo di quelli ricevuti da Beurling. Ovviamente ci sono molte possibilità di nascondere le informazioni, ma come traccia per il lettore, riveleremo che in ogni telegramma sono coinvolti due gruppi.

	Posizione						
Telegramma	1	2	3	4	5	6	...
1	3729	6413	9201	3822	7114	0355	...
2	1520	2223	1958	7613	3925	2743	...
3	7701	8833	6653	0812	9536	0652	...
4	3017	4973	4707	0252	5677	8172	...
5	0019	3398	3507	4516	4093	9941	...

Limitarsi a guardare i numeri così come appaiono qui sopra, non porta molto lontano; è la relazione tra i numeri nell'ambito di ciascun telegramma che può rivelare le informazioni. Se il lettore non si spaventa troppo alla vista dei numeri, può tentare di mettersi alla prova prima di leggere la soluzione riportata qui di seguito:

Arne Beurling nell'inverno 1940

Soluzione. Facendo la differenza tra tutti i primi cinque gruppi di ciascun messaggio, si scopre un interessante modello. Almeno due telegrammi devono essere trattati in questo modo se si vuole vedere il modello. Non scriveremo tutte le differenze, ma solo quelle rilevanti, e precisamente quelle tra i gruppi della colonna 2 e quelli della colonna 5[1].

---

[1] Si noti che qui viene usata una falsa sottrazione: se il risultato della sottrazione è negativo, si aggiunge 10.

	2	5	*Diff*
1	6413	7114	1701
2	2223	3925	1702
3	8833	9536	1703
4	4773	5677	1704
5	3398	4093	1705

I numeri 1701,... sono evidentemente numeri consecutivi, che dicono al decifratore da dove cominciare: con tutta probabilità sono numeri di blocco o numeri di pagina.

Il legittimo destinatario del messaggio procede esattamente allo stesso modo, solo che non deve tentare tutte le possibili differenze: egli *sa* quali sono i due gruppi da usare.

Come procede il cifratore? Ci sono un paio di possibilità. Per esempio, il numero del blocco potrebbe essere la chiave in posizione due, mentre il gruppo numero cinque sul blocco viene lasciato vuoto (anche questo rende difficile per il cifratore commettere un errore usando erroneamente altre posizioni). Il cifratore può procedere normalmente, salvo che nella posizione cinque del blocco, vuota, scrive il *gruppo cifrato* ottenuto nella posizione due, mentre al posto del gruppo in chiaro scrive il numero del blocco (che potrebbe anche essere stato stampato in quel punto, ancora una volta per evitare errori):

	1	2	3	4	5	6
Sequenza del blocco	...	1701	...	...	6413	...
Nudo codice	...	5712	...	...	1701	...
Gruppi cifrati	...	6413	...	...	7114	...

Dopo aver trovato i puntatori, Beurling si convinse del fatto che era stato usato un sistema a blocchi monouso, col vantaggio di non sprecare tempo ed energia per tentare di decifrarlo. La sola fatica che meritava di essere fatta era quella di continuare a controllare il numero dei blocchi, per vedere se per caso i Russi si mettevano a usare i blocchi una seconda volta, non tanto per errore, ma così, senza necessità, quando non ne erano disponibili altri.

Sopracifratura e messa a nudo

Per vedere che cosa succede quando il flusso delle chiavi viene usato più volte, producendo *profondità,* continuiamo a seguire i tentativi di Beurling. Già prima della guerra, il piccolo gruppo di crittoanalisti della sezione IV del

QGSMD, composto soprattutto da statistici della lingua, aveva cominciato ad occuparsi delle trasmissioni della marina russa, e in particolare di quelle della flotta del Baltico. Nell'autunno 1939, fu dato a Beurling del materiale che si riteneva relativo a un traffico in codice sopracifrato. Åke Lundkvist fu incaricato di assisterlo e a tal fine fu trasferito dal gruppo tedesco di Segerdhal, dove lavorava su un "codice spazzatura".

È l'ora di presentare Lundkvist, noto anche come "Lqt". Nato con un serio problema d'udito, gli furono insegnati gli scacchi dal padre. All'età di cinque anni il suo tedesco era "piuttosto buono", dato che allora la maggior parte della letteratura scacchistica in Svezia era in tedesco. Egli continuò a giocare a scacchi durante e dopo il collegio, ma al tempo del servizio militare alla sezione IV, quando il comandante Gester gli disse che era tempo di smettere di giocare a scacchi e cominciare a imparare la crittoanalisi, interruppe per qualche tempo. "Gester mi piaceva così tanto che ne seguii il consiglio", dice Lqt e aggiunge: "Gester aveva un fascino inimitabile".

Åke Lundqvist

Lundqvist comunque riprese a giocare a scacchi dopo che Gester andò in pensione, concentrandosi sul gioco per corrispondenza. È un Gran Maestro internazionale e ha preso parte a tre campionati del mondo. Inoltre, Lundqvist è un insigne botanico, specialista nelle orchidee dell'isola di Öland.

Negli ultimi anni si è distinto in un altro campo, traducendo la poesia tedesca in svedese, in particolare Hölderlin e Rückert.

Come studente di matematica a Uppsala, non vide molto Beurling, ma più tardi ebbe modo di conoscerlo bene. Su Beurling come insegnante di crittologia, Lundkvist dice:

"Come Gyldén, Beurling era un ottimo insegnante, ma in modo del tutto diverso. Tutto ciò che Beurling spiegava sembrava infinitamente facile. Egli usava i mezzi più semplici possibile, nell'insegnamento come nel lavoro. In confronto ai risultati di Beurling, era difficile essere fieri di ciò che si riusciva a fare" dice Lundkvist, il quale peraltro era considerato dai suoi colleghi un formidabile crittoanalista.

Quando Lundkvist fu trasferito al gruppo di Beurling per dare una mano sul traffico a cinque cifre della flotta russa del Baltico, Beurling era già riuscito a mettere a nudo la struttura della sopracifratura. Ma per quanto riguarda l'attacco al codice stesso, doveva ancora essere escogitato un modo efficace per scomporlo. Continuava ad arrivare una grande quantità di materiale che si credeva molto importante. Il problema ovviamente aveva la massima priorità.

Accenneremo qui al sistema ed ai principi d'attacco; nel prossimo capitolo saranno dati più dettagli.

Il mittente, vale a dire il cifratore, codificava dapprima il testo in chiaro usando il libro dei codici. Il libro dei codici era tenuto segreto ma, per fortuna dell'attaccante, veniva usato per lunghi periodi di tempo, da parecchi mesi a un anno e più. Il codice nudo che ne risultava veniva poi cifrato di nuovo (*sopracifrato*), e questo era fatto sommando[2] i gruppi di codici a un flusso di chiavi fatto anch'esso di cinque cifre.

Codice nudo	52005	48110	12314	...
flusso di chiavi	27066	57092	08996	...
Testo cifrato	79061	95102	10200	...

Il flusso delle chiavi, o chiave corrente, era preso da una serie di 300 gruppi di cinque cifre, un blocco che veniva cambiato ogni 24 ore. Il cifratore sceglieva un gruppo iniziale a caso e poi continuava a usare i gruppi in ordine. Se

---

[2] Si usavano di nuovo false addizioni.

arrivava alla fine del blocco prima che il telegramma fosse finito, ricomincia-va dall'inizio, ossia usava ciclicamente il blocco. Affinché il decifratore sapes-se da dove cominciare, il punto di partenza veniva nascosto nel telegramma sotto forma di puntatore.

Il primo compito del crittoanalista era quello di identificare il puntatore. In verità questo era un problema abbastanza banale. Già con pochi telegrammi si poteva fare una discreta ipotesi sul posto in cui si trovava il puntatore e con 12-15 telegrammi l'ipotesi diventava certezza. Ciò si deve alla costruzione del blocco: esso aveva 30 righe e 10 colonne, identificate da numeri di 3 e di 2 cifre, combinati in modo da formare un gruppo puntatore di cinque cifre. Ovviamente, la variabilità della parte a due cifre del puntatore poteva essere solo dieci.

Il lavoro sistematico del crittoanalista era facilitato dalla lunghezza relati-vamente piccola del flusso delle chiavi: 300 gruppi. Come risultato, la profon-dità si manifestò in brevissimo tempo, e questo fu il punto debole del sistema, anche se violarlo non fu comunque un'impresa facile. Anzitutto, i telegrammi disponibili dovevano essere *shiftati* secondo i puntatori, dovevano cioè essere *adattati* o *messi in fase*. Le parti del flusso delle chiavi di maggiore profondità furono attaccate per prime.

La ragione per cui la profondità è così importante è la seguente. Se due diversi gruppi di codici g_1 e g_2 sono cifrati con lo stesso gruppo di chiavi k, in modo tale che $c_1=(g_1+k)$ e $c_2=(g_2+k)$, è ovvio che

$$c_1 - c_2 = (g_1 + k) - (g_2 + k) = g_1 - g_2$$

vale a dire il gruppo della chiave si semplifica.

La *messa a nudo*, o scomposizione della sopracifratura, fu resa possibile dall'uso frequente di alcuni gruppi di codici, in particolare dei segni di pun-teggiatura, come ad esempio il punto e la virgola. Si supponga che il codice del punto sia 41250, mentre quello della virgola sia 63725. Le false differenze fra questi gruppi sono 41250 - 63725 = 88535 e 63725 - 41250 = 22575. Se virgole e punti sono entrambi cifrati con lo stesso flusso di chiavi, la differenza tra i cor-rispondenti gruppi cifrati sarà quindi 88535 oppure 22575. Per esempio, suppo-niamo di avere una profondità pari a tre, vale a dire supponiamo che le sezio-ni di tre telegrammi siano state cifrate con la stessa sezione del flusso delle chiavi del blocco:

cifra 1	...	...	14176	...
cifra 2	...	...	36641	...
cifra 3	...	...	82038	...

Le differenze sono 14176 – 36641 = 88535, 14176 – 82038 = 32148, e 36641 – 82038 = 54613. Riconosciamo qui la prima differenza, 88535, come quella tra punti e virgole, in modo che sarà altamente probabile che nel primo telegramma sia presente il codice del punto, e nel secondo il codice della virgola. Comunque, una conclusione ancor più importante è che siccome ora possiamo calcolare il flusso delle chiavi (73926 = 14176 – 41250), è anche possibile mettere a nudo il gruppo di codici del terzo telegramma, che deve essere 82038 – 73926 = 19112. Senza dubbio potremmo non conoscere il significato di questo gruppo di codici, ma per lo meno sappiamo che esso esiste e possiamo sperare di riuscire più tardi a dedurlo, per esempio ricavandolo dal contesto.

Deducendo successivamente il significato di nuovi gruppi di codici mediante il ricorso a statistiche, al contesto e, se il libro dei codici è ordinato, attraverso l'ordine nel quale i gruppi compaiono, potrà essere ricostruito il contenuto di una parte sempre maggiore del libro dei codici.

Affinché un attacco *ab initio* sia possibile, è necessaria una profondità molto maggiore di quella dell'esempio, così come una quantità molto maggiore di telegrammi.

All'inizio ci si trova di fronte al fatto fondamentale che nessun gruppo di codici è noto, nemmeno quello delle virgole e dei punti. Per cominciare da qualche parte, si può supporre preliminarmente che il punto abbia ad esempio il gruppo di codice 00000. Se si studiano i telegrammi in profondità per vari giorni, annotando tutte le possibili differenze, si può scoprire che una differenza è molto frequente, e supporre che sia quella tra punti e virgole[3]. A partire da qui, cominceremo a costruire un libro di codici *relativo*, che comunque equivale a quello reale. Se il libro dei codici è ordinato, in modo che il primo gruppo di codici corrisponda alla lettera *a*, può darsi che si riesca a recuperare l'originale. Ciò tuttavia non è sempre necessario; un libro di codici relativo è di solito utile quanto quello reale.

Beurling visita la Finlandia

La cooperazione tra Svezia e Finlandia era iniziata ancora prima della guerra e si era intensificata quando scoppiò la Guerra d'Inverno. Dopo alcuni problemi burocratici, Beurling fu autorizzato a partire per la Finlandia nel gennaio del 1940 e vi si recò per nave insieme ad un certo tenente Hallin. La sezione

---

[3] Usando le differenze *assolute*, vale a dire prendendo per ogni cifra la differenza che è minore di 6, si possono evitare le due diverse differenze tra due gruppi di codici.

crittoanalitica finlandese usava una caserma alquanto primitiva a Tuusula, fuori Helsinki. La temperatura si aggirava intorno a -42° C: i primi inverni di guerra furono eccezionalmente freddi in Scandinavia. Secondo la tradizione locale, agli ospiti venne subito offerto di fare una sauna. All'interno la temperatura superava i 100° C, una grande quantità d'acqua veniva gettata sul forno arroventato e dopo, per raffreddarsi, era obbligatorio rotolarsi nella neve. Beurling disse che quella fu la sola volta che provò una differenza di temperatura di circa 150° C. La notte seguente, la tubatura della sauna gelò, salvandolo dalla necessità di riaffrontare questa forma finlandese di ospitalità. Ma altre dure prove lo attendevano. Beurling ricorda: "Dormivamo in cabine estive di legno leggero. Le tavole si erano seccate lasciando varchi attraverso i quali di notte si potevano vedere le stelle. Al mattino, l'acqua nel catino era gelata. Hallin ed io ci eravamo portati due cappotti di montone ciascuno e dormivamo in quelli, ma si gelava ugualmente".

Un curioso incidente ebbe luogo durante quella visita. Nelle sue memorie Rolf Nevanlinna, il grande matematico finlandese, narra di un incontro con Beurling, in una strada di Helsinki, agli inizi della Guerra d'Inverno. Secondo Nevanlinna, Beurling disse di essere andato in Finlandia come volontario, con il desiderio di partire per il fronte. Non essendo stato preso, aveva accettato un posto nel servizio informazioni finlandese. Beurling probabilmente sentì di dover spiegare in questo modo la propria presenza in Finlandia, dato che il vero motivo non poteva essere svelato. Il risultato fu questa storiella piuttosto improbabile sul suo tentato eroismo.

Durante la sua permanenza in Finlandia, i Russi cambiarono il codice navale del Baltico. Il lavoro pertanto dovette ricominciare daccapo, con l'annotazione delle differenze, il reperimento dei relativi gruppi di codici per le virgole e i punti e con la prosecuzione lungo la strada ormai divenuta familiare.

Da parte finlandese, due notevoli personalità erano a capo dei servizi: Reino Hallamaa e, per la crittoanalisi, Erkki Pale. Quest'ultimo, nato nel 1906, racconta la storia seguente:

"Il nostro piccolo gruppo aveva fatto del proprio meglio per forzare il codice additivo russo, sopracifrato a cinque cifre. All'improvviso – non so per iniziativa di chi – comparve un giovane e acuto matematico svedese. Poiché egli aveva i nostri stessi obiettivi – ottenere risultati il più presto possibile – fummo in grado di coordinare il nostro lavoro".

Pale continua dicendo che fu concordato che, come punto di partenza del codice relativo, lo 00000 fosse preso come il più comune segno di punteggiatura. Abbastanza curiosamente, risultò che nel libro dei codici russo il gruppo era vicino: 01111. In effetti non era raro che fossero usate combinazioni di facile memorizzazione per i gruppi più comuni.

La collaborazione comunque non si rivelò molto facile. Pale dice che, prima di andarsene, Beurling aveva suggerito che, a intervalli regolari, si scambiassero i gruppi di codici identificati. Sia Pale che Hallamaa furono d'accordo. Vi furono due o tre dispacci da parte di Beurling, ma quando Pale volle mandare i suoi risultati, Hallamaa glielo impedì. Quando giunse un altro lotto da Beurling, accompagnato da una richiesta diretta di contraccambio da parte finlandese, Hallamaa ordinò a Pale di scrivere "Siamo arrivati grosso modo agli stessi risultati". La collaborazione allora cessò.

C'è un seguito della storia. Pale e Hallamaa andarono a Stoccolma nel luglio del 1940. La Guerra d'Inverno era finita nel marzo dello stesso anno. Secondo Pale, una piacevolissima giornata terminò con una cena all'*Operakällaren*. Improvvisamente comparve Beurling, che si lamentò che Pale avesse rifiutato di collaborare sul codice russo, dicendogli "come diavolo puoi mandare un messaggio dicendo che siete arrivati agli stessi risultati?".

"Mi sentii molto a disagio" dice Pale, "ma dovevo proteggere Hallamaa, che forse voleva conservare i risultati in modo da poterli utilizzare più tardi, in caso di bisogno. Così andarono le cose". Pale qui si riferisce all'affare della Stella Polaris, sulla quale torneremo più avanti.

7. La flotta russa del Baltico

La casa al n° 4 di Karlaplan, nota come Karlbo, in breve tempo divenne troppo affollata. In aggiunta alla crittoanalisi, qui venivano raccolti i segnali, così come all'ultimo piano del collegio di guerra. I disturbi delle macchine elettriche nella strada, combinati con altri fattori, portò alla decisione di trasferirsi in un'area più tranquilla. Lidingö, un'isola a est di Stoccolma, parve una scelta ideale e durante la primavera del 1940 parecchi siti furono autorizzati in quel posto.

Sia la raccolta sia il trattamento del traffico della flotta del Baltico furono trasferiti nelle case dell'Istituto Sportivo a Bosön[1], nell'isola di Lidingö, il 4 luglio 1940. In precedenza lo stabilimento era stato la residenza estiva del noto uomo d'affari Paul U. Bergström e da allora era indicato come "Paulsro". Poi fu ribattezzato Krybo. In marzo si rese necessario altro spazio e fu pertanto affittata una villa sul Capo Elfvik, che venne chiamata "Rabo", dato che l'obiettivo delle sue attività era l'Armata Rossa. Più tardi fu aggiunta "Utbo", per i coscritti, una villa di Marielund, e "Matbo", una residenza di Elfvik, per alloggiamenti e mensa.

Le attività a Bosön crebbero fino a quella che, in una relazione storica di Åke Lundqvist, venne chiamata "Fabbrica di Crittoanalisi I: il traffico della flotta russa del Baltico nel 1940" (la Fabbrica II fu costituita più tardi nello stesso anno, a Karlbo). Questo complesso industriale sfornò 10.400 telegrammi decodificati nel 1940. Due sistemi contribuirono al successo. Uno fu il codice a quattro caratteri, sopracifrato con un sistema di sostituzione a digrafi. Dietro la sua soluzione si trovava Olle Sydow, il migliore tra i crittoanalisti in fatto di conoscenza della lingua russa. L'altro sistema, il principale, fu il cifrario a cinque caratteri, ancor più sopracifrato, che Beurling riuscì a violare insieme ad Åke Lundqvist.

---

[1] Secondo Carl-Axel Ekberg, divenuto in seguito il capo a Utbo, a Bosön fu inaugurata la serie dei nomi terminanti in –bo: la prima sede fu chiamata Krybo, abbreviazione di *Kryptoavdelingen på Bosön*. L'uso di "nido" per "bo" parve tanto grazioso che si decise di continuare questo modo di nominare i punti d'ascolto.

Il cifrario a quattro caratteri

Nell'aprile del 1940 fu arruolato Gösta Wollbeck, poi Eriksson. Non era andato all'università, ma aveva studiato il russo da autodidatta. Aveva il dono di acquisire in tempo brevissimo la capacità di tradurre praticamente da ogni lingua. Ma allora ciò che serviva era la sua conoscenza del russo: fu messo a lavorare alle dipendenze di Olle Sydow, che gli insegnò a trovare le dieci chiavi mensili di sostituzione usate per la sopracifratura di un cifrario a 4 caratteri, ordinato alfabeticamente. Il cifrario stesso era stato introdotto nel maggio del 1939. Dopo lo scoppio della guerra furono intensificati gli sforzi crittoanalitici e il codice divenne leggibile in novembre.

Ma nel maggio del 1940 il cifrario fu sostituito. In circostanze normali ciò sarebbe stato causa di notevole ritardo, ma i Russi commisero un errore imperdonabile: mantennero le chiavi usate per la sopracifratura, valide dall'inizio del mese. Tali chiavi erano già state trovate da Sydow e Wollbeck, ed essi poterono pertanto attaccare subito il nuovo codice messo a nudo. Trovarono presto il bandolo della matassa e il tempo necessario a rendere leggibile il sistema fu ridotto di parecchi mesi.

Gösta Wollbeck dice che era affascinato dal lavoro analitico. La profondità del suo coinvolgimento si può capire dal fatto che egli ricorda ancor oggi i gruppi di codici più comuni: 1870=*do*, 7046=*s* e 3012=*komandir*. Il nuovo cifrario era stato organizzato in maniera diversa, ma restava ordinato e, per confronto con il vecchio, i nuovi gruppi di codici potevano a volte essere identificati in breve tempo. Passarono pochi giorni prima che fossero ricavati i primi testi in chiaro e un mese più tardi l'intero codice era del tutto leggibile. Olle Sydow termina il proprio rapporto su questo lavoro nel modo seguente:

Errori commessi dai Russi:

1. Cambiando cifrario, i Russi hanno commesso lo sproposito più grande fino a questo punto, lasciando invariate le chiavi della sopracifratura. Questo errore ci ha risparmiato parecchi mesi di lavoro.

2. Al momento della sostituzione, è stato inviato un messaggio due volte, la prima con il vecchio sistema e la seconda con il nuovo cifrario.

3. Sono stati trasmessi in continuazione messaggi stereotipati, in particolare dal QG della flotta del Baltico, riguardanti per lo più movimenti di navi.

4. Uso troppo generoso della punteggiatura.

5. È stato incluso l'indirizzo del mittente nel messaggio, anche quando lo si poteva dedurre dai segnali della stazione.

6. Presenza dei numeri di codice delle pagine.

7. Nel cifrario i nomi geografici sono stati disposti in ordine alfabetico.

<u>Statistik över högfrekventa grupper i 1940 års 4-ställiga kod,</u>
baserad på 15.000 grupper.

Kodgrupp	Frekvens	Rysk betydelse	Svensk betydelse
4072	335	точка	. (punkt)
4074	303	точка	. (punkt)
4075	276	точка	. (punkt)
3480	207	май	maj
4731	189	опер деж	vakth off
0579	152	в	(bokst) v, (ord) i
7046	149	с	(bokst) s, (ord) från
1870	145	до	till
2511	134	и	(bokst) i, (ord) och
3755	123	на	på, till
4051	106	нач штаба	SC
0105	104	1	(siffra) 1
0046	95	запятая	, (komma)
2510	92	и	(bokst) i, (ord) och
2804	92	к	(bokst) k, (ord) till
7723	87	10 АБ	10. flygbrig
3012	86	командир	chef
0214	85	2	2
6655	71	р	r
4733	70	опер деж КБФ	vakth off KBF
4433	68	о	(bokst) o, (ord) om
8507	68	воен морск баз Лиепая	örlbas Liepaja
5163	67	Палдиски	Paldiski
5922	67	МБР-2	MBR-2
4612	61	ов	ov (genitivändelse)

I gruppi di codici più comuni del codice a 4 caratteri della flotta del Baltico, con le loro frequenze e gli equivalenti russi e svedesi. Mettendo in ordine alfabetico gli equivalenti del testo russo in chiaro, si può vedere come il codice sia ordinato.

Una delle chiavi di sostituzione usate per il vecchio e il nuovo codice della flotta del Baltico nel maggio 1940. I numeri in alto dei riquadri sono usati per la cifratura, quelli in basso per la decifrazione. La sostituzione è fatta digrafo per digrafo. Ad esempio, per il gruppo di codice 4072 (punto), 40 (riga 4, colonna 0) diventa 38 e 72 (riga 7, colonna 2) diventa 98.

Il cifrario a cinque caratteri

Come si è detto nel capitolo precedente, Beurling e Lundqvist si adoperarono per violare il codice sopracifrato a cinque caratteri, attaccando il libro dei codici poco prima che venisse sostituito, il 15 gennaio 1940, durante la visita di Beurling in Finlandia. Prima che in quello stesso anno terminasse la stagione propizia alla navigazione nel golfo di Finlandia, era stato accumulato abbastanza materiale da permettere un attacco al nuovo cifrario e, a maggio, quando il traffico delle navi poté ricominciare, il nuovo codice divenne leggibile.

La sopracifratura era fatta come in precedenza, con un blocco monouso[2] (vale a dire un elenco di 300 gruppi numerici da cinque cifre generati a caso e organizzati in un modulo di 30 x 10, che veniva usato ciclicamente; se durante il processo di cifratura l'operatore arrivava alla fine della sequenza dei 300 gruppi, doveva ricominciare dall'inizio). Un puntatore nel messaggio diceva al decifratore da quale punto del blocco cominciare. La posizione del puntatore nel messaggio, così come lo stesso blocco, veniva cambiata ogni 24 ore. Il puntatore era costituito da un numero a tre cifre e da un altro a due cifre, usati come coordinate sul blocco per indicare il punto di partenza. Ogni giorno c'erano 30 possibili numeri a tre cifre e 10 a due cifre. Nell'esempio seguente il puntatore 02136 indica il gruppo 98295, mentre l'indicatore 14779 indica il 27734 ecc.

	06	36	39	42	55	58	65	67	79
021	21456	98295	03998	28173	37260	74003	23188	83011	41409
147	53007	54623	20486	61028	75584	26539	72218	65337	27734
178	62939	58974	...	...	...	...	...	...	
199	55381	...	...	...	...	...			
356	...	...							
432	...								
...									
...									

L'operatore poteva scegliere a caso il punto di partenza, usando i gruppi in ordine come *chiave corrente*, o flusso delle chiavi.

---

[2] Come vedremo, non era affatto monouso: i gruppi venivano usati e riusati più volte, e quella fu la ragione della vulnerabilità del sistema.

Quando due telegrammi dello stesso giorno erano *shiftati* l'uno rispetto all'altro, in dipendenza dal punto dal quale era iniziata la cifratura, e venivano annotate le differenze, si verificava un interessante fenomeno:

	98151	52338	62234	77385	49565	07043	60942	...	...
	98151	52338	82649	62252	65166	78395	22739	...	...
Diff	00000	00000	80695	15133	84409	39758	48213	...	...

Le prime due cifre di ogni differenza avevano la stessa parità, vale a dire erano entrambe pari o entrambe dispari. La sola spiegazione plausibile di questo fenomeno era che i gruppi dello stesso cifrario avevano questa proprietà. Ciò rendeva possibile associare un numero binario ad ogni gruppo cifrato di un messaggio: "zero" se entrambe le prime due cifre avevano la stessa parità e "uno" se avevano parità differente. In tal modo ogni messaggio era caratterizzato da una sequenza di zeri e di uni:

98151	52338	62234	77385	49565	07043	60942	53867	...	...
1	1	0	0	1	1	0	0		

98151	52338	82649	62252	65166	78395	22739	73759	...	...
1	1	0	0	1	1	0	0		

Il numero di *shift* fra due telegrammi poteva essere trovato elegantemente con il semplice studio di queste sequenze.

Quando tutti i telegrammi del giorno erano stati *shiftati* correttamente l'uno rispetto all'altro, poteva iniziare la messa a nudo. Questo processo è stato descritto in precedenza: l'idea principale sta nell'annotare le differenze. Affinché la messa a nudo riuscisse erano necessari circa 15 messaggi. Essi venivano trascritti su *lenzuoli*, cioè grandi fogli di carta arrotolati insieme, di una lunghezza totale di 9 metri. Ciascun "denudatore" aveva a propria disposizione un elenco di gruppi di cifrari già noti, più alcuni elenchi dei gruppi di codici comuni e di differenze comuni, ed anche di un elenco di caratteri ausiliari. Questi venivano frammischiati nel gruppo dei codici prescindendo dall'ordine alfabetico.

Lundqvist fa notare che sia la raccolta dei segnali sia la crittoanalisi erano eseguite nello stesso luogo, e questo "fu un fattore della massima importanza per l'uso economico delle risorse per la raccolta e per consentire di prestare attenzione al punto di vista del crittoanalista". Si può vedere l'organizzazione della sezione Bosön nello schema seguente.

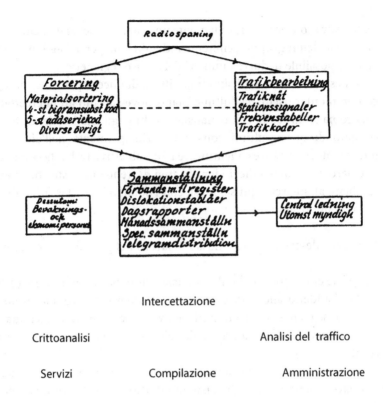

Intercettazione

Crittoanalisi Analisi del traffico

Servizi Compilazione Amministrazione

Lundqvist continua a dire:

Un paio di centinaia di messaggi al giorno, esclusi i duplicati, era la quantità normale, ma in taluni casi la messe giornaliera poteva assommare a varie volte questa cifra. Il numero degli addetti era notevole – quasi 70, a volte di più – ma nel complesso ben equilibrato e adeguato ai bisogni ed alle richieste. La situazione politica richiedeva una congrua raccolta di informazioni e lo stile di vita da pensionato scolastico della sezione permetteva cambiamenti radicali in quello che si può considerare un normale orario di lavoro.

L'intercettazione del traffico russo in codice Morse veniva fatta su sei tavoli, ciascuno con due ricevitori. Tutto veniva portato dal capo blocco al tavolo di controllo. Egli poteva distribuire e riorientare il traffico per equilibrare il carico dei segnalatori. L'identificativo delle frequenze e delle stazioni veniva cambiato ogni 24 ore, in maniera irregolare: per ciascuno di essi c'erano dieci varianti. Contemporaneamente veniva cambiato il codice segnaletico. Quando ciò avveniva, gli analisti del traffico dovevano tracciare rapidamente un sistema essenziale, scheletrico, basato su alcuni gruppi facilmente individuabili, perché agli intercettori fosse possibile dedurre i numeri del codice segnaletico.

I messaggi cifrati venivano trascritti in duplice copia e mandati giù, con un montacarichi, dall'ultimo piano, dove stavano gli intercettatori. Una copia andava alla crittoanalisi e un'altra agli analisti del traffico. Il compito di questi ultimi consisteva principalmente nell'aiutare gli intercettatori a trovare e identificare i loro obiettivi. La busta con il testo in chiaro, così come i dieci identificativi di frequenze e stazioni, veniva cambiata all'incirca ogni sei mesi, con l'obbligo quasi tassativo di non farlo in modo simultaneo.

Lundqvist descrive anche il flusso di lavoro nel gruppo da 5 caratteri:

Dopo che era stato raccolto il materiale per un periodo di 24 ore (01.00-00.59), l'addetto allo *shift* cominciava il proprio lavoro alle 05.00 del mattino seguente. I telegrammi venivano selezionati a seconda del punto di partenza nel blocco, e i doppioni venivano uniti con una graffetta.

Alle 07.00 gli addetti alla trascrizione sul lenzuolo venivano chiamati al lavoro e prendevano posizione intorno al tavolo sul quale erano distesi i lenzuoli. Per ogni lenzuolo c'era un trascrittore; raggiunta la fine del proprio lenzuolo, il trascrittore passava il telegramma al vicino alla sua destra, che poi continuava.

Un paio d'ore dopo entravano in azioni otto "denudatori". Tenendosi in stretto contatto, ciascuno doveva occuparsi di un lenzuolo. La maggior parte dei "denudatori" sapeva poco del linguaggio in questione, cosicché erano presenti ad assisterli due analisti di codice.

Verso mezzogiorno c'era abbastanza materiale messo a nudo per iniziare la fase della striscia di carta. Per facilitare l'opera di crittoanalisi/decifrazione, compilazione e rapporto, le sezioni dei gruppi di codici messe a nudo venivano scritte su fogli un po' più piccoli. I lenzuoli erano troppo ingombranti per questo scopo. Altri due analisti di codici si potevano aggiungere nel pomeriggio per lavorare sull'interpretazione e la compilazione dei telegrammi; al tempo stesso, ovviamente, essi tentavano delle aggiunte al cifrario solo parzialmente ricostruito. A volte, tra le 16.00 e le 17.00, la maggior parte del lavoro era compiuta e soltanto due analisti dei codici venivano lasciati a lavorare indisturbati alla ricostruzione del cifrario. Qui "ricostruzione del cifrario" significa semplicemente trovare il significato dei gruppi di codici rimasti fino a quel momento sconosciuti. A tale scopo i principali strumenti erano il contesto, le frequenze, le posizioni nei telegrammi e nel cifrario e, non ultimo, l'orecchio per la lingua e l'intuizione.

Sotto il titolo "Compilazione e Risultati" Lundqvist scrive:

I telegrammi decifrati che erano ritenuti di interesse immediato per il QGSMD venivano mandati a Stoccolma per esteso, via telescrivente. Tuttavia, la maggior parte dei telegrammi poteva risultare interessante solo se accompagnata da commenti e considerata in un contesto più ampio. Ci si poteva aspettare che il QGSMD o lo Stato maggiore della Marina, con la sua conoscenza in materia marittima e la possibilità di accedere ad altre fonti d'informazione, fosse il luogo più adatto per questa compilazione. Tuttavia, risultò che il compito veniva eseguito meglio con la collaborazione immediata dell'intercettazione e della crittoanalisi.

Venivano redatti dei rapporti giornalieri, in seguito completati da altri mensili. Furono costituite delle aree speciali di compilazione di vario genere e si dovettero tenere aggiornati i grafici murali. Al fine di trovare suggerimenti circa il possibile contenuto dei telegrammi, venivano studiati altri rapporti informativi del QGSMD ed altre fonti di pubblico dominio, come i giornali.

Lundqvist termina nel modo seguente la propria relazione su questo glorioso ma breve periodo di raccolta delle informazioni: "Riassumendo le attività della sezione, con intercettazione, analisi del traffico, crittoanalisi e compilazione, è chiaro che la leadership della difesa svedese non ebbe mai una comprensione migliore dell'organizzazione e delle attività del ramo dei servizi di una forza combattente straniera come nel caso della marina sovietica nell'autunno 1940".

La fine della storia viene così descritta da Lundqvist:

I Russi si preoccupavano sempre più. Dopo aver migliorato la sopracifratura a digrafi del codice a 4 caratteri, nel marzo del 1941 introdussero un tipo di sopracifratura a chiave corrente. Il primo flusso di chiavi venne usato per quattro mesi, ma più tardi i cambiamenti avvenivano più di frequente – alla fine ogni pochi giorni. L'edizione del cifrario del 1940 fu mantenuta fino al luglio del 1941, dopodiché furono introdotti codici non-ordinati ogni sei mesi. Sfortunatamente, non trascurarono di cambiare simultaneamente tanto le chiavi della sopracifratura quanto il cifrario…

Le precauzioni circa il codice a 5 caratteri andarono oltre: nel marzo del 1941 la flotta del Baltico cominciò a usare una sopracifratura doppiamente additiva, con flussi di chiavi che cominciavano in diversi punti del blocco. Questo difficile sistema fu violato solo nel giugno 1942 (si veda più avanti).

Quanto alla possibilità di eseguire la crittoanalisi, la diminuzione dei segnali fu ancora più dannosa. Quando riprese la navigazione (dopo lo scioglimento della coltre di ghiaccio insolitamente spessa nel golfo di Finlandia) nella tarda primavera del 1941, apparve chiaro che i Russi tentavano di evitare ogni inutile comunicazione radio. Dopo l'operazione *Barbarossa*, la flotta del Baltico prese una posizione molto difensiva in fondo al golfo di Finlandia vicino a Kronstadt e mantenne il silenzio radio. Dal punto di vista svedese, l'ultimo sistema leggibile di codificazione – il codice a 4 caratteri – era scomparso nel novembre del 1942. Cessò allora la raccolta sistematica di segnali radio diretti alla flotta del Baltico.

Nella tarda estate del 1943 essa fu ripresa, anche se il traffico continuava ad essere cauto. Il sistema di cifratura era stato da allora notevolmente riveduto e la crittoanalisi dovette ricominciare dal primo passo, anche se, indubbiamente, l'esperienza compiuta era inestimabile.

Nel suo resoconto, Åke Lundqvist menziona un buco nel pavimento dell'ultimo piano, là dove lavoravano i collettori di segnali. Il buco portava diritto all'ufficio dei crittoanalisti. Quali telegrammi potevano essere tanto importanti da richiedere una scorciatoia? In ogni caso ci si aspetta che la messa a nudo e la decodifica richiedano così tanto tempo da rendere insignificante il risparmio che si ottiene con questo genere di misura. Bertil Levison, che fin dall'inizio lavorò come intercettatore a Krybo, sapeva il perché: "Per via dei Finlandesi".

Durante la Guerra d'Inverno i bombardieri russi ricevevano le indicazioni riguardanti gli obiettivi solo dopo essersi alzati in volo. Il piccolo codice a 3 caratteri usato per le comunicazioni terra-aria veniva letto a Krybo. Appena raccolto un messaggio, esso veniva fatto scendere dal buco per essere decifrato. Poi veniva rispedito ai segnalatori e immediatamente trasmesso ai Finlandesi, che ricevevano in tal modo avvertimenti circa gli attacchi imminenti.

Il maggiore Rude, incaricato della gestione degli immobili presi in affitto dall'Istituto Sportivo a Bosön, aveva qualche difficoltà nel sistemare i problemi, perché ormai gli mancava la necessaria autorità. Egli viveva nei locali dell'edificio, e quando si rese conto che i nuovi inquilini avevano fatto un grosso buco nel nuovo parquet in quercia della sala da ballo, reagì con violenza. Rappresentanti delle federazioni sportive e del QGSMD furono chiamati a convegno, ma il risultato non poteva essere che uno solo: se i militari avevano bisogno d'un buco, potevano farlo.

Bertil Levison può anche raccontare qualcosa su un incidente che coinvolse Beurling, il quale una volta, fedele alle proprie abitudini di lavoro, stava studiando il traffico radio digitale russo a tarda notte. Rendendosi conto a un dato momento che gli addetti all'intercettazione avevano confuso gli zeri con i nove, chiamò Krybo all'una di notte. Di pessimo umore, abbaiò al primo addetto che riuscì a raggiungere per telefono – gli era capitato Levison – dicendo che era una vergogna che non sapessero distinguere gli zeri dai nove. Levison chiese a Beurling se conosceva il codice Morse per i numeri. Naturalmente non lo conosceva. Gli fu pertanto detto che zero veniva indicato con cinque *da*, e nove con quattro *da* e un *di*, e lo invitava ad andare a sentire come i segnalatori russi trasmettevano. Fine della conversazione.

Gunnar Jacobsson, un giovane talento linguistico proveniente da Lysekil, sulla costa occidentale svedese, fece il servizio militare a Bosön. Sarebbe poi diventato professore di lingue slave all'università di Göteborg ma allora venne addestrato da Olle Sydow, che lo iniziò ai segreti dei crittosistemi sovietici. "Jacob", come veniva chiamato, racconta la propria storia:

Dopo il corso, ci veniva dato del materiale fresco, dal vivo. La prima cosa da fare era sempre la compilazione delle tavole di frequenza su carta A4 quadrettata.

I messaggi dell'aviazione sovietica erano spesso crittati rozzamente e potevamo decrittarli con facilità, dato che avevamo già ricostruito il cifrario. Che un'accurata attenzione per il dettaglio fosse richiesta ai traduttori è dimostrato da un incidente che poteva avere gravi conseguenze. Un messaggio lapidario del tipo "131 apparecchi in direzione di Helsinki…" non provocò reazioni, nonostante il gran numero di aeroplani in procinto di attaccare la capitale finlandese. Comunque, prima che il messaggio fosse trasmesso ai finlandesi, qualcuno lassù chiese urgentemente che il contenuto del telegramma fosse ricontrollato. Ne risultò che la traduzione esatta era "Il 1° marzo un apparecchio in direzione di Helsinki…".

Gunnar Jacobsson racconta anche la storia di una visita di Arne Beurling a Bosön in una scura serata di primavera del 1940:

Olle Sydow, che insieme a Beurling stava affrontando alcuni problemi, portò Beurling con sé ad una piccola riunione. Raccogliemmo dapprima delle foglie e facemmo un fuoco per arrostire le patate che ci erano state date da Elisabeth Söderhjelm, la direttrice della cucina di Bosöm. Ricordo che raccontavamo un sacco di barzellette, anche se non avevamo dimenticato per un solo attimo che cosa succedeva là fuori, nel mondo. Le patate erano così calde che Olle e Arne si bruciarono le dita e scrollarono le mani nell'aria fredda per lenire il dolore.

Arne Beurling aveva un profilo particolare; con il suo naso leggermente aquilino, i capelli neri, i begli occhi scuri e la pelle anch'essa piuttosto scura, sembrava quasi un indiano d'America. Non gli parlai direttamente, prendemmo parte insieme ad una conversazione generale, ma ebbi l'impressione che egli saggiasse di continuo i suoi interlocutori, osservandoli con cura. Aveva una bella mente e reagiva con prontezza; non sembrava rimuginare sulle cose.

Fedele alle proprie origini, pareva richiamarsi a valori piuttosto borghesi. Egli non sembrava propriamente un conservatore; i suoi valori costituivano solo un punto di partenza nel valutare la gente. Non faceva tali valutazioni in base alla nascita o ad attributi superficiali, ma in base all'intelligenza e all'acume della mente, come ci si poteva aspettare da un distinto professore universitario. Il suo interesse principale si appuntava sulle capacità intellettuali e sui risultati conseguiti dai suoi studenti.

Finito il servizio militare, Jacob continuò a lavorare all'agenzia per qualche tempo, senza aver a che fare con Beurling. Dopo aver ripreso gli studi universitari, incontrò Beurling un'altra volta: "Mi capitò di imbattermi in lui a Uppsala in una delle strade che scorrono parallele al fiume. Stavo cercando un negozio di alcolici e Beurling mi disse che per lui sarebbe stato un piacere accompagnarmi. Poi aggiunse con un sorriso forzato: 'l'indirizzo del negozio di liquori è una delle più preziose informazioni che si possano ottenere in questa città universitaria'".

8. Segnali misteriosi

A Capo Elfvik c'è una villa sontuosa progettata da Ragnar Östberg (meglio noto come l'architetto del municipio di Stoccolma). Essa fu affittata ai militari nella primavera del 1940 e poi battezzata "Rabo". Delle due parti del nome, la seconda, *bo*, equivale a *nido*, ma anche a *tana*, mentre *Ra* fu scelta perché il bersaglio doveva essere l'Armata Rossa. Vicino alla villa c'era una dimora signorile, un po' all'antica, che in precedenza aveva fatto parte di una fattoria, ma era ora adibita agli alloggiamenti e alla mensa. I dintorni vengono descritti come paradisiaci da quelli che vi hanno trascorso qualche tempo. Nel parco c'erano aceri da zucchero, sicomori e gelsi, tutte specie piuttosto esotiche a quella latitudine.

Ad Arne Beurling fu dato un ufficio anche a Rabo. Il sistema di sopracifratura usato dalla flotta del Baltico, che Beurling aveva violato, era usato anche dall'Armata Rossa e dalla flotta del mare Artico. Mentre lavorava a quel sistema, "qualcuno portò un fascio di telegrammi intercettati, di origine ignota, sul mio tavolo", com'egli stesso ebbe a dire. I telegrammi avevano qualcosa d'insolito: il testo cifrato era costituito da un flusso continuo di caratteri, senza spazi né suddivisioni in gruppi di cinque. Veniva usato un alfabeto a 32 lettere, le 26 del latino più le cifre da 1 a 6. Dato che 32 è una potenza di due, Beurling pensò che vi fossero coinvolti dei numeri binari. A quel tempo egli era totalmente all'oscuro in materia di telescriventi.

Una peculiarità osservata da Beurling era data da alcune ripetizioni all'inizio dei telegrammi, che tuttavia non si verificavano "nei posti giusti", vale a dire alla stessa distanza dall'inizio del telegramma. Beurling cercava profondità, caratterizzata da ripetizioni "nei posti giusti". Qui, tali ripetizioni sembravano distribuite più o meno a caso. All'inizio Beurling ritenne che ciò fosse dovuto a un modo impreciso di registrare i telegrammi, e cercò di scoprire come erano stati raccolti. Solo allora gli fu raccontata la vera storia: la Svezia aveva affittato ai Tedeschi delle linee telex che venivano usate per le comunicazioni tra Berlino e le truppe in Norvegia, e tali comunicazioni venivano intercettate.

Con queste informazioni in mano, Beurling si rese conto che veniva usata una macchina crittografica e pensò che le peculiarità del testo cifrato fossero dovute a un assetto difettoso. In realtà si trattava di un sistema sincrono o "on line", nel quale due macchine collegate tra di loro potevano alternarsi alla trasmissione e alla ricezione, senza bisogno di riassettare le variabili criptiche. Da un punto di vista crittografico, segmenti alternanti di testo facevano parte dello stesso messaggio, ma dato che erano implicate due paia di cavi, gli Svedesi li registravano su telescriventi diverse. Il risultato era che le due porzioni di testo apparivano su due diversi fogli di carta quando Beurling le vedeva.

Citerò ora, più o meno alla lettera, un brano da una lezione di Beurling tenuta alla FRA nel novembre 1976.

"Data la situazione, andai a Stoccolma e chiesi di vedere tutto il materiale disponibile. Esso era conservato in una vecchia casa di Karlaplan. Nelle camere da letto del vecchio appartamento c'erano delle angoliere di circa un metro quadrato. Una di queste era piena zeppa di scatole, ciascuna di circa 30 cm. di altezza, piene di materiale già captato. Incominciai a esaminare quella roba, nella speranza di trovare qualcosa di utile. Il traffico del 25 e del 27 maggio sembrava privo del genere di errori che avevo trovato in precedenza, perciò scrissi i messaggi del 25 maggio su un grande foglio di carta, di circa 60 centimetri quadrati, con circa 60 caratteri per riga".

Questo fu il punto di partenza di uno dei più notevoli successi della storia della crittoanalisi. In realtà tutto era incominciato un paio di mesi prima.

9 Aprile 1940

L'aggressione tedesca alla Danimarca e alla Norvegia del 9 aprile 1940 fu una sorpresa per tutti, anche per l'agenzia *sigint* svedese. Ma da molto tempo gli Svedesi erano coinvolti. Secondo una versione non documentata del comandante Torgil Thorén, ex direttore della FRA, l'ambasciatore tedesco a Stoccolma si era rivolto al MAE svedese, nelle prime ore del 9, con alcune richieste. Una era che la Germania fosse autorizzata ad assumere il controllo del cosiddetto cavo della costa occidentale, fino a quel momento usato dalla TELECOM norvegese per il traffico telegrafico e telefonico con l'Europa continentale.

La risposta delle autorità svedesi, recapitata il giorno stesso, fu positiva, ma in base al parere del comandante supremo svedese, generale Thörnell, essa fu formulata in tono guardingo e con alcune riserve. Ciò fu fatto per non insospettire i Tedeschi: in nessun caso dovevano credere che gli Svedesi intendevano ascoltarli.

Fin dall'inizio della guerra, nel 1939, il ministero degli affari esteri aveva sottolineato al direttore della TELECOM svedese la necessità di accedere al traffico telefonico e telegrafico con l'estero, da e per la Svezia. Ciò era possibile grazie a una legge speciale, valida in tempo di guerra. La stessa legge autorizzava la TELECOM a fare copia di tutti i telegrammi delle ambasciate inglese, francese, tedesca e russa, e a consegnarli all'agenzia crittografica militare.

Naturalmente i tecnici della TELECOM furono presto incaricati di scoprire che cosa stesse succedendo sulle linee che ora i Tedeschi controllavano e che furono formalmente date in affitto il 14 aprile.

La prima prova documentata di tale lavoro è un promemoria di Sven Nordström, dell'ufficio linee della TELECOM. Egli riferisce all'ufficio trasmissioni (TA) che il 14 aprile la stazione relè di Karlstadt aveva ascoltato un discorso disturbato sulla linea Oslo-Stoccolma-Berlino. L'ufficio trasmissioni provò allora a investigare se quel traffico fosse stato intercettato e registrato, ma non sembrava che ciò fosse avvenuto. Il giorno 17 tuttavia, alla stazione relè di Göteborg fu ordinato di individuare un analogo traffico sulla linea della costa occidentale, vale a dire sulla linea Oslo-Göteborg-Berlino. All'inizio non fu scoperto niente, ma la sera stessa Göteborg parlò di alcuni tentativi di telegrafia tonale.

Il 18 aprile il TA poté verificare l'esattezza di questa indicazione, effettuando prove su 12 canali. Le frequenze del supporto erano quelle standard internazionali, mentre la Svezia stava ancora usando un vecchio sistema della Western Electric, solo parzialmente compatibile.

Il 19 e 20 aprile fu sperimentata l'attrezzatura disponibile presso gli uffici di Stoccolma a Jacobsbergsgatan, per vedere se almeno alcuni canali tedeschi potevano essere captati. Ne risultò che la velocità di trasmissione era di 50 baud, una velocità che le telescriventi Creed, allora disponibili, potevano affrontare.

Nei giorni immediatamente successivi furono registrati messaggi in chiaro e conversazioni tra operatori. Comunque, solo il traffico simplex poté essere captato, dato che non si sapeva quali canali si combinavano a formare i collegamenti duplex. Questo fu motivo di costernazione per Beurling, quando vide per la prima volta i messaggi registrati.

Gli operatori tedeschi parlavano di una Geheimschreiber o G-Schreiber, che sarebbe entrata in uso tra breve. Presto, comunque, il traffico divenne "duramente illeggibile", come viene detto in un documento dell'epoca. Tra le chiacchiere degli operatori apparivano alcuni messaggi cifrati, sempre preceduti dalla sequenza *UMUM*. Divenne chiaro che si stavano usando telescriventi che cifravano automaticamente e che *UMUM* (probabile abbreviazione di *umschalten*, cambio di canale) segnalava il passaggio alla trasmissione criptata.

Questo genere di traffico costituiva una totale novità sia per i servizi *sigint* svedesi sia per la TELECOM. Quando ci si rese conto che non si trattava di una misura temporanea, furono adattati dei dispositivi adeguati all'intercettazione e alla registrazione.

Le telescriventi furono messe a punto in modo da poter registrare tutti i 32 caratteri. Come si vedrà nel prossimo capitolo, sei caratteri del codice internazionale di telescrittura non sono stampabili: essi eseguono una funzione che non si esplicita con un carattere stampato. Le telescriventi Creed furono allora adattate in modo da poter stampare le cifre da 1 a 6 in luogo dei caratteri non stampabili.

Come prima accennato, due canali formavano un collegamento duplex: e le macchine ad ogni capo del filo erano in grado di alternarsi alla trasmissione e alla ricezione. I dispositivi crittografici scattavano di un passo ad ogni carattere trasmesso, senza riguardo di chi stava trasmettendo. Quando gli Svedesi furono finalmente capaci di identificare i due canali del collegamento duplex, entrambi furono collegati allo stesso tasto di telescrivente, permettendo ai crittoanalisti di vedere su un unico pezzo ciò che in realtà era un messaggio cifrato virtuale. Il lato negativo era che a volte non si riuscivano a distinguere le due parti.

La TELECOM mise 4 ricevitori di segnali tonali a disposizione del progetto e, al fine di superare le difficoltà derivanti dalla frequenza di supporti incompatibili, furono costruiti quattro ricevitori supereterodini. Ciò rese possibile la sintonia su ogni frequenza. Il 21 maggio tutta l'attrezzatura fu trasferita da Jacobsbergsdgatan a Karlbo, sede degli gli uffici principali dell'agenzia crittografica, al n° 4 di Karlaplan, e sistemata in quella che era stata la camera della servitù, al quarto piano dell'edificio. Due linee telefoniche collegavano direttamente l'apparecchiatura di Karlbo alla stazione relè di Göteborg, dove potevano allacciarsi a qualunque linea tedesca tra Oslo e Berlino.

Il gruppo d'intercettazione delle linee, di nuova creazione, aveva a propria disposizione i quattro supereterodini, due telescriventi Creed, due perforatrici di banda di carta e un ondulatore (un altro genere di ricevitore). Il personale era composto da quattro studenti dell'Istituto Reale di Tecnologia e da quattro ragazze addette ad incollare le bande su fogli di carta. Queste ultime venivano chiamate "le principesse delle colla"[1]. All'inizio, responsabile della gestione dell'operazione fu la TELECOM, che tra l'altro pagava gli stipendi degli impiegati.

Così, quello che giungeva sul tavolo di Beurling nella bella villa di Elfvik era il frutto del lavoro pionieristico di questo gruppo. Si può ritenere che i crittoanalisti di stanza a Karlbo esaminassero con cura i telegrammi, prima di trasmetterli sulla strada di Beurling, privi di tangibili risultati e conclusioni.

---

[1] L'espressione fu suggerita da un'azienda che metteva tabelloni pubblicitari in giro per Stoccolma. Il suo furgone recava la scritta pubblicitaria *Klisterprinsen* [Il principe della colla].

9. Telescriventi

Carl-Gösta Borelius fa la seguente descrizione delle telescriventi e del loro uso in relazione ai dispositivi cifranti. La conoscenza della cifratura per telescrivente era scarsa in Svezia alla fine degli anni Trenta, almeno per ciò che riguarda i dettagli. Al fine di rendere la crittoanalisi più facile da comprendere, ho incluso la presente sezione, prima di illustrare l'attacco di Beurling alla G-Schreiber.

Le prime telescriventi erano comparse alla fine dell'800, con l'intento di sostituire la telegrafia Morse con un sistema nel quale il testo, battuto a macchina dal trasmittente, potesse apparire poi automaticamente stampato al ricevente, senza l'intervento umano. I principi sono rimasti gli stessi fino ad oggi, benché le telescriventi stiano rapidamente cedendo il passo al fax e alla posta elettronica.

Ogni carattere inviato è rappresentato da una sequenza di cinque impulsi. Gli impulsi sono di due tipi, positivo e negativo – in pratica possono immaginarsi come un "1" e uno "0" – entrambi di uguale lunghezza, in modo che ciascun carattere abbia la stessa lunghezza, diversamente da quanto capita con il sistema Morse. Per la sincronizzazione, ogni carattere è preceduto da un impulso d'inizio e seguìto da uno d'arresto, ma questo è un aspetto puramente tecnico, che qui sarà ignorato.

Quando sulla tastiera del trasmittente viene premuto un tasto, si genera una sequenza corrente-sì/corrente-no in cinque righe parallele. Un commutatore legge le cinque righe in ordine, crea gli impulsi che rappresentano gli "1" e gli "0" e li trasmette lungo "la linea". Dal lato del ricevente, un analogo commutatore interpreta gli impulsi e ricrea il modello corrente-sì/corrente-no, che a sua volta controlla il meccanismo telescrivente, in modo da stampare il carattere giusto.

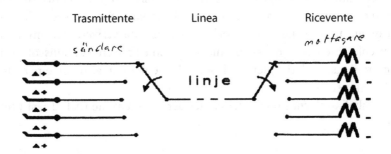

C'è un'alternativa a scrivere a macchina il messaggio "on line": questo viene perforato un nastro di carta in modo che spazi perforati/non-perforati corrispondano alle sequenze corrente-sì/corrente-no. Quando il messaggio deve essere trasmesso, il nastro di carta viene posto in un lettore collegato alla telescrivente e i caratteri del nastro vengono letti, interpretati e trasmessi. Dal lato ricevente, il messaggio è subito stampato oppure viene perforato su un nastro di carta per una lettura successiva, o entrambe le cose.

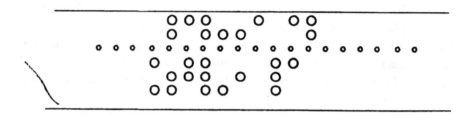

La sequenza di perforazioni sul nastro cartaceo è molto istruttiva per quanto riguarda la descrizione e la concezione dei caratteri della telescrivente. Le sequenze perforato/non perforato possono anche direttamente rappresentarsi con "1" e "0", e così venire tradotte in linguaggio moderno.

Ovviamente, solo 32 caratteri possono essere rappresentati da combinazioni di 5 bit. Dato che, oltre alle 26 lettere dell'alfabeto latino erano necessarie le cifre da 0 a 9, più alcuni segni di punteggiatura, si dovette far ricorso a un trucco per accrescere le possibilità espressive. La stessa combinazione a 5 bit può rappresentare due diversi caratteri, a seconda che sia preceduta da uno di due caratteri di controllo, indicati come LS (*letter shift*) o FS (*figure shift*). Non c'è bisogno che LS e FS siano immediatamente presenti prima di un carattere: una volta comparso LS, tutti i successivi caratteri battuti sono interpretati come preceduti da LS, fino a quando appare FS, e così via. L'idea è simile a quella usata sulle tastiere delle macchine da scrivere con minuscole e maiuscole, solo che su queste ultime, se si vuole scrivere in maiuscolo, si tiene premuto il tasto relativo, senza bisogno di premere un altro tasto per ritornare alle minuscole.

La tabella internazionale dei codici per telescrivente CCITT2, si presenta così:

Letter shift	*Ordine degli impulsi* 12345	*Figure Shift*	*Notazione Svedese*
A	11000	-	
B	10011	?	
C	01110	:	
D	10010	*"chi è là?"*	
E	10000	3	
F	10110	*CS*	
G	01011	*CS*	
H	00101	*CS*	
I	01100	8	
J	11010	*Campanello*	
K	11110	(	
L	01001	)	
M	00111	.	
N	00110	,	
o	00011	9	
P	01101	0	
Q	11101	1	
R	01010	4	
S	10100	,	
T	00001	5	
U	11100	7	
V	01111	=	
w	11001	2	
x	10111	/	
Y	10101	6	
z	10001	+	
CR	00010	*CR*	1
NL	01000	*NL*	2
LS	11111	*LS*	3
FS	11011	*FS*	4
SP	00100	*SP*	5
BL	00000	*BL*	6

I caratteri speciali sono:

CR Carriage return, Ritorno carrello

NL New line, nuova riga

LS Letter shift, lettere

FS Figure shift, numeri, segni e caratteri speciali

SP Space, spazio

BL Carattere vuoto

CS Country Specific, Specificità locali (tre caratteri, con varia interpretazione locale. In Svezia sono Å, Ä e Ö; in Germania Ü, Ä e Ö).

La traduzione tra le differenti rappresentazioni elettrica e cartacea è:

	Elettrica 1	*Elettrica 2*	*Nastro di carta*
1	*corrente-sì*	*impulso positivo*	*perforato*
0	*corrente-no*	*impulso negativo*	*non perforato*

Quando vengono trasmessi dei messaggi cifrati, la distinzione LS/FS perde spesso di significato. E i segni di punteggiatura possono recare l'informazione completa. Questo era il caso del sistema G-Schreiber e, al fine di raccogliere e registrare ogni informazione trasmessa in forma di caratteri stampabili, l'agenzia crittografica svedese cominciò a usare i numeri da 1 a 6 in luogo dei caratteri non stampabili, come nella colonna all'estrema destra della tabella precedente.

Quando le telescriventi cominciarono ad essere usate più di frequente, ci si rese conto che potevano abbastanza facilmente trasmettere messaggi cifrati. Un nastro di carta contenente i caratteri del flusso delle chiavi poteva essere creato in due copie, una per ciascuna estremità del collegamento. Per mandare un messaggio vengono usati due lettori di nastro, uno per il flusso delle chiavi e uno per il testo in chiaro. Gli impulsi, o bit, emessi dai due lettori vengono poi sommati 'modulo due', vale a dire sottoposti a un'operazione di XOR, e viene trasmesso il risultato. Dal lato ricevente, gli impulsi/bit in arrivo vengono corrispondentemente sommati 'modulo due' ai bit del nastro del flusso delle chiavi e il risultato, cioè i bit del messaggio decifrato, vengono interpretati come codice telex e stampati.

La somma modulo due, ovvero l'operazione di XOR, può essere implementata ricorrendo all'uso di due semplici bracci che registrano l'esistenza/non-esistenza di perforazione sui due nastri di carta.

Con "1" per perforato e "0" per non perforato, viene poi realizzata la tabella per l'addizione modulo due, 0+0=0, 0+1=1, 1+0=1, 1+1=0, nel senso che viene creata una corrente quando c'è una perforazione, ma nessuna corrente passa se non c'è foro, o se ci sono due fori.

Le cinque somme modulo due necessarie per ogni carattere possono essere fatte sia in serie che in parallelo.

Questo principio di cifratura, tuttora in uso per molte applicazioni nel mondo dei dati, è chiamato di "sovrapposizione additiva" (*additive super-position*) o semplicemente "sovrapposizione".

Poiché la manipolazione dei nastri di carta era complicata e soggetta ad errori, furono subito compiuti dei tentativi per usare macchine in grado di produrre tanti flussi di chiavi quanti erano necessari. Un'idea di qualche successo fu quella di usare delle ruote per produrre sequenze di zeri e uni, una ruota per ciascuno dei cinque livelli del codice telex. Lungo il contorno delle ruote, alcuni denti che potevano disporsi in due posizioni distinte rappresentavano i bit. Le ruote facevano un passo dalla posizione di un dente a quella successiva per ogni carattere da cifrare. Ovviamente, le ruote tornavano presto alla stessa posizione, iniziando a ripetere la medesima sequenza, ma poiché avevano un diverso numero di denti, i caratteri non si ripetevano per un lungo periodo di tempo. Per evitare messaggi dotati di profondità, vale a dire messaggi cifrati esattamente nello stesso modo, la posizione di partenza doveva essere diversa per messaggi diversi e controllata da alcune *variabili crittologiche*, note anche come informazioni chiave (*keying information*), o semplicemente *chiavi*.

Per rendere la cifratura più complessa, l'ordine con cui i 5 bit del carattere veniva inviato sulla linea poteva essere cambiato. Si dice in questo caso che i bit sono *trasposti* o *permutati* gli uni con gli altri. La permutazione può essere implementata con alcuni interruttori:

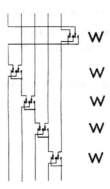

Schematicamente:

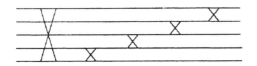

dove le x indicano interruttori fra le linee. Un interruttore può essere sia chiuso che aperto:

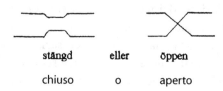

Così come il flusso delle chiavi, anche gli interruttori venivano controllati da un nastro di carta o da una ruota dentata.

Lasciando che il flusso delle chiavi sia prodotto da dispositivi elettromeccanici, invece che da un flusso pre-registrato su nastro di carta, si possono progettare telescriventi con cifratura *on line*. Questo era il caso della G-Schreiber. Una volta che il dispositivo veniva disposto secondo la chiave, gli operatori potevano continuare a lavorare in maniera normale, come se non avesse avuto luogo alcuna cifratura, almeno fino a quando non venivano commessi degli errori.

Come si vedrà più avanti, la G-Schreiber tedesca usava sia la sovrapposizione, sia le permutazioni, con ruote dentate che controllavano entrambi i processi. La corrispondenza fra ruote, interruttori e livelli di codice telex (vale a dire quale ruota controllava quale interruttore e quale livello di codice telex) faceva parte dell'assetto delle chiavi e veniva cambiata ogni pochi giorni. Il punto di partenza delle ruote per un messaggio era controllato da altre variabili crittografiche, alcune delle quali venivano cambiate ogni giorno, altre ad ogni messaggio. Allo scopo di garantire che la G-Schreiber fosse inespugnabile, il numero dei possibili assetti delle chiavi era molto grande, dell'ordine di 10^{27}.

10. L'analisi di Beurling

Conoscendo la complessità dell'algoritmo della G-Schreiber, è difficile credere che si sia potuto violare in appena due settimane. Quando Beurling cominciò a occuparsi del problema non sapeva niente di telescriventi e men che
meno della loro cifratura. È probabile che abbia studiato la letteratura esisten-
te e forse trovato dei brevetti sulla cifratura via telescrivente. Egli comunque
ricorse soprattutto alla propria inventiva e all'analisi accurata dei messaggi
cifrati disponibili. Spero che la seguente descrizione riesca a mostrare che
nella crittoanalisi non ci fu nulla di enigmatico o di inspiegabile.

Beurling non fece uso di alta matematica o di formule magiche. Egli piuttosto approfittò dei punti deboli dell'algoritmo, degli spiragli aperti dagli operatori e dal loro modo di trattare i messaggi. Non fece cose inutilmente complicate: per quanto possibile, si limitò a usare il buon senso. Secondo
Lundqvist "tutto ciò che Beurling spiegava sembrava infinitamente semplice".
Forse è questa la ragione per cui non volle mai parlare dei metodi usati: potevano apparire troppo semplici. Preferiva dire che "un mago non rivela i propri
trucchi".

La seguente è una ricostruzione di Carl-Gösta Borelius, tratta da un documento a stampa interno alla FRA. Parte del materiale è stata pubblicato in un
saggio di Lars Ulfving contenuto nel libro *I orkanens öga* [Nell'occhio del
ciclone], (Probus, 1991, a cura di Bo Hugemark, in svedese). Borelius lavorò con
la G-Schreiber dal gennaio del 1941 all'aprile del 1943. Ritorneremo più avanti
su questa esperienza.

I migliori alleati di Beurling furono gli operatori tedeschi. Essi si trovavano a dover smaltire una grande quantità di telegrammi, con lunghe linee di
comunicazione, con disturbi e interruzioni alla linea e con procedure non
ancora messe a punto. Ciò che è più importante, quando ricorrevano a scor-
ciatoie o deviavano dalle procedure prestabilite e dai regolamenti, conoscevano poco o niente delle possibili conseguenze. Il fattore umano è affidabile in
questi casi: gli errori che si possono fare, si faranno.

Gli operatori potevano comunicare tra loro sia in chiaro sia in cifra. Dato
che la cifratura era eseguita automaticamente - *on line* - per essi la differenza
non era rilevante. Anche quando ricorrevano alla cifratura, potevano semplicemente battere il testo in chiaro sulla tastiera della telescrivente o leggere il
messaggio in chiaro, così come giungeva alla telescrivente. Solo chi si inseriva
nella linea per intercettare vedeva il messaggio nella sua forma cifrata. Se veniva usata la forma in chiaro, l'intercettatore leggeva il testo in chiaro. Beurling
pertanto, che aveva accesso ad entrambe le modalità di traffico, ipotizzò che

gli operatori, dopo essere passati alla modalità in cifra, avrebbero usato lo stesso genere di messaggi brevi, da "chiacchiera", fra trasmittente e ricevente, per stabilire se la linea era sgombra, così come facevano con la modalità in chiaro. Per esempio, essi avrebbero usato un codice ufficiale di segnalazione a 3 caratteri, come *QRV* per "capito" o domande del tipo *"ALLES KLAR?"* e risposte come *"JA, HIER ALLES KLAR"*.

Gli operatori poi, con ogni probabilità, avrebbero continuato a cercare di evitare alcuni tipi di errore comportandosi fin troppo con cautela. Per esempio, per via dei disturbi sulla linea, accadeva spesso che il ricevente per errore passasse alla modalità FS (*Figure shift*) del codice, con l'effetto che il testo decifrato diventava incomprensibile. Benché facile da correggere, questo tipo di errore era molto più fastidioso per l'operatore che per l'intercettatore, il quale disponeva degli strumenti per affrontarlo. Per evitare simili contrattempi, accadeva di sovente che gli operatori inserissero alcuni LS (*Letter schift*) tra le parole, ed anche uno o due extra spazi. Spesso c'erano molti 35 consecutivi. Questi caratteri extra non avevano effetto sul testo decifrato: erano del tutto invisibili una volta che era stampato.

Per Beurling era essenziale conoscere le abitudini degli operatori tedeschi: egli poteva allora indovinare ciò che contenevano gli inizi dei messaggi. Se il sistema di cifratura è debole o marginale, questa informazione è inestimabile per il crittoanalista. D'altro canto, se il sistema è forte, non ha conseguenze, e c'erano tutte le ragioni per credere che la G-Schreiber, un apparecchio di cifratura moderno e ben concepito, fosse del tutto sicura. In ogni caso, agli operatori non era stato chiesto di evitare questo tipo di pratiche.

Considerati gli standard del tempo, nell'algoritmo della G-Schreiber non c'erano lampanti punti deboli. Fu piuttosto la combinazione tra progetto e utilizzo a rendere possibile la decrittazione e inoltre si poteva sfruttare la profondità[1]. Nel caso di sistemi a sovrapposizione puramente additiva, la profondità rende spesso possibile la lettura dei messaggi anche se l'algoritmo è ignoto. La G-Schreiber era più complicata, ma conservava sufficienti caratteristiche che rendevano sfruttabile la profondità. D'altra parte, la pratica degli operatori, la pigrizia e alcuni aspetti meccanici del progetto della macchina permisero che la profondità si manifestasse in forme non previste dal progettista.

Un'altra ragione della presenza di profondità fu che i messaggi dovevano spesso essere ritrasmessi: per via di disturbi e interruzioni alla linea, se un telegramma non arrivava in forma leggibile, il ricevente chiedeva che venisse

---

[1] Ricordiamo che la profondità si verifica quando parecchi messaggi vengono cifrati esattamente con la stessa chiave.

ritrasmesso. In base al regolamento, quando un telegramma era spedito una seconda volta, si sarebbero dovuti usare nuovi assetti, cioè nuovi numeri QEP (si veda più avanti), ma la costruzione meccanica dell'apparecchio rendeva più agevole all'operatore, specie se ancora inesperto, l'uso di quelli precedenti. Quando il sistema era nuovo e gli operatori inesperti, poteva prodursi profondità in grande quantità. Non ci sono prove dirette, ma si parlava di valori da 20 a 40. Un fatto paradossale a questo riguardo è che, in base a una concezione ortodossa della teoria crittografica, nella ritrasmissione di un messaggio *dovrebbero* essere usati gli stessi assetti, perché altrimenti si verifica un altro tipo di profondità. In ogni caso, per via del meccanismo *on line*, delle chiacchiere iniziali tra gli operatori ecc. i messaggi ritrasmessi non potevano essere esattamente gli stessi, con il classico e fatale risultato della profondità.

Non si sa quale grado di profondità si sia manifestato il 25 e il 27 maggio, i giorni nei quali Beurling prese i messaggi campione ma, a giudicare dal tempo necessario a Beurling per violare il sistema, dovette essere notevole.

I messaggi di fronte a Beurling potevano somigliare al seguente:

HIER35MBZ35QRV54B35KK35QEP45QW55WT55QI55RU55TW
3355553535UMUM35VEVE35ZRDDLH5FNY13QUKD4GEHNSWO...

Qui 3, 4 e 5 stanno per LS, FS e SP, e i caratteri in grassetto erano emessi dal ricevente. Come si è appena detto, dal punto di vista crittografico, i caratteri del ricevente sono parte dello stesso testo cifrato e, per quanto trasmessi su un diverso canale, affinché potesse aver luogo l'analisi dovevano essere messi in fase correttamente con il testo del trasmittente. Di fatto, il 25 e il 27 maggio furono scelti da Beurling perché erano i primi giorni in cui gli intercettatori erano riusciti a captare e mettere in fase correttamente una cospicua quantità di traffico.

Da parte tedesca, lo scambio appariva in altro modo:

HIER MBZ QRV? KK QEP 12 25 18 47 52 UMUM VEVE...

L'inizio dello scambio è in chiaro, con il trasmittente che si identifica (*MBZ* è l'identificativo della stazione) e chiede se il ricevente capisce (*QRV?*). L'altra parte risponde *KK* (klar), dopodiché vengono trasmessi i numeri QEP. L'interscambio si interrompe ora per un po', mentre gli operatori di entrambe le parti impostano i numeri QEP.

Lo scambio in cifra inizia con il trasmittente che scrive *UMUM* (per *umschalten*, "cambiare"), al che il ricevente risponde *VEVE* (*verstanden*, capito). L'apparecchio da entrambe le parti passa alla trasmissione in cifra.

```
545c364635sind5fuer545y36mast5444aq513rakq434343433
53333und5welter51n555555nenen555eb33333333333355545553333die55uhr
velt5verlege51ch5vor5well51ch5noch5alerhand5zu5verbessern5habe
noch5ungefaehr54ep5333k15fehler5also55551ch55qs154c333333354z533
354qytt33333333365siebenzehn5ff5gly004z53333qrv4b35ja5gut5435dk
54535546535also54535wer5435hat5das54535kr5qey54b54b3555555glyfl:
551ch5musz55jetzt55qrt5bis5nachher5ja5gut545355435ich5sage5435
leich5cm4m35bexchnn5verm4m35be41bzulJq2mj6a6603gingbeqingbep2h
xJza6a66oxsxz2eiden4J35ja5hier5vleak55hier5glyf15kr5qey5qev5gle
v55ev5gleav5kr5q5e5y55r5hier5gleav55hier5glyf15kr5qe55555qey55
55erh4m35sie5q5r5v54J35hier5alles5q5r5v5ve54b435sieimich5forti:
ch54b4b4355nicht5ganz5555bt5langsam5schr4m3555555umum4j3vevehz
h6621vsf34343433333335auf5klar5auf5klar5auf5klar5mmzwbuf5klar5b
5eb65rrr5bt5langsam5schr4m35sonst5nicht5klar5ve54J355gut5wird5g
macht5eb5bt5rr35q5r5v55555umum55veve5apm2cpvfmklss1rvv1hc3dr16
2iph65q1wl4e5Jl12tfrgbanhktqm6qh6oatgbz6dzdxd4va1dbcmwmqp4uuvc
scb1uabuvaylihqzk4mf6og4wi5366eyzpyhznkdyzhvd1qpanmme3fszp4cco
tgozsfas5e1oqdz6xJyoo425kh4qfxq413rglabefliyzdftxxxxzqqJfzzqwc
c1d1s3cgzuu1k35qrv55umum55ve5ve5cmxaxkccxnhcx2r41zdssu5xcih4ff
qxsn3xcutogua1ah24f1cwmkd3absxojtovwpavjfn1vwdevqi1yrwrdzsylig
5c4pxlr2t36lbxeux115d6tmb44gslfgn25bb2h6gf16np53Jolma634up1pm:
elJnxxduwdpuypc4rmeo4uol131t6vwsa63t2arhbe3si32ty51p213zoyqfva
hppakvlukJbwpld4rnqdrxu2f4og3kdpwgtkwbr1r32h41bozie15nd5cnp1vh
nuluyqqojt1bwuebru6y4x3hty14yufz221ax2s3kkhzuyrde2swtz11trkrhr:
cmxz1hd6pk5dhbJ5mheJ1eyo3dfsqt3owct5xmh6mbkyte5dnlexy1erlJlowd
vxzhayvv5kpfkdkpwxugastjeexgtJmq6c4yr12wmyh31vsmmff2nflJ3xgiel
```

Telegramma trasmesso da una G-Schreiber. La prima parte del testo è in chiaro

Tuttavia, prima di trasmettere il messaggio vero e proprio, gli operatori vogliono accertarsi che tutto sia in ordine e per questo ripetono una parte della
chiacchiera con il testo in chiaro, come *QRV?* ecc. Qui sta il punto che può essere sfruttato, e che di fatto lo fu.

Per illustrare la tecnica, supponiamo che siano stati ricevuti dieci messaggi con profondità:

1 ALZGJ1GUH4HJPLHN6N5BVE3CQUHGFBJN ...
2 NP3UMWFZ31NMYKMJHB625FMQUHFDFZ45 ...
3 GRQUMAA4JTQFLQMHJIEGTVFWPOI32SLK ...
4 LYZGJ1ORYYDRQKNHJN51AKFD5VCERWRV ...
5 LEZGKVRVANBWE6MJUTGBTRV36H4H1CS1 ...
6 BOTA3WFUSGODA2JIUNYKRIYYTSFSCOGB ...
7 YEYZL42DYD5LMHLOIMUQTGE5SHBZSHEB ...
8 RKZGBWFLIX6AZEMKEY4DWOMBOCXQ6LBL ...
9 CCNRWWGKOTV5LLUMCD3E4R3IYHJASLA6 ...
10 1TXUMSMU4VVNTZJNFIW35SDEDOTPMAND ...

Beurling fu subito in grado di vedere che questo sistema non era del tipo a sovrapposizione puramente additiva. Tuttavia ci sono delle caratteristiche ripetizioni di digrafi da cui si ricava che alcuni caratteri in chiaro sono stati trasmessi nella stessa posizione in due telegrammi. Conoscendo la prevalenza del digrafo 35, Beurling suppose che quella fosse la causa delle ripetizioni.

Col Tel	1	2	3	4	5	6	7	8	9	10	11	12	13	14	15
1	A	L	Z 3	G 5	J	1	G	U	H	4	H	J	P	L	
2	N	P	3 3	U 5	M	W	F	Z	3	1	N	M	Y	K	
3	G	R	Q	U 3	M 5	A	A	4	J	T	Q	F	L	Q	
4	L	Y	Z 3	G 5	J	1	O	R	Y	Y	D	R	Q	K	
5	L	E	Z 3	G 5	K	V	R	V	A	N	B	W	E	6	
6	B	O	T	A 3	3 5	W	F	Z	3	1	O	D	A	2	
7	Y	E	Y	Z	L	4	2	D	Y	D	5	L	M	H	
8	R	K	Z 3	G 5	B	W	F 3	L 5	I	X	6	A	Z	E	
9	C	C	N	R	W	W	G	K	O	T	V	5	L	L	
10	1	T	X	U 3	M 5	S	M	U	4	V	V	N	T	Z	

I caratteri di una stessa colonna sono cifrati allo stesso modo e ci sono colonne che contengono entrambi i presunti caratteri 3 e 5. Beurling a questo punto notò un fatto rasserenante: i caratteri del codice telescrivente per il 3 e il 5 differiscono in tutto tranne che per una posizione, l'1 centrale:

$$3 = 11111 \text{ (LS)} \qquad 5 = 00100 \text{ (SP)}$$

I corrispondenti caratteri crittati, nelle rispettive colonne, risultano avere la stessa proprietà, cioè hanno esattamente un solo bit in comune, che però ora varia a seconda della posizione nel telegramma:

Colonna 4:	U 11100	Colonna 5:	J 11010	Colonna 6:	W 11001
	G 01011		M 00111		I 00010

Beurling a questo punto fece la seguente ipotesi, in seguito esposta a Lundqvist: "Un carattere da 5 bit non può essere manipolato in troppi modi. C'è senza dubbio sovrapposizione ma, per fare di più, non c'è altro che ruotare i bit all'interno del carattere".

In questo caso, ciò potrebbe significare che il testo in chiaro viene *prima* cifrato sommando un carattere del flusso delle chiavi e *poi* permutando i bit. Il primo esempio, dalla colonna 4, è di speciale interesse, dato che tutti i bit meno uno sono diversi nella rappresentazione dei caratteri cifrati U e G. Ciò implica che il bit in terza posizione deve essere messo nella posizione due, come si capisce facilmente:

Col 4:	3 in chiaro	11111	5 in chiaro	00100
	carattere chiave	01010		01010
	cifra intermedia	10101		01110
	carattere cifrato	11100 (= U)		01011 (= G)

Qui abbiamo supposto che il carattere chiave sia 01010 (=Y) ma ciò è irrilevante: qualunque scelta va bene, purché il terzo bit sia 0, dato che il bit risultante è 1. Non è possibile dedurre direttamente niente sugli altri bit o sulla loro disposizione, benché si possa indubbiamente dedurre, per esempio, che *se* il primo bit del carattere chiave è zero, *allora* il primo bit deve finire nella posizione uno o tre. A questo punto è comunque difficile sfruttare questa conoscenza.

Poiché il codice della telescrivente, combinato a dei presunti *crib*, ha prodotto queste osservazioni, si ha la tentazione di cercare altre combinazioni con le stesse proprietà. Un'altra fortunata coincidenza! Come si è visto, Q, R e V compaiono di frequente all'inizio dei messaggi e, insieme al 3, otterremo i seguenti utili accoppiamenti:

3 11111	Q 11101	3 11111
Q 11101	R 01010	V 01111
4 bit uguali	2 bit uguali	4 bit uguali
1 bit differente	3 bit differenti	1 bit differente

Per usare questo risultato, dobbiamo fare una congettura sul punto in cui si presenta *QRV*. Notiamo che nel telegramma numero 5 il digrafo 35 *non* è seguìto da un altro 35, altrimenti per confronto dei telegrammi 4 e 5, le due seguenti lettere cifrate dovrebbero essere *JM*. Non è forse possibile che 35 sia seguìto da *QRV* anziché da un altro 35? Confrontiamo le lettere cifrate nei telegrammi 4 e 5:

$$J \qquad 11010 \quad (= 3 \text{ in chiaro?})$$
$$K \qquad 11110 \quad (= Q \text{ in chiaro??})$$
$$ \qquad 1 \text{ bit uguale}$$
$$ \qquad 4 \text{ bit differenti}$$

Ciò avvalora l'ipotesi che K corrisponda a Q in chiaro. Incoraggiati, continuiamo lungo lo stesso filone e, con un po' di tenacia, giungiamo alla seguente congettura, che è consistente con l'ipotesi principale di Beurling:

Col Tel	1	2	3	4	5	6	7	8	9	10	11	12	13	14	15
1	A	L	Z 3	G 5	J 3	1 5	G 3	U 5	H	4	H	J	P	L	
2	N	P	3	U 3	M 5	W 3	F 5	Z Q	3 R	1 V	N	M	Y	K	
3	G	R	Q	U 3	M 5	A Q	A R	4 V	J	T	Q	F	L	Q	
4	L	Y	Z 3	G 5	J 3	1 5	O Q	R R	Y V	Y	D	R	Q	K	
5	L	E	Z 3	G 5	K Q	V R	R V	V 3	A 5	N	B	W	E	6	
6	B	O	T	A	3 3	W 5	F	Z	3	1	O	D	A	2	
7	Y	E	Y	Z	L	4	2	D	Y	D	5	L	M	H	
8	R	K	Z 3	G 5	B	W 3	F 5	L	I	X	6	A	Z	E	
9	C	C	N	R	W	W	G	K	O	T	V	5	L	L	
10	1	T	X	U 3	M 5	S	M	U	4	V	V	N	T	Z	

Se tutte le ipotesi sono corrette, ci sono ora sufficienti informazioni per ricostruire tanto la chiave additiva quanto la permutazione dei bit, almeno in alcune colonne. Dato che nella colonna 7 tutti e quattro i nostri speciali caratteri-amici sono presenti in chiaro, cominciamo da qui e confrontiamo 3 con 5, 3 con Q, Q con R e 3 con V:

Posizione del bit		12345		12345		12345		12345
Chiaro	3	11111	3	11111	Q	11101	3	11111
Cifrato	G	01011	G	01001	O	00011	G	01001
Chiaro	5	00100	Q	11101	R	01010	V	01111
Cifrato	F	10110	O	00011	A	11000	R	01010

Conclusione: $3 \rightarrow 4$ $4 \rightarrow 2$ $2 \rightarrow 3$ $1 \rightarrow 5$

La sola posizione che rimane per il 5 è la prima, e abbiamo ricostruito la permutazione della colonna 7: 54231.

Ricostruire il carattere chiave in colonna 7 sarà ora un gioco da ragazzi: prendendo l'inversa della permutazione per il cifrato G = 01011 otteniamo 10110, e sottraendo questo da 3=11111 troviamo che il carattere chiave è 01001.

Andando avanti e indietro per le colonne 3-10 nei telegrammi possiamo determinare tutti i caratteri in chiaro e le corrispondenti chiavi e permutazioni:

Col	1	2	3	4	5	6	7	8	9	10
Tel										
1	A	L	Z	G	J	1	G	U	H	4
			3	5	3	5	3	5	3	5
2	N	P	3	U	M	W	F	Z	3	1
			2	3	5	3	5	Q	R	V
3	G	R	Q	U	M	A	A	4	J	T
			P	3	5	Q	R	V	4	B
4	L	Y	Z	G	J	1	O	R	Y	Y
			3	5	3	5	Q	R	V	4
5	L	E	Z	G	K	V	R	V	A	N
			3	5	Q	R	V	3	5	G

Car. chiave	10110	00011	00011	10100	01001	11000	10101	11111
Permutazione	21435	13254	12435	52314	54231	31245	15234	52314

Osservazione: Per una ricostruzione completa, è necessaria un maggiore profondità.

Nella sua lezione alla FRA del 1976, Beurling parlò dei propri pensieri e delle proprie idee durante il lavoro. Egli sapeva che nelle centrali telefoniche venivano usati degli interruttori a relè: a seconda che una corrente di controllo sia attiva o no, il relè manda un impulso in una o nell'altra direzione. Egli suppose anche che il nucleo del sistema fosse un insieme di ruote: "Tutti gli ingegneri a quel tempo usavano ruote". In base all'ipotesi Beurling, le ruote influenzavano la sovrapposizione additiva, così come la permutazione, attraverso l'uso di interruttori a relè.

Uno schema di permutazione potrebbe essere architettato mediante parecchi interruttori a relè posti in parallelo e in serie. Per capire come Beurling può aver ragionato, si considerino cinque linee portanti gli impulsi che rappresentano i 5 bit dei caratteri (in cifra o in chiaro). Tra due delle linee, mettiamo la 1 e la 2, introduciamo un interruttore che supponiamo costruito in modo che se il bit di controllo è 0, le due linee vengono permutate, altrimenti non lo sono:

La permutazione in colonna 3 dell'esempio precedente è la seguente:

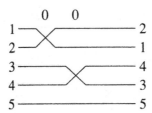

Questo può ovviamente essere implementato mediante l'uso di due interruttori:

Le permutazioni delle colonne 4 e 5 indicano che ci sono interruttori tra tutte le linee vicine, compreso probabilmente tra le linee 1 e 5:

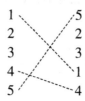

In colonna 6 viene usata la seguente permutazione:

Qui le linee 1 e 4 si scambiano, pur non essendo contigue. Ciò può essere realizzato se l'ordine degli interruttori contigui è corretto. Così, la permutazione della colonna 6 può aver luogo nel modo seguente:

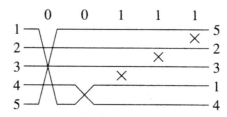

Quanto alla permutazione in colonna 7 c'è la seguente possibilità:

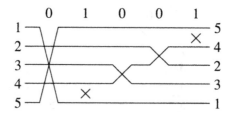

Tutto sembra concordare, e noi possiamo sentirci abbastanza tranquilli sul fatto che gli interruttori a relè sono disposti nel modo seguente, almeno per il giorno in questione:

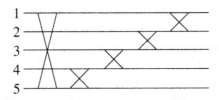

Pertanto ogni permutazione può essere rappresentata da un pentagrafo binario, vale a dire da una sequenza di cinque zeri o uni.

Per una sistematica messa a nudo e la derivazione del testo in chiaro da telegrammi con profondità, Beurling poté utilizzare ciò che sapeva o supponeva:

- egli sapeva o riteneva di sapere com'è realizzata la cifratura dei caratteri.
- Le permutazioni devono concordare con la rete di interruttori.
- Gli spazi tra le parole possono essere identificati dall'aspetto caratteristico dei 3 e dei 5: per un probabile 3 ci sono in tutto cinque possibili caratteri cifrati corrispondenti a 5.
- Il testo tedesco è pieno di parole lunghe; se viene trovato l'inizio di una di esse, il suo seguito può essere indovinato con buona approssimazione. Non occorrono conoscenze approfondite della lingua.

Dopo aver messo a nudo un centinaio di posizioni, Beurling poteva esultare. I moduli con zeri e uni per il flusso delle chiavi cominciavano ad essere ricorrenti. Ciò indicava che i bit delle chiavi, e probabilmente anche i bit di controllo della rete di permutazione, erano generati da ruote – in numero di dieci, cinque per l'addizione e cinque per la permutazione. Le ruote avevano differenti lunghezze, da 47 a 73, e venivano usate in un ordine apparentemente arbitrario.

Dopo aver lavorato un paio di settimane su questo problema, Beurling disse al capo del dipartimento di crittografia, il comandante Gester, che di solito si recava a Rabo una volta alla settimana, "la prossima volta che vieni, saremo in grado di ottenere testi in chiaro". "Due giorni dopo avevamo fatto tutto. Il compito era eseguito". In questo modo laconico egli concluse la propria storia, la storia di una delle principali imprese crittoanalitiche della seconda guerra mondiale.

Verso la fine, Beurling non lavorava da solo; messe a nudo circa 50 posizioni, chiese e ricevette assistenza da un gruppo comprendente i matematici

Bertil Nyman (più tardi professore a Göteborg) e Hans Rudberg (in seguito direttore esecutivo di *Hälleforsnäs bruk*).

È bene ricordare che quanto è stato qui abbozzato non è necessariamente il modo esatto nel quale Beurling ha proceduto. I telegrammi sono stati creati a scopo illustrativo, mentre Beurling si trovava alle prese con materiale autentico, che con ogni probabilità era molto meno ordinato. D'altra parte, egli aveva molto più materiale su cui lavorare.

Si possono immaginare altri approcci o varianti d'attacco. Beurling aveva lavorato fino a poco prima sul codice sopracifrato russo, anch'esso dotato di notevole profondità. In quel caso, era risultato molto utile registrare le differenze: il trucco consiste nel fatto che la differenza tra gruppi di codici frequenti può apparire come differenza di gruppi sopracifrati, purché venga presa tra gruppi aventi la stessa posizione all'interno di un telegramma. Certamente, le possibilità dei gruppi a cinque cifre sono ampiamente superiori a quelle dei caratteri a cinque bit di questo caso, cosicché non si potevano aspettare risultati altrettanto decisivi. Comunque si poteva sperare in qualche indizio.

Caratteri frequenti nel codice telescrivente, anzitutto 3, 5, Q, R, V, potevano risultare dalle seguenti differenze (qui ricorriamo alla notazione usata allora da Beurling, con punti per 1 e circoli per 0):

$$
\begin{array}{ll}
3\text{-}5 & ..o.. \\
3\text{-}Q & ooo.o \\
3\text{-}R & .o.o. \\
3\text{-}V & .oooo \\
5\text{-}Q & ..oo. \\
5\text{-}R & o...o \\
5\text{-}V & o.o.. \\
Q\text{-}R & .o... \\
Q\text{-}V & .oo.o \\
R\text{-}V & oo.o. \\
\end{array}
$$

Dato che Beurling sospettò presto che venissero usate delle permutazioni di bit, egli registrò le differenze, ma rimase attento alle permutazioni delle differenze comuni. Pertanto, differenze di uno dei tipi *o....*, *.o...*, *..o..*, *...o.*, *....o* potevano essere verosimili candidati sia per 3-5 sia per Q-R. Se parecchie differenze di questo genere si verificano nella stessa colonna, si possono trarre conclusioni più attendibili, dato che la permutazione è la stessa per tutti i telegrammi. Se per esempio è presente la V, 3 e 5 sono possibili, ma Q e R possono essere eliminate. Lo schema dell'esempio precedente, dal quale abbiamo dedotto la permutazione usata nella colonna 7, è più chiaro sotto forma di "differenza":

Diff. in chiaro	3-5: ..o..	3-Q: *ooo.o*	Q-R: *.o...*	3-V: *.oooo*
Cifrato	G-F: ...o.	G-O: *o.ooo*	O-A: *..o..*	G-R: *oooo.*

Le differenze possono essere usate anche per scoprire le posizioni possibili delle più frequenti lettere del testo tedesco in chiaro, come *E, S, A, T, N*.

C'è una terza possibilità che Beurling avrebbe potuto sfruttare con una profondità prossima almeno a 100. In questo caso è possibile mettere a nudo il testo in chiaro senza prendere in considerazione l'algoritmo reale della macchina cifrante. Infatti, il sistema si poteva trattare come un Vigenère generale non ordinato, iniziando da un'analisi statistica per ciascuna colonna. La prevalenza di 3 e di 5 all'inizio dei telegrammi era allora di grande aiuto. La situazione sarebbe stata identica per un presunto attaccante del dispositivo di Gripenstierna, eccetto che l'algoritmo che Beurling aveva di fronte era senza dubbio molto più sofisticato.

11. La G-Schreiber e gli "app"

La piccola cerchia di persone del QGSMD deve aver esultato alla notizia del rapido successo sul sistema crittografico tedesco. Il comandante supremo, generale Thörnell, fu sentito dire che era il giorno più felice della sua vita – ed egli era noto per essere filo-tedesco. Dopo le avanzate tedesche della primavera 1940, ormai non era questione di essere o non essere filo-tedeschi: la possibilità di leggere le carte del nemico, seguirne i piani, i trasporti, i movimenti e le disposizioni, era l'avverarsi di un sogno per qualunque comandante supremo.

Ma ora le possibilità andavano sfruttate. I telegrammi continuavano a fluire. Nella stanza della servitù a Karlbo, dove veniva captato il traffico via cavo, un ordine di servizio alternava l'uso dei dispositivi per evitarne il surriscaldamento. Anche altri gruppi lavoravano giorno e notte in condizioni piuttosto disastrose: si stava costituendo una nuova industria crittoanalitica. Le ragazze decifravano i messaggi, lentamente ma meticolosamente, e li trascrivevano su grandi fogli di carta. I matematici ricavavano gli assetti delle chiavi giornaliere. I *ripulitori,* che avevano una buona conoscenza del tedesco, cercavano di dare senso ai testi in chiaro, spesso pieni di errori. Si reclutavano persone e si arruolavano nel servizio, ma di fatto c'era un solo modo per affrontare efficacemente la lunga e laboriosa decifratura: costruire una macchina in grado di emulare la G-Schreiber.

Gli "app"

Chiunque abbia lavorato con la G-Schreiber durante la guerra ha conosciuto i suoi "*app*". La parola derivava dallo svedese *apparat*. Nell'autunno del 1942 ce n'erano più di quaranta in azione. Beurling ne progettò i principi, ma per la realizzazione tecnica occorreva un ingegnere e Beurling suggerì che si scegliesse un esperto di telefonia. Vigo Lindstein lavorava presso la divisione Registratori di Cassa della LM Ericsson: averlo scelto fu un colpo di fortuna. Fin dall'inizio egli manifestò una notevole attitudine a trasformare le idee della crittografia in apparecchi funzionanti. Dopo la guerra diventerà il direttore tecnico della Hagelin AB Crypteknik e più tardi il direttore esecutivo di un'altra compagnia svedese di crittografia, la AB Transvertex.

Ma a quel tempo, il problema immediato era quello di costruire una macchina in grado di decifrare i messaggi della G-Schreiber. Beurling aveva trova-

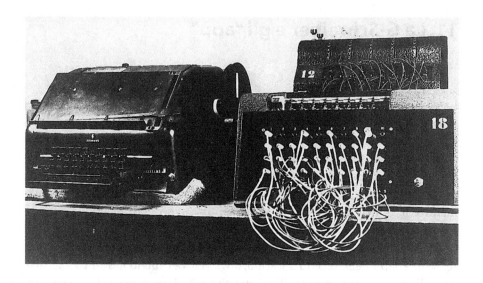

Uno degli app costruiti da Vigo Lindstein. I cavi sono usati per ridefinire le chiavi.
In alto c'è un *C-Model add-on*; a sinistra, una telescrivente Siemens

to un modello matematico del processo, ma il modo di tradurlo in pratica era tutt'altro che ovvio. Per esempio, le ruote potevano essere spostate e/o scambiate, ma come? Com'erano costruite le ruote? Come si realizzavano gli 0 e gli 1? Beurling riteneva che, come nelle macchine di Hagelin, sul contorno delle ruote si trovassero dei denti che potevano esseri disposti in posizione attiva o passiva. Ma c'erano altre possibilità: per esempio, le ruote potevano essere realizzate con bande perforate, di lunghezza e modulo variabili.

Nel primo modello che costruirono, Beurling e Lindstein usarono dei nastri di celluloide, con i fori che rappresentavano gli 1. Speravano in tal modo di essere in grado di adattarli a possibili cambiamenti futuri nell'assetto dei denti. Sfortunatamente, i nastri da pellicola utilizzati si dimostrarono troppo fragili e, a causa dell'energia elettrostatica, tendevano ad appiccicarsi al fondo della macchina. Col tempo si accorsero inoltre che l'assetto dei denti non veniva mai cambiato: questo suggerì la possibilità di costruire le ruote di materiale più durevole. La G-Schreiber originale usava bachelite, senza possibilità di variare il modello dei denti.

Il testo cifrato veniva battuto su telescriventi collegate agli apparecchi, mentre il testo decifrato in chiaro veniva simultaneamente stampato su carta dalla stessa telescrivente.

La G-Schreiber

La macchina che l'*app* svedese doveva imitare era un recente modello tedesco, sviluppato dalla Siemens negli anni '30 e sconosciuto in Svezia. Tale macchina si chiamava T52a/b, ma era generalmente conosciuta come *der Geheimschreiber* [lo scrittore segreto].

Il modello originale era stato sviluppato negli anni 1929-32 nella fabbrica di telescriventi Siemens und Halske di Berlino e brevettato come *Anordnung zur Nachrichtenübermittlung in Geheimschrift über Telegraphenanlagen* [Apparecchio per la trasmissione segreta di informazioni con sistemi telegrafici]. La domanda di brevetto recava le firme di A. Jipp, E. Rossberg e E. Hettler. Il prototipo consisteva di due macchine: una telescrivente in chiaro e un dispositivo di cifratura/decifrazione. Il primo modello compatto, tutto contenuto in unico alloggiamento, fu chiamato T52b. Fu fabbricato fra il 1934 e il 1942.

Il numero totale di T52, compresi i successivi aggiornamenti c, d ed e, fu di 600 unità. Di queste, 30 erano usate per la corrispondenza diplomatica, 170 andarono all'aviazione, 200 alla marina e 80 all'esercito. Circa 120 furono usate da altri servizi e organizzazioni. Nelle forze armate, la T52 era usata principalmente per le comunicazioni fra i territori occupati e la madrepatria.

Der Geheimschreiber T52a/b nell'apposita cassa per il trasporto.
La macchina da sola pesava 100 kg e il peso totale, cassa compresa, era di 180 kg

Un ex ingegnere della Siemens, Wolfgang Mache, ha fatto alcune ricerche sulla storia della G-Schreiber e ha fornito queste cifre. Scrive che, una volta iniziatane la produzione, i servizi di sicurezza del Terzo Reich si presero la responsabilità della G-Schreiber, che rimase avvolta da un velo impenetrabile (cfr. Mache, M.W., *Der Siemens-Geheimschreiber - ein Beitrag zur Geschichte der Telekommunikation* [La G-Schreiber della Siemens. Un contributo alla storia delle telecomunicazioni], Archiv der deutschen Postgeschichte, 1992, in tedesco).

La T52 era un apparecchio elettromeccanico con 10 ruote in bachelite. Ogni ruota aveva un certo numero di posizioni ugualmente spaziate intorno alla propria circonferenza, e ogni posizione rappresentava uno 0 o un 1. La prima ruota aveva 47 posizioni (segnate 00-46), la seconda 53 (00-52) e la decima ruota 73 posizioni (00-72). I sensori delle ruote erano collegati al resto della macchina da cavi che potevano essere arbitrariamente permutati. In pratica i cavi venivano scambiati ogni 3-9 giorni.

La cifratura avveniva in due stadi. Prima di tutto, il carattere del testo in chiaro, sotto forma di codice telescrivente a 5 bit, veniva sommato modulo 2 (operazione XOR) al carattere a 5 bit della chiave, prodotto da cinque sensori delle ruote. Nell'esempio del disegno seguente, le cinque ruote generano il pentagrafo '01001'. Premendo il tasto R si genera il pentagrafo 01010. Con lo XOR si ottiene il risultato 00011. Tale risultato è il carattere cifrato intermedio o primario C_I. Questo processo era simile a molti altri crittosistemi telex.

La successiva raffinata idea era quella di lasciare che le altre cinque ruote generassero una permutazione dei 5 bit di C_I. La permutazione era eseguita da 5 interruttori a relè che aprivano o chiudevano a seconda che gli impulsi di controllo provenienti dai sensori delle ruote fossero 0 o 1. Nell'esempio, il pentagrafo di controllo proveniente dai sensori è 01001. I bit del carattere intermedio del cifrario sono permutati di conseguenza e il risultato è 11000, che rappresenta la A.

Dopo la cifratura di un carattere, tutte le ruote scattano di un passo e il seguente carattere in chiaro è cifrato mediante l'uso di una chiave del tutto nuova e di una nuova permutazione.

La G-Schreiber ha caratteristiche impressionanti. Il numero di passi necessari affinché le ruote ritornino alla stessa posizione è uguale al prodotto della lunghezza delle ruote, un numero di 18 cifre:

$$893, 622, 318, 929, 520, 969 \approx 9 \times 10^{17}$$

Il numero di modi in cui è possibile variare i cavi è 10! = 3.628.800 $\approx$ 3,6 x 10^6.

All'inizio, anche le posizioni degli interruttori a relè potevano essere cambiate, con 8 modelli di base. Includendo le possibilità di cablaggio, il numero

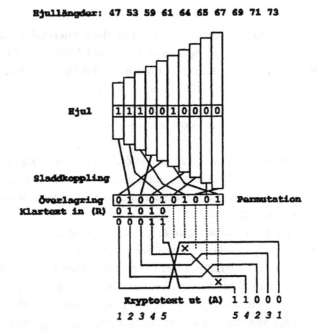

Lunghezze delle ruote. Ruote. Cablaggio. Carattere di flusso della chiave.
Controllo della permutazione. Carattere del testo in chiaro (R). Carattere cifrato (A)

degli assetti era: 719x10! ≈ 2,6x10^9. Dal 1° aprile 1942 la disposizione degli interruttori a relè venne tenuta fissa come nell'illustrazione.

Per cifrare un telegramma, la posizione iniziale delle ruote era determina-
ta da due ordini di numeri, QEP e QEK. I numeri QEK erano gli stessi per tutti
i telegrammi nell'arco delle 24 ore e cambiavano a mezzanotte. Venivano
stampati in tabelle di chiavi distribuite a tutti gli operatori. I numeri QEP
dovevano differire da telegramma a telegramma, ed erano scelti dagli stessi
operatori.

La tavola delle chiavi contenenti i numeri QEK era di questo tipo:

Ruota	1	2	3	4	5	6	7	8	9	10
Data										
2 Maggio	12	32	...	...	...	...	...	15	06	44
3 Maggio	42	11	58	02	...	...	...	...	...	68
4 Maggio	22	...	...	...	...	...	67	30	58	62
5 Maggio	37	15	27	26	29	...	...	...	...	...

I puntini della tabella indicano le posizioni dei numeri QEP, a scelta dell'operatore. Così, se il 3 maggio l'operatore sceglieva i numeri QEP 12 25 18 47 52 per uno specifico telegramma, le posizioni iniziali delle ruote durante la cifratura erano:

42 11 58 02 12 25 18 47 52 68

Come si è detto, le posizioni delle ruote erano segnate da numeri sulla loro circonferenza, 00-46 per la prima ruota, 00-52 per la seconda e così via, e gli assetti delle chiavi 42, 11... indicano su quale posizione deve essere impostata la prima ruota, la seconda ecc..

È noto che, come nell'illustrazione, le ruote QEP erano sempre contigue.

In linea di principio, il sistema sembra proprio ben pensato allo scopo di manipolare le chiavi e offrire una ricca variabilità. Esso nondimeno aveva un difetto: la variabilità dei numeri QEP era affidata agli operatori. I crittoanalisti svedesi trovarono una quantità di messaggi in profondità, vale a dire che gli stessi numeri QEP venivano usati e riusati più volte. Il progettista del dispositivo, in effetti, aveva cercato di rendere la vita più facile agli operatori. Siccome le ruote controllate dai numeri QEK dovevano essere disposte sugli stessi valori per ogni telegramma della giornata, le macchine erano munite di uno speciale dispositivo. Ogni ruota aveva una barra d'arresto che poteva essere disposta sulla sua posizione QEK e, usando una manovella (con su scritto *Langsam drehen* cioè "girare piano"), le ruote potevano in breve tempo essere portate nella posizione giusta. Tuttavia, gli operatori trovavano che era comodo disporre allo stesso tempo anche le ruote QEP con lo stesso meccanismo, con il risultato che venivano spesso disposte sugli stessi valori più volte di fila. La disciplina germanica in questo caso lasciò a desiderare.

12. Crittoanalisi sistematica

A parte Beurling, Carl-Gösta Borelius era lo specialista in fatto di G-Schreiber e di sua analisi. Piovuto da Vindeln, nel nord della Svezia, Borelius era uno studente di matematica all'Università di Uppsala nell'autunno del 1940 quando venne a conoscenza da un docente che l'esercito cercava matematici. Poiché sapeva che era prossimo il suo servizio militare, fece domanda ed ebbe un colloquio con il professor Beurling. Borelius non ricorda cosa si dissero, ma evidentemente Beurling era rimasto soddisfatto, perché dopo breve tempo gli arrivò per posta una convocazione alla Casa Grigia. Da qui Borelius fu mandato alla vecchia casa di Karlaplan e venne inserito nel Gruppo 31g, diretto da Lars Carlbom. Al gruppo era stata affidata la responsabilità di definire gli assetti giornalieri della G-Schreiber, un'arte che Borelius allora non conosceva.

Usando messaggi in profondità - ne occorsero almeno 4 o 5 - fu ricavato abbastanza testo in chiaro da poter calcolare una parte del flusso delle chiavi di lunghezza 15 o 20. I modelli dei denti delle ruote poterono allora essere adattati al flusso delle chiavi e vennero definiti gli assetti giornalieri, permettendo che tutti i telegrammi di quel giorno venissero decifrati.

Ricorda Borelius:

Un buon aiuto era quello di una tavola di addizione [vedi la figura], nella quale veniva data la somma mod 2, o binaria, di due caratteri di telescrivente. La tavola era sistemata in maniera speciale, al fine di sfruttare le relazioni fra - per esempio - 3 e 5, 3 e Q e 3 e V. Per dare un'idea di come funzionava, si supponga di ritenere che una U criptata corrisponda ad un 3 in chiaro. Nella seconda colonna (quella con 3 in cima), andando alla U si trovano a destra i cinque caratteri 1, T, M, G e B. Solo questi possono corrispondere alla Q o alla V in chiaro, se l'ipotesi è corretta. Altre relazioni possono essere utilizzate. Si supponga di nuovo che la U corrisponda al 3. Allora, continuando sulla stessa linea dopo 1, T, M... si trova che la D criptata può corrispondere alla Z in chiaro (nella prima linea).

Noto il codice di telescrivente, era facile osservare la stretta relazione tra taluni caratteri e, anche senza tavole di addizione, si capiva dove si potevano trovare le sequenze 35 o QRV. Quando all'inizio arrivai al Gruppo 31g, Lars Carlbom e Bertil Nyman - altro matematico, in seguito professore a Göteborg - vollero dimostrare come analizzare e decifrare i messaggi della G-Schreiber. Un certo numero di messaggi in profondità fu trascritto su un ampio foglio di carta quadrettata, il cosiddetto lenzuolo.

```
        5       3 ( 1 / = 9 ) + , 4 8 ' - 7   : 2 6 0 ?

  6 3  T 1 5 2 E   K Q 4 X V   O H L Z N R D I S A   U J F C W Y P B G M

  M A  N H O V X   W J U E 2   5 1 C F T P Y G B 3   4 Q Z L K D R S I 6
  I B  P C 2 5 U   D Z X 4 0   V L H Q R N K 6 A S   E F J 1 Y W T 3 M G
  Z C  E B Y W T   V I R N K   D S A 6 X 4 0 Q H L   P G M 3 2 5 U 1 J F
  P D  I V L H Q   B E F J 1   C 2 5 U G M 3 T W Y   Z X 4 0 S A 6 K N R

  V E  C P G M 3   Z D S A 6   I R N K L H Q 0 4 X   B Y W T F J 1 U 5 2
  L F  2 G P T W   X S D K N   R I 6 A V 0 4 H Q Z   Y B 3 M E U 5 J 1 C
  S G  Y F E U 5   R L V 0 4   X Z Q H D K N A 6 I   2 C 1 J P T W M 3 B
  J H  4 A K D R   5 M T P Y   W 3 B G U E 2 F C 1   N 6 I S O V X L Z Q

  B I  D Z X 4 0   P C 2 5 U   E F J 1 Y W 3 T M G   V L H Q R N K 6 A S
  H J  5 M T P Y   4 A K D R   6 N I S O V X L Z Q   W 3 B G U E 2 F C 1
  T K  6 0 H L Z   3 U J F C   1 5 2 E M G B P Y W   Q 4 X V A S I D R N
  F L  X S D K N   2 G P T W   Y B 3 M E U 5 J 1 C   R I 6 A V 0 4 H Q Z

  A M  W J U E 2   N H O V X   4 Q Z L K D R S I 6   5 1 C F T P Y G B 3
  W N  A 4 Q Z L   M 5 1 C F   J U E 2 3 B G Y P T   H O V X 6 I S R D K
  U O  Q K A S I   1 T M G B   3 W Y P J F C E 2 5   6 N R D H L Z V X 4
  D P  B E F J 1   I V L H Q   Z X 4 0 S A 6 K N R   C 2 5 U G M 3 T W Y

  1 Q  O 6 N R D   U 3 W Y P   T M G B 5 2 E C F J   K A S I 4 X V Z L H
  Y R  S X Z Q H   G 2 C 1 J   F E U 5 B 3 M W T P   L V 0 4 I 6 A N K D
  G S  R L V 0 4   Y F E U 5   2 C 1 J P T W M 3 B   X Z Q H D K N A 6 I
  K T  3 U J F C   6 0 H L Z   Q 4 X V A S I D R N   1 5 2 E M G B P Y W

  O U  1 T M G B   Q K A S I   6 N R D h L Z V X 4   3 W Y P J F C E 2 5
  E V  Z D S A 6   C P G M 3   B Y W T F J 1 U 5 2   I R N K L H Q 0 4 X
  N W  M 5 1 C F   A 4 Q Z L   H O V X 6 I S R D K   J U E 2 3 B G Y P T
  2 X  L R I 6 A   F Y B 3 M   G P T W C 1 J 5 U E   S D K N Z Q H 4 0 V

  R Y  G 2 C 1 J   S X Z Q H   L V 0 4 I 6 A N K D   F E U 5 B 3 M W T P
  C Z  V I R N K   E B Y W T   P G M 3 2 5 U 1 J F   D S A 6 X 4 0 Q H L
  Q 1  U 3 W Y P   O 6 N R D   K A S I 4 X V Z L H   T M G B 5 2 E C F J
  X 2  F Y B 3 M   L R I 6 A   S D K N Z Q H 4 0 V   G P T W C 1 J 5 U E

  6 3  T 1 5 2 E   K Q 4 X V   O H L Z N R D I S A   U J F C W Y P B G M
  5 4  H N 6 I S   J W 3 B G   M T P Y 1 C F 2 E U   A K D R Q Z L X V O
  4 5  J W 3 B G   H N 6 I S   A K D R Q Z L X V O   M T P Y 1 C F 2 E U
  3 6  K Q 4 X V   T 1 5 2 E   U J F C W Y P B G M   O H L Z N R D I S A

  6 3  T 1 5 2 E   K Q 4 X V   O H L Z N R D I S A   U J F C W Y P B G M
```

La tavola di addizione speciale usata per l'analisi in profondità
dei telegrammi della G-Schreiber

Carlbom partì dall'inizio dei messaggi, dove gli operatori chiacchieravano tra di loro e si scambiavano informazioni. "Qui si vede *QRV*", diceva "e qui e lì". Quindi segnava con la matita blu *QRV* nelle posizioni corrispondenti. Io non vedevo assolutamente nulla.

Quindi Nyman sfidò la fortuna nei messaggi del proprio lenzuolo, cercando gli identificativi di stazione. "Qui c'è *MBZ*, e qui e lì abbiamo *MNOS* e qui dovrebbe esserci uno spazio e il tasto per le maiuscole". E segnava delle lettere con la matita blu, e i "3" e i "5" con la matita rossa. Continuavo a non vedere niente.

Tutto era fatto senza la tavola di addizione e con il solo proposito di far scena.

Borelius arrivò a Karlbo all'inizio del 1941. I telegrammi tedeschi erano trattati e decifrati seguendo una certa procedura che in seguito fu usata per il resto della guerra. Allora erano coinvolte una ventina di persone e se ne dovevano assumere altre. Carl-Gösta Borelius continua la propria storia:

La prassi giornaliera era la seguente: al mattino, i crittoanalisti del 31g esaminavano il traffico in arrivo, in cerca di profondità. Appena giunto un sufficiente numero di messaggi, questi venivano aggrediti e messi a nudo: da essi venivano ricavati gli assetti della giornata. A quel punto il lavoro poteva essere continuato dalle ragazze addette alle macchine decifratrici, gli *app*.

Per riuscire a decifrare in maniera sistematica, era necessario conoscere i numeri QEP e le ruote da essi impostate. Di tanto in tanto si dovevano anche determinare altre impostazioni "interne": assegnazioni di ruote o cablaggi. Comunque, con queste informazioni, si riusciva a sapere tutto ciò che occorreva sulle tavole delle chiavi tedesche, e gli *app* erano in grado di decifrare con la stessa facilità dei legittimi destinatari dei messaggi.

I messaggi cifrati erano registrati dal Gruppo 31n, dove un certo numero di telescriventi era stato agganciato alle linee tra Germania, da un lato, e Svezia, Norvegia e più tardi Finlandia dall'altro.

Gli addetti stavano alle telescriventi giorno e notte, producendo un flusso di carta che sembrava non finire mai. Le strisce venivano incollate su fogli dalle cosiddette principesse della colla. Ogni "lenzuolo" veniva timbrato con il numero del canale, la data e il numero di pagina. Inoltre, venivano sottolineati i segmenti *UMUM* e *QEP*. Ogni momento, un fascio di fogli veniva portato al 31g. Una volta trovati l'assetto della chiave del giorno, i testi venivano passati alle addette agli *app*, che dispo-

Il 4 novembre 1940 il crittoanalista aveva dodici messaggi in profondità con i quali lavorare. Evidentemente riuscì a mettere a nudo 17 posizioni. Ciò fu sufficiente per determinare univocamente le posizioni delle ruote in relazione al modulo di punti e circoli (1 e 0). Potevano così essere rilevati il cablaggio, le chiavi QEK e l'impostazione delle permutazioni. Il lettore è invitato a ricostruire lo schema delle permutazione usato quel giorno, che non è lo stesso del capitolo precedente nevano le ruote *QEP* e cominciavano a decifrare. Anche il testo in chiaro veniva stampato su bande di carta, di nuovo incollate su grandi fogli.

I testi decifrati venivano passati al terzo gruppo 31, il 31f. Qui i telegrammi decifrati venivano ripuliti e corretti. Naturalmente c'erano errori, dovuti sia all'operatore che alla trasmissione e alla decifrazione. Un fatto che avveniva spesso era che la stampante rimanesse per sbaglio disposta in modo numerico, un errore facilmente correggibile. Se non si riusciva a interpretare una parola, la si sottolineava, e l'intero testo veniva suddiviso in paragrafi. Alla fine il telegramma poteva essere battuto a macchina decorosamente e distribuito in un certo numero di copie.

In un momento successivo fu formato un quarto gruppo, il 31m, con il compito di compilare informazioni su aree speciali con una più vasta gamma temporale.

Jacobsson ha vissuto qui

Nell'autunno del 1940 la prima *app*, quella con i nastri di celluloide al posto delle ruote, venne costruita dalla LM Ericsson. Una nuova recluta, Birgit Asp (poi Birgit Andersson) doveva decifrare i telegrammi manualmente. Birgit aveva visto sul giornale un annuncio che diceva "GIOVANE DONNA, perfetta dattilografa, buona stenografa, preferibilmente poliglotta. Stipendio 225 corone. Rispondere menzionando precedenti impieghi, titoli di studio ecc. al 'Capo del Personale', Svenska Dagbladet, Birger Jarlsgatan 10". Pur avendo notato in seguito che la descrizione dell'incarico era alquanto vaga, fu contenta di aver fatto domanda: il lavoro si rivelò vario e appassionante.

Anche la forma di reclutamento era insolita. Fu chiamata per un colloquio alla Skandia Freja, una compagnia di assicurazioni, dove parlò con un certo capitano Åke Rossby. Quando chiamò di nuovo la compagnia, le fu detto che non c'era nessun signor Rossby, ma che gli era stato prestato temporaneamente un ufficio. Poco dopo però le fu chiesto di rivolgersi al capitano Helge Florin presso la Casa Grigia in Östermalmsgatan. Qui finalmente ricevette l'indirizzo del nuovo posto di lavoro: Karlaplan n° 4, quinto piano. "Sulla porta la targhetta recava scritto Jacobsson". Ella dovette memorizzare l'indirizzo: era segreto.

Tutte le descrizioni di come la gente veniva impiegata testimoniano l'estrema segretezza che circondava l'operazione. Un messaggio telefonico diceva: "Vi darò ora un indirizzo. Memorizzatelo ma non lo riferite e non trascrivetelo". Molti furono reclutati tramite amici e parenti che potevano garantire della loro affidabilità. Vi furono figlie di ufficiali, "Lottas" (quelle del Corpo

L'edificio di Karlbo: Karlaplan n° 4. Più tardi demolito e sostituito dal Teatro Maxim

Femminile Volontarie della Difesa), e ragazze della nobiltà, ma anche la Andersson: Birgit, per esempio, portò sua sorella Ulla.

Birgit scriveva e decifrava messaggi su grandi fogli di carta millimetrata. Era un lavoro faticoso che richiedeva molto tempo. Alla fine degli anni 40 fecero la loro comparsa i primi *app* funzionanti, con migliori ruote dentate. Furono accolti con grande sollievo, anche se si rompevano spesso. In questi casi veniva chiamato l'ingegnere, Lindstein. "Egli aveva veramente una pazienza angelica, ma sembrava sempre preoccupato. Ricordo che una volta, per riparare una macchina, venne da una cena di gala, in abito da cerimonia e giacca con le code".

Birgit ricorda anche i sandwich notturni, particolarmente apprezzati:

Lavoravamo a turni. Alla squadra di notte venivano dati tre sandwich deliziosi provenienti dall'Östergök Café, senza "coupon". Eravamo sempre affamati, dato che per risparmiare i "coupon" cercavamo di sopravvivere a pesce, carote, pudding e simili cose. I sandwich rendevano il turno di notte molto attraente.

In tempo di crisi, capitava che alla squadra serale fosse richiesto di trattenersi anche per la notte. Eravamo tutti contenti di farlo, non ci sentivamo stanchi.

In quei giorni non si parlava molto di protezione dei lavoratori, sindacati e cose del genere. Dipendeva da te se volevi lavorare dodici ore al giorno. Una sedia d'ufficio con quattro gambe anziché cinque non era cosa importante. L'aria cattiva veniva tollerata. A volte aprivamo le finestre rachitiche e deformate. Al mattino faceva molto caldo, dato che gli Svensson, la coppia di custodi, accendeva le stufe a piastrelle e la stufa a legna della cucina prima del nostro arrivo. Verso sera, quando l'appartamento cominciava a raffreddarsi, gli Svensson riapparivano per alimentare le stufe. Non facevamo caso se per chiudere le porte tutte storte c'era da faticare. Tappezzerie abominevoli e pavimenti in linoleum scuri e sporchi non riducevano il nostro entusiasmo, né il tremendo senso di gioia derivante dal nostro lavoro.

Tende ben tirate, tenute chiuse con pinze da bucato, ci costringevano a lavorare con le la luce accesa tutta la giornata. Attraverso uno stretto spiraglio delle tende vedevamo qualche volta un uomo che faceva gli esercizi ginnici mattutini sul balcone della casa vicina.

Mia sorella si trattenne a fatica quando a una cena si trovò seduta vicino allo stesso uomo, che incominciò a parlare dei suoi esercizi mattutini.

All'inizio, c'erano anche altri inquilini nella Karlbo. Visitatori, agenti di vendita e distributori avevano libero accesso. Ma dopo poco tempo la situazione divenne intollerabile. Gli altri inquilini dovevano chiedersi che cosa stesse mai succedendo là dentro, giorno e notte. Più tardi furono fatti sloggiare e la casa rimase tutta per noi. Fu messo un cancello in ferro battuto per chiudere l'entrata e assunto un uomo di guardia. Generalmente noto come "il Dirigibile" – era piuttosto grasso – stava seduto al di qua del cancello e controllava le nostre carte d'identità.

Il Dirigibile era un uomo simpatico e gioviale. Sembrava che lavorasse ventiquattro ore. Di notte faceva il giro della casa. Una volta vide mia sorella Ulla che lavorava da sola nell'ala del cortile e le disse che quella notte non sarebbe più passato da quelle parti. Così, quando mezz'ora dopo Ulla sentì dei passi fuori dalla porta, fu presa dal panico. Ma nel suo ufficio entrò il Dirigibile con i sandwich della notte che lei si era dimenticata di prendere.

Le misure di sicurezza erano molto strette in quei giorni. Dovetti rinunciare a scrivere ai miei corrispondenti in Inghilterra, Francia e Germania. I contatti con gli stranieri erano scoraggiati e, in ogni caso, tutti gli incontri dovevano essere denunciati. Una volta, una delle ragazze fu portata al *dinner dançant* del ristorante "Royal" da uno di un'ambasciata. Il giorno seguente fu convocata e severamente redarguita dal Capo, cioè da Thören.

Ci sono molte storie sulla segretezza del posto di lavoro. Le ragazze che popolavano Karlbo avevano ragazzi e fidanzati che volevano andare a prenderle dopo il lavoro. Simili tentativi dovevano essere scoraggiati e gli appuntamenti ammessi erano tutti, meno che nelle vicinanze di Karlaplan.

Åke Svensson, responsabile dell'intercettazione del traffico via cavo, e Johannes Söderlind, un compilatore che lavorava nel Gruppo 31m, erano amici di vecchia data e capitò che un giorno s'incontrassero per strada. Åke sapeva che lavoravano entrambi nello stesso posto, ma non disse niente al riguardo mentre continuavano a camminare nella stessa direzione. Più si avvicinavano a Karlbo e più Sönderlind diventava nervoso di non riuscire a staccarsi dell'amico. Solo quando attraversarono insieme il cancello la situazione fu chiarita.

Molti di coloro che lavoravano a Karlbo dicono la stessa cosa: "Alla porta, la targhetta recava la scritta Jacobsson". Come mai? Gunnar Jacobsson lo sa:

Per via del lavoro che facevo, mi fu detto di vestire in borghese. All'inizio vivevo in una piccola camera, in un appartamento affittato dal QGSMD vicino alla Casa Grigia. Poi dovetti dormire nella stessa Karlbo. Se ne occupava un ex-sergente, un tipo insolitamente gentile e competente. Si era sposato da poco e sua moglie gli dava una mano come custode.

Non c'era una stanza speciale che potessi considerare mia, perciò dovevo dormire nella sala d'ingresso di un appartamento del secondo piano. Alla sera, quando gli altri impiegati se ne andavano, vi portavo un lettino pieghevole e al mattino mi dovevo alzare presto, per farmi la toletta e riporre il letto prima della ripresa del lavoro. Era come dormire in piazza. Tuttavia disponevo di un grande bagno. Considerata l'età della casa, era già sorprendente che ci fosse un bagno. Ovviamente senza acqua calda. Poiché avevo l'abitudine di fare la doccia tutte le mattine, dovevo arrangiarmi con l'acqua fredda. A volte l'ex-sergente mi permetteva di accendere il gigantesco bollitore, grande quanto la vasca, in grado di soddisfare facilmente le esigenze di una famiglia di quattro persone. Per risparmiare elettricità, mi permettevo al massimo dieci centimetri d'acqua in fondo alla vasca, dove rigirarmi. Ma poi potevo terminare il tutto con una bella doccia calda.

Le attività a Karlbo erano top secret, e credo che l'unico nome sulla porta fosse il mio: Jacobsson. Sembrava che l'inquilino, chiunque egli fosse, disponesse di una casa straordinariamente spaziosa.

Gunnar Jacobsson avrebbe presto cambiato alloggio, ma la targhetta sulla porta evidentemente era rimasta.

Il personale per il dipartimento crittografico veniva reclutato attraverso università, altre autorità militari, contatti personali e tramite annunci sui giornali. Alcuni intrapresero nuove carriere dopo la guerra, altri continuarono a lavorare per la FRA.

Quando il comandante Alastair Denniston, capo della Scuola Codici e Cifra britannica si lamentò con Winston Churchill per la difficoltà di trovare crittologi competenti, gli fu risposto: "deve rivoltare ogni pietra". In una visita successiva a Bletchley Park, Churchill diede uno sguardo ai risultati della campagna di reclutamento e brontolò: "non l'ho detto pensando di essere preso alla lettera".

Le persone con doti speciali di certo non sono sempre le più facili da trattare. Non ho conosciuto nessuno a Bletchley Park, ma ho conosciuto molti che hanno lavorato a Karlbo, Rabo e Krybo. Senza cercare di sottintendere che fossero stati scovati sotto i sassi, devo dire che erano spesso individui di spiccata personalità.

13. Esce di scena Gyldén, ma ricompare Beurling

Il clima amichevole che nei primi anni regnava nell'agenzia era apprezzato da tutti, anche se Åke Lundqvist ha ragione a dire con una punta di malizia, soprattutto a proposito di chi si trovava nelle posizioni direttive: "Eravamo tutti nemici, dall'altra parte del tavolo".

Un buon esempio è quello di Gyldén e Beurling.

La violazione del sistema di codifica francese nel 1939 e 1940 era stata una prodezza, in non piccola parte dovuta agli sforzi dello stesso Gyldén. Sua moglie Elna, nata Schröder, dice che il marito di solito si alzava presto per recarsi a Karlbo e poi andare a Södertälje dove era direttore delle esportazioni alla Astra, per tornare quindi a Karlaplan in serata. Secondo Elna, suo marito aveva un fisico di ferro, nonostante fumasse la pipa ed enormi sigari era in grado di sostenere l'onere dei suoi due lavori.

Naturalmente, non le diceva molto del lavoro presso l'agenzia, ma Elna ricorda che egli apprezzava molto il collega Kurt Nilsson. Per Gyldén era importante che la chimica personale, come ora si dice, fosse quella giusta. Imprevedibile e dotato di una personalità non svedese, era considerato difficile da trattare. Era entrato nella quieta famiglia Schröder come un ciclone, ma aveva conquistato i loro cuori una volta tornata la calma dopo il trambusto.

Il padre di Elna possedeva un grande panificio. È facile immaginarlo alquanto sorpreso dai piani del genere in un episodio riferito da Kurt Nilsson:

Nella primavera del 1940 la situazione della Svezia era critica [la Germania aveva invaso la Danimarca e la Norvegia]. Un giorno, mentre nel tardo pomeriggio tornavo a casa per la cena, incontrai il mio amico Yves che mi disse: "La situazione è molto seria. Sono appena stato ad una riunione alla Casa Grigia. Tutti corrono come galline impazzite, senza sapere che cosa fare. Ma per il gruppo ho organizzato il trasloco. Mio suocero, proprietario del panificio Schröder, mette i suoi furgoni a nostra disposizione. Se la Svezia è attaccata facciamo le valigie, mettiamo la nostra roba nei furgoni e andiamo via da qui. Ci incontreremo sulla piazza d'armi del reggimento A4 a Östersund. Guarda che domani il nostro personale porti l'uniforme e tutto l'altro materiale".

Kurt era scettico circa i furgoni del panificio e in particolare per la scelta di incontrarsi in un luogo tanto prossimo al confine norvegese, ma doverosamente chiamò i componenti del gruppo la sera stessa. Per fortuna i Tedeschi se ne stettero in Norvegia.

Yves Gyldén non amava Arne Beurling. Secondo Elna, egli pensava che Beurling fosse pieno di boria, che si sentisse importante, un peccato mortale nella Svezia egualitaria. Per Gyldén inoltre era difficile accettare che i codici francesi avessero perso importanza dopo la capitolazione della Francia, mentre ne andavano acquistando sempre più i risultati del lavoro di Beurling.

Arne Beurling, noto per le sue facili sfuriate, certamente si sarebbe sentito offeso da chiunque mettesse in dubbio la sua superiorità intellettuale. Come viene riferito da testimoni, l'origine dell'incidente occorso alla vigilia di Natale 1939, fu la critica reiterata di Beurling al modo con cui Gyldén teneva le statistiche delle ripetizioni nei telegrammi. Alla fine Gyldén ne ebbe abbastanza e sfidò a pugni Beurling. Ciò che ne seguì deve considerarsi insolito perché coinvolgeva due uomini adulti, di alto livello intellettuale.

Kurt Nilsson racconta così la storia:

Una sera stavo andando a portare a Krybo il rapporto giornaliero sul lavoro del nostro gruppo, quando incontrai Yves con la faccia gonfia, un occhio nero, tutto macchiato e incerottato. Più tardi, seduti in ufficio a lavorare tranquillamente, Gyldén disse: "probabilmente ti stai domandando il perché del mio aspetto attuale". Non avrei potuto negarlo. E Gyldén: "Beurling ed io ci siamo scontrati l'altra sera... una vera lotta... ma ora siamo amici".

Elna Gyldén ricorda:

Ero andata nella nostra casa di campagna vicino a Hårsfjärden con i miei genitori, per i preparativi di Natale. Yves non ci raggiunse prima del giorno stesso di Natale, quando apparve esibendo un bell'occhio nero. Non diede spiegazioni in proposito e durante la cena natalizia rimase seduto lì, semplicemente, con il suo occhio nero - non ricordo alcun cerotto; né i miei genitori, discretamente, fecero domande.

Dovette essere un combattimento alla pari ma, di nuovo a detta di testimoni, la faccia di Beurling risultava intatta. Gyldén probabilmente non era riuscito a entrare nella sua guardia.

Col tempo, il valore delle informazioni prodotte dal gruppo di Gyldén diminuì rapidamente, poiché cresceva in maniera costante la proporzione di "telegrammi mutanda". Questa espressione veniva usata per i messaggi che potevano anche essere trasmessi in chiaro. Per Gyldén, che era stato il grande guru della crittografia negli anni trenta, ora che c'era l'occasione di trattare materiale vero, dal vivo, gli sviluppi furono accolti con grande disappunto. Egli trascorreva periodi sempre più lunghi presso la Astra, e dopo il 1941 non si fece più vedere del tutto al dipartimento crittologico.

Nel 1962, quando David Kahn stava raccogliendo materiale per il suo grande libro "*The Codebreakers*", venne a Stoccolma per intervistare Gyldén. Questi allora non si occupava più da anni di crittografia, ed aveva difficoltà nel ricordare e raccontare le storie che interessavano Kahn. Dopo alcuni giorni di duro lavoro con Kahn, Gyldén ebbe un infarto dal quale non riuscì più a riprendersi.

Si può pensare che, dopo aver forzato la *Geheimscreiber*, Arne Beurling fosse considerato indispensabile, con uno status indiscusso da crittoanalista, ma le cose furono molto più complicate.

I rapporti tra Beurling e la leadership del dipartimento crittografico erano tutt'altro che sereni. Nell'autunno del 1940 Eskil Gester fu sostituito da Torgil Thorén. Gester era amato da tutti, in particolare da Beurling, a cui in generale non andavano molto a genio i militari. Ma Gester era diverso, era riuscito a capire e apprezzare l'abilità e la personalità uniche di Beurling.

Thorén, insieme ad Åke Rossby, aveva ora la responsabilità formale della supervisione su Beurling, ma purtroppo questi non andava d'accordo con nessuno dei due. Disse:

> Arrivato un nuovo capo, io fui cacciato e spedito a Uppsala a occuparmi del mio lavoro accademico. Dietro questa mossa vi erano manovre e intrighi provinciali nei quali non volevo essere coinvolto... Fui tagliato fuori dall'azione e mi sentii più o meno come il Moro che, compiuto il proprio dovere, si sentì dire di andarsene.

Come poté accadere? Come poteva l'agenzia pensare di fare a meno dei servigi di Beurling? E quali erano gli intrighi provinciali dietro quella mossa?

La personalità di Beurling aveva molti aspetti che lo rendevano difficile da trattare nell'ambito di un'organizzazione burocratica e che possono aver convinto i capi del dipartimento a non trattenerlo ad ogni costo. Egli, per dirne una, non aveva gran riguardo per le capacità intellettuali dei militari. Sospettava anche che tentassero di privarlo degli onori dovutigli per i successi raggiunti, cercando di prendersi le lodi, e detestava essere controllato dalla burocrazia militare. In particolare voleva un orario di lavoro flessibile.

Altri fattori furono senza dubbio la sua inclinazione per la bottiglia, con episodi di sbornie epiche, ed anche la sua reputazione di donnaiolo. Aveva divorziato da poco e il suo carisma faceva sì che molte donne cadessero ai suoi piedi. Tutto ciò ovviamente apparteneva alla sua vita privata, e quando fu deciso di lasciarlo libero ci furono anche accuse legate al lavoro. In base a quanto sono riuscito a scoprire, i piccoli intrighi provinciali si riferiscono alla storia seguente.

Beurling lavorava insieme a Vigo Lindstein alla costruzione degli *app*, ma la collaborazione fra i due non andava sempre liscia. Una volta Beurling andò a casa di Lindstein e vi rimase fino a tarda notte. Anche la moglie di Lindstein, May, era in casa, e Beurling cominciò a chiederle con tono aggressivo quanto sapeva di ciò che bolliva in pentola, manifestando alcuni dubbi sul fatto che sapesse mantenersi discreta al riguardo. I Lindstein ritenevano che Beurling si fosse comportato in modo molto grossolano e sgradevole con loro. Quando in seguito May venne a sapere da sua suocera che, a una festa, un parente di Beurling aveva affermato di aver avuto da lui informazioni dirette a proposito del progetto, i Lindstein decisero di reagire e riferirono il fatto all'agenzia. Sembra che Thorén abbia usato l'incidente come pretesto per disfarsi di Beurling, sostenendo che aveva la lingua troppo lunga.

Per la cronaca, tutti coloro che hanno conosciuto Beurling sostengano che egli era estremamente taciturno circa il proprio ruolo di esperto in crittologia, anche molto tempo dopo la guerra.

Ciò nondimeno, Beurling avrebbe presto avuto modo di ritornare in auge. Egli diceva di aver portato il lavoro a Upssala con sé, e alcuni suoi ex-collaboratori all'agenzia andavano a trovarlo a proprie spese per averne i consigli. "Senza vantarmi, posso dire di essere stato il leader intellettuale dell'agenzia. Certo, questo stato di cose non poteva durare indefinitamente; per questo mi si fece ritornare alla FRA".

Pur essendo impiegato nuovamente come consulente, Beurling lavorava soprattutto a Uppsala, tenendo le carte in una cassaforte del dipartimento di matematica, al n° 18 di Trädgårdsgatan. Egli di fatto abitava nella stessa strada, tre isolati più in là, al n° 12. La sua prima rimunerazione fu di 6.000 corone svedesi, un'aggiunta sostanziale al suo stipendio di professore.

Tra coloro che andavano a trovare Beurling a Uppsala ci fu Robert Themptander, un giovane che era all'agenzia fin dagli inizi. Nella primavera del 1939 egli lavorava per la Thule, una compagnia di assicurazioni e, per fare carriera, aveva cominciato a studiare matematica all'università. Il suo capo alla Thule era il comandante C.-O. Segerdhal, dotato di un dottorato in matematica delle assicurazioni e di buoni contatti al dipartimento di crittografia del QGSMD. Themptander doveva fare il servizio militare come coscritto, quando Segerdhal gli chiese se non preferiva evitare l'addestramento militare e starsene in abiti civili. La risposta fu ovvia e, dopo una settimana "con gli scarponi", fu convocato dal capitano Åke Rossby e dal comandante Eskil Gester alla Casa Grigia.

Insieme a due altri coscritti, Sven Storck e Bengt Fåhræus, entrambi linguisti, fu mandato al n° 7 di Lützengatan, dove trovò Åke Rossby e una squadra costituita da Åke Lundqvist, Olle Sydow, Gunnar Morén e da una segretaria, Eva Löfvenmark. I mesi estivi trascorsero sulla crittologia generale, in un'atmosfera congeniale. Quando cominciò la guerra, il 1° settembre, l'intera squadra si trasferì in un ampio ufficio della Casa Grigia. Qui Themptander incontrò Arne Beurling per la prima volta. Tutti meno Beurling, che era un "volontario", dovevano indossare l'uniforme, benché Åke Lundqvist insistesse sempre nel portarsi dietro un ombrello, non proprio in conformità con il regolamento. Beurling cercava di mimetizzarsi in qualche modo, indossando una giacca militare al posto di quella civile.

Themptander e Beurling andavano d'accordo. Il giovane studente, che aveva appena iniziato gli studi di matematica, trovò amichevole l'insigne professore, a volte persino cameratesco, e da allora iniziò un'amicizia che durò per tutta la vita. In seguito, durante la permanenza di Beurling a Princeton, Themptander ebbe l'occasione di recarsi più volte a New York per affari e trovò sempre il tempo di andare a visitare il collega dei tempi di guerra. Riferì di essere stato invariabilmente accolto con la medesima cordialità e trattato come un amico di famiglia.

Ma siamo ancora agli inizi degli anni quaranta. Themptander fu prima messo a lavorare al "codice spazzatura" tedesco, così come Åke Lundqvist lo definiva, poi andò a Krybo dove si occupò del traffico della flotta russa del Baltico, descritto in precedenza. Dopo essere stato trasferito a Karlaplan, gli fu richiesto di studiare un sistema che a suo tempo sarebbe diventato un altro trionfo di Beurling, la cosiddetta doppia trasposizione.

14. La doppia trasposizione

In una relazione della FRA, Åke Lundqvist ebbe a scrivere:

> Nel settembre e ottobre del 1940 furono localizzati due agenti radio trasmettenti, presumibilmente di stanza nell'Europa continentale. Essi usavano gli identificativi *CDU* e *MCI*, e i loro corrispondenti erano evidentemente di base in Inghilterra. Si pensava che il sistema di cifratura fosse una trasposizione e il testo in chiaro probabilmente russo.
>
> Nel giugno dell'anno successivo l'ambasciata britannica a Stoccolma cominciò a mandare a Londra dei messaggi di tipo alquanto diverso da quello del normale traffico diplomatico. Identificati dal trigrafo *CXG*, essi presentavano una forte somiglianza con il materiale *CDU*. Risultò che il sottostante testo in chiaro era costituito dai digrafi 01-45. La trasposizione usata fu ritenuta troppo difficile da attaccare con speranza di successo.

Il materiale fu consegnato a Themptander che, in agosto, riuscì a stabilire che il testo in chiaro era codificato da digrafi numerici. La cifratura – una doppia trasposizione – era poi fatta a livello numerico (monografo). Il compito che Themptander doveva affrontare era scoraggiante, ma egli fu abbastanza furbo da chiedere aiuto là dove poteva trovarlo: andò a Uppsala a consultare Beurling.

La conclusione che il testo in chiaro era costituito dai digrafi 01-45 era motivata dall'osservazione che i numeri da 0 a 3 erano due volte più frequenti di quelli da 5 a 9, con il 4 di frequenza intermedia. Il fatto che non ci fossero ripetizioni ma piccoli gruppi di numeri bassi, fece pensare alla trasposizione come metodo di cifratura.

Per capire questo meccanismo, contiamo le frequenze delle dieci cifre presenti nel pacchetto dei digrafi 01-45 e troviamo:

0	1	2	3	4	5	6	7	8	9
13	14	14	14	11	5	4	4	4	4

Certo, la differente frequenza delle lettere del testo in chiaro modifica la distribuzione, ma l'idea principale resta la stessa. Di fatto, se il materiale non è poco, le frequenze esatte possono costituire un aiuto nel definire quale sia la lingua usata.

Vediamo ora quale effetto ha una doppia trasposizione rettangolare su un messaggio. Per illustrare il metodo, supponiamo che il messaggio sia costituito da digrafi della forma *oX*. Qui la prima cifra, lo *o*, rappresenta una qualunque delle cifre 0-4 (si ricordi che solo queste possono comparire come le prime cifre di un digrafo in chiaro), mentre la seconda, la X, è arbitraria. Supponiamo che il messaggio nella sua forma originale consti di 120 caratteri:

$$oXoXoXoXoXoXoXoXoX \ldots oXoXoX \text{ (240 cifre)}$$

Le cifre (monografi) sono ora disposte in un rettangolo 20 x 12:

6	3	11	7	5	1	10	8	12	2	9	4	(*chiave*)
o	X	o	X	o	X	o	X	o	X	o	X	
o	X	o	X	o	X	o	X	o	X	o	X	
o	X	o	X	o	X	o	X	o	X	o	X	
....												
....												
o	X	o	X	o	X	o	X	o	X	o	X	

Qui il numero delle righe è 20.

La cifra intermedia, generata leggendo le colonne nell'ordine dato dalla chiave della trasposizione, viene ora scritto in un secondo rettangolo di trasposizione, questa volta di tipo 16 x 15:

11	6	1	8	14	3	12	15	4	2	7	13	5	9	10
X	X	X	X	X	X	X	X	X	X	X	X	X	X	X
X	X	X	X	X/	X	X	X	X	X	X	X	X	X	X
X	X	X	X	X	X	X	X	X	X/	X	X	X	X	X
X	X	X	X	X	X	X	X	X	X	X	X	X	X	X/
X	X	X	X	X	X	X	X	X	X	X	X	X	X	X
X	X	X	X	X/	o	o	o	o	o	o	o	o	o	o
o	o	o	o	o	o	o	o	o	o/	o	o	o	o	o
o	o	o	o	o	o	o	o	o	o	o	o	o	o	o/
X	X	X	X	X	X	X	X	X	X	X	X	X	X	X
X	X	X	X	X	X/	X	X	X	X	X	X	X	X	X
X	X	X	X	X	X	X	X	X	X/	o	o	o	o	o
o	o	o	o	o	o	o	o	o	o	o	o	o	o	o/
o	o	o	o	o	o	o	o	o	o	o	o	o	o	o
o	o	o	o	o/	o	o	o	o	o	o	o	o	o	o
o	o	o	o	o	o	o	o	o	o/	o	o	o	o	o
o	o	o	o	o	o	o	o	o	o	o	o	o	o	o/

Il testo cifrato definitivo che ne risulta sarà:

XXXXXXooXXXooooooXXXXXoooXXXooooooXXXXXooo
XXXooooooXX ... ooXXXooooo (240 caratteri)

Così, il testo cifrato sarà costituito da sequenze che alternano in modo
caratteristico X e o. Il messaggio apparirebbe proprio in questo modo se il
testo in chiaro fosse costituito da caratteri dalla prima parte (di lunghezza
dieci) dell'alfabeto. In realtà le sequenze sono molto più difficili da cogliere,
dato che lo o rappresenta i numeri da o a 4 e la X quelli da 5 a 9, equindi non
si può sapere a priori se uno o particolare nel testo cifrato appartiene alla
prima o alla seconda categoria. Tuttavia, di questo schema restano alcune tracce che possono essere sfruttate dal crittoanalista per fare delle ipotesi sulle
misure dei rettangoli di trasposizione.

In questo esempio, la larghezza del primo rettangolo è pari, la qual cosa
conduce a un testo cifrato intermedio costituito da sequenze o di soli o o di
soli X. Con un rettangolo di larghezza dispari il testo cifrato avrebbe al contrario degli o e delle X alternati, ma il principio rimane lo stesso.

Bastino queste osservazioni a indicare come venne affrontata la doppia trasposizione. Condizione necessaria per il successo fu la disponibilità di parecchi telegrammi cifrati con la stessa chiave. Dato che di solito molti telegrammi
venivano inviati ogni giorno, questa condizione fu per lo più soddisfatta.

Dice Lundqvist nel suo rapporto:

> Il professor A. Beurling è riuscito a decifrare sei messaggi inviati in un
> giorno di ottobre. La trasposizione si è rivelata doppia, con rettangoli di
> diverse misure. Le chiavi venivano cambiate tutti i giorni e si riteneva
> che fossero ricavate da parole connesse alla data del giorno. Beurling
> sosteneva che la parte più difficile non era la trasposizione ma l'alfabe-
> to del codice. Egli supponeva che fosse ordinato, ma le sequenze delle
> lettere che apparivano non avevano alcuna somiglianza con l'inglese: si
> trattava di un miscuglio di consonanti, con occasionali sezioni vaga-
> mente pronunciabili....

Vediamo ciò che lo stesso Beurling ha da dire.

I periodi delle cifre basse costituirono il primo punto d'attacco. Essendo
riuscito a mettere insieme qualcosa che somigliava ad un plausibile alfabeto
di digrafi, egli suppose o1=*a*, o2=*b* ecc., ma non trovò alcunché di somigliante ad un testo in chiaro, eccetto la parola "*baltik*". "Avevo un buon amico a
Uppsala, Rickard Ekblom, professore di lingue slave. Gli chiesi se secondo lui

ciò poteva significare qualcosa. Egli scrisse alcune cose e disse: rassomiglia al ceco".

Era proprio ceco, e quindi ben lontano dall'atteso inglese. Infrangere un complicato sistema in una lingua che gli era del tutto ignota, per i gusti di Beurling costituiva una prodezza. Questo fatto chiaramente accrebbe ulteriormente la sua fama nella piccola cerchia di esperti della FRA. Si diceva che egli fosse più orgoglioso di questo risultato che della decifrazione della G-Schreiber.

Dopo questo successo di Beurling, Themptander cominciò sistematicamente la crittoanalisi. Complessivamente, questa pista veniva seguita con continuità, sebbene con il ritardo di alcuni giorni.

Una relazione di Themptander sulla decifrazione di otto messaggi di un solo giorno, terminava nel modo seguente: "Alla fine si deve ricordare che la crittoanalisi di questo sistema è stato un compito estremamente impegnativo, molto affascinante e tale da richiedere una complessa speculazione logica. Anche se non è evidente dalla precedente descrizione, all'inizio le difficoltà apparvero insuperabili. Una crittoanalisi riuscita può essere il risultato di molti errori."

I telegrammi in ceco furono tradotti da Carl Gerber-Davidson, titolare di un master in lingue slave e in seguito impiegato presso gli archivi della FRA. Il loro contenuto rivelò ciò che stava accadendo: l'ambasciata britannica a Stoccolma agiva da intermediaria tra un gruppo di patrioti cechi in Svezia e il governo ceco in esilio a Londra. Il capo del gruppo in Svezia era l'ex consigliere d'ambasciata Vladimir Vaněk. Il suo grado diplomatico era stato innalzato dopo l'occupazione tedesca della Cecoslovacchia nel 1939 – l'ambasciata fu in seguito chiusa – ma egli scelse di restare in Svezia. Vaněk era un nazionalista del genere di Masaryk e il proseguimento naturale della sua missione fu quello di mettersi al servizio del governo in esilio a Londra, rifornendolo di notizie sulla Svezia e la Germania, raccolte da lui stesso e dai suoi amici a Stoccolma.

Vaněk era un uomo di grande cultura, con interessi letterari ed artistici. Egli fondò una società cinematografica, la AB Folkfilm, che produsse un bel cortometraggio sull'estate svedese. Il testo era stato scritto da Harry Martinson, autore famoso e vincitore del premio Nobel. Vaněk era anche molto amico di Amelie Posse, fondatrice del famoso circolo antinazista denominato "Club del martedì", e conosceva molta gente altolocata. Era estremamente ben informato. Incriminarlo di spionaggio non era certo una questione prioritaria, perché il genere di informazioni che forniva tramite i telegrammi decrittati interessava anche la Svezia. Sfortunatamente fra le sue fonti c'erano il ministro svedese per gli affari sociali e il segretario privato del primo ministro Per Albin Hansson. Naturalmente era inaccettabile che Londra sapesse nel pomeriggio ciò che il signor Hansson aveva deciso la mattina. Inoltre, non si sapeva che fine facevano le informazioni una volta giunte a Londra ed era immaginabile che altri paesi potessero leggere lo stesso traffico crittato[1].

Fu pertanto informata la polizia. I telegrammi cifrati, comunque, non potevano essere usati come prova a carico, perché le capacità crittoanalitiche delle autorità svedesi dovevano rimanere segrete. E poi, i giudici potevano non accettarli come prova, a meno che fosse possibile accertare che la difesa aveva avuto accesso alle chiavi usate per cifrarli. Quindi, nella speranza di trovare delle prove per incriminarlo, fu decisa una perquisizione della casa di Vaněk.

In un telegramma egli aveva chiesto a Londra quali pagine del "gran libro rosso" dovevano essere usate per i messaggi del mese successivo. Questa era la sola indicazione della fonte delle chiavi, benché si fosse capito come erano costruite. Robert Themptander faceva parte del gruppo incaricato della ricerca:

Il mattino del 27 marzo 1942 mi recai con la macchina della polizia alla villa di Vaněk a Lindingö. Otto Danielsson guidava l'operazione. I poliziotti entrarono dritti in casa e trovarono Vaněk che si faceva la barba in sala da bagno. Fu autorizzato a terminare, prima di essere portato via. Danielson rimase nella casa e mi disse di cominciare a frugare. A quel tempo la legge imponeva che durante la perquisizione un membro della famiglia fosse presente e la moglie di Vaněk se ne stava lì, seduta sul sofà, piangente. C'era una grande biblioteca ed io andai a cercare il "gran libro rosso". Dopo un po' chiamai Gunnar Berggren, anch'egli coinvolto nel progetto, e gli chiesi di aiutarmi. Alla fine trovammo il libro, che era proprio rosso, ma non particolarmente grande.

In esso Vaněk aveva trascritto delle note e messo dei segni in modo che fummo sicuri che fosse il libro giusto. Il libro era la *Světová revoluce* [Rivoluzione mondiale] di Masaryk.

---

[1] David Kahn sostiene che i Tedeschi decifrarono e lessero molti sistemi della clandestinità ceca, compreso quello di Vaněk.

Quasi tutti i messaggi inviati dall'agosto 1941 alla fine di marzo 1942 erano stati decifrati, soprattutto da Beurling e Themptander, e verso la fine anche da Gunnar Berggren e Stig Comét. Ne rimanevano molto pochi, trasmessi in giorni di scarso traffico. Ora questi si potevano leggere liberamente e il pubblico ministero aveva circa 500 telegrammi da usare come prova in giudizio.

Alla fine di aprile del 1942 fu consegnato alla polizia un rapporto della sezione crittografica redatto da Gunnar Berggren. Era scritto come se l'unica fonte sulla conoscenza del metodo di decifrazione fosse il materiale trovato nella casa di Vaněk. Il rapporto terminava nel modo seguente: "Si deve infine osservare che in pratica è impossibile per chiunque ricostruire il testo in chiaro senza aver accesso alle chiavi".

Nella copia del rapporto che ho in mano c'è un'osservazione, scritta con la mano facilmente identificabile di Åke Lundqvist: "mica tanto vero".

Il rapporto menziona il fatto che tutti i telegrammi recavano l'identificativo *CXG* "il significato del quale non è chiaro". Cinquant'anni dopo, quando Themptander lesse di nuovo il rapporto, esclamò: "Significa ovviamente 'Governo Ceco in Esilio' (Czech Exile Government); come mai non ce ne siamo accorti?"[2].

Il rapporto di Berggren contiene una descrizione particolareggiata del metodo di cifratura. Ecco un esempio del messaggio:

Testo in chiaro:

SUDAR.PACHATEL-ATENTATU-NAN-NĚM.MUNIČNI-
VLAKY-VE-ŠVEDSKU-JE-NĚMECKY-KONSUL-V-MALMOE-
NOLDE.MAME-DUVĚRNĚ-OD-NORU.JLNAS37

Traduzione:

Sudar. Sabotaggio treno munizioni tedesco compiuto da Nolde, console generale tedesco a Malmö. Informazione ricevuta confidenzialmente dai Norvegesi. Jonas 37.

Il testo in chiaro era dapprima codificato mediante l'uso dell'alfabeto digrafico decimale 01-45, a partire dalla data del giorno, in questo caso 08:

---

[2] La spiegazione di Themptander, benché ingegnosa, probabilmente non è vera. Sembra che lo stesso identificativo sia stato usato dagli Inglesi anche in altre questioni.

A	08	T	31
B	09	U	32
C	10	V	33
Č	11	W	34
D	12	X	35
E	13	Y	36
Ě	14	Z	37
F	15	Ž	38
G	16	.	39
H	17	,	40
I	18	–	41
J	19	(	42
K	20	1	43
L	21	2	44
M	22	3	45
N	23	4	01
O	24	5	02
P	25	6	03
Q	26	7	04
R	27	8	05
Ř	28	9	06
S	29	0	07
Š	30		

Il testo in chiaro codificato è pertanto:

29 32 12 08 27 39 25 08 10 17 08 31 13 21 41 08 31 13 23 31 08 31 32 41 23
08 41 23 14 22 39 22 32 23 18 11 23 18 41 33 21 08 20 36 41 33 13 41 30 33
13 12 29 20 32 41 19 13 41 23 14 22 13 10 20 36 41 20 24 23 29 32 21 41 33
41 22 08 21 22 24 13 41 23 24 21 13 13 39 22 08 22 13 41 12 32 33 14 27 23
14 41 24 12 41 23 24 27 32 39 19 21 23 08 29 45 04 0

Lo zero alla fine è aggiunto affinché il numero delle cifre (ora 235) sia divisibile per 5.

Le cifre (monografiche) vengono ora trasposte due volte, controllate da due diverse chiavi ricavate dal libro di Masaryk. Per ogni mese veniva selezionata una pagina del libro: per settembre la pagina 391. Le chiavi sono selezionate nella riga numero otto di quella pagina, dato che la data del giorno è 8. Per la prima chiave, sono necessarie almeno dodici lettere, cominciando dall'inizio della riga e terminando con una parola intera. La seconda chiave è presa dalla fine della riga. Devono venire lette almeno quindici lettere e, di nuovo, essere inclusa una parola intera.

In questo caso la riga incomincia e termina con "*Pakani Profesorstvi ... politicky aneskodilo*"; quindi le sequenze di lettere da usare sono:

PAKANIPROFESORSTVI e POLITICKYANESKODILO.

Per ottenere la chiave della trasposizione numerica, le lettere vengono numerate in ordine alfabetico. Se la stessa lettera appare due volte, alla prima viene dato il numero più basso, e così via. Pertanto:

P	A	K	A	N	I	P	R	O	F	E	S	O	R	S	T	V	I
11	1	7	2	8	5	12	13	9	4	3	15	10	14	16	17	18	6

2	9	3	2	1	2	0	8	2	7	3	9	2	5	0	8	1	0
1	7	0	8	3	1	1	3	2	1	4	1	0	8	3	1	1	3
2	3	3	1	0	8	3	1	3	2	4	1	2	3	0	8	4	1
2	3	1	4	2	2	3	9	2	2	3	2	2	3	1	8	1	1
2	3	1	8	4	1	3	3	2	1	0	8	2	0	3	6	4	1
2	2	4	1	1	9	1	3	4	1	2	3	1	4	2	2	1	3
1	0	2	0	3	6	4	1	2	0	2	4	2	3	2	9	3	2
2	1	4	1	3	3	4	1	2	2	0	8	2	1	2	2	2	4
1	3	4	1	2	3	2	4	2	1	1	3	1	3	3	9	2	2
0	8	2	2	1	3	4	1	1	2	3	2	3	3	1	4	2	7
2	3	1	4	4	1	2	4	1	2	4	1	2	3	2	4	2	7
3	2	3	9	1	9	2	1	2	3	0	8	2	9	4	5	0	4
0																	

Il testo cifrato intermedio si ottiene leggendo le colonne nell'ordine dato dalla chiave di trasposizione in alto. Esso è poi trascritto nel secondo rettangolo, la larghezza del quale è in questo caso 19:

P	O	L	I	T	I	C	K	Y	A	N	E	S	K	O	D	I	L	O
16	13	10	5	18	6	2	8	19	1	12	4	17	9	14	3	7	11	15

9	7	3	3	3	3	2	0	1	3	8	3	2	2	8	1	4	8	3
1	0	1	1	2	4	9	3	4	4	3	0	1	2	2	0	1	3	4
0	7	1	2	2	1	3	1	0	2	1	2	2	3	2	1	8	2	1
1	9	6	3	3	3	1	9	0	3	1	1	1	0	3	2	4	2	7
7	4	3	0	3	1	1	1	4	2	4	4	2	1	3	1	3	0	2
4	4	1	3	3	2	1	4	1	2	2	3	2	2	3	4	2	2	2
1	1	2	2	0	2	2	2	1	1	2	2	1	3	2	2	2	1	2
2	2	3	3	1	3	1	0	2	3	0	0	1	3	3	3	3	1	4
4	2	4	2	2	8	3	1	9	3	0	3	1	1	4	1	4	1	5
8	3	3	0	2	4	3	1	3	3	3	9	9	1	1	2	8	3	3
4	8	3	2	1	8	0	3	0	1	3	2	2	2	2	3	1	2	4
8	1	8	8	6	9	2	9	2	9	4	4	5	1	1	4	1	4	2
1	3	2	2	2	2	0												

Il secondo testo cifrato viene letto dall'alto in basso, nell'ordine indicato dalla chiave di trasposizione, e trascritto in pentagrafi. Il telegramma finale, come è visto dagli intercettatori svedesi, appare nel modo seguente:

SSS Stockhom   6541 53W 9/9 1215 etat
Minimise London
CXG 390 235 8 34232 21333 19293 11121 33020 10121 42312
34302 14320 39243 12303 23202 82341 31222 84892 41843 22348
11031 91420 11932 23012 33112 13116 31234 33828 32202 11132
48311 42200 33470 79441 22381 38223 33234 12134 17222 45342
91017 41248 48121 21221 11825 32233 30122 16214 00411 29302

I numeri che seguono immediatamente CXG sono quello del telegramma, il numero delle cifre nel testo cifrato e la data.

Terminiamo questa esposizione di un interessante capitolo della storia della crittoanalisi e della raccolta di informazioni con un breve resoconto di alcuni punti fondamentali trattati nei rapporti su Vaněk. Si osservi che i rapporti a volte erano poco accurati e che sono stati smentiti dalla storia.

- Pressione tedesca sulla Svezia riguardo alla consegna di carbone. Quattordici mercantili tedeschi hanno trovato riparo dagli attacchi aerei russi presso Dalarö [nell'arcipelago vicino a Stoccolma].
- Il console generale svedese a Praga sembra simpatizzare per i nazisti. Attenzione.
- Göring agli arresti domiciliari a Karinhall.
- Messaggio confidenziale: Möller, Ministro svedese per gli Affari Sociali, va in Finlandia per tentare una mediazione nel conflitto russo-finnico. Offre l'aiuto della Svezia sotto forma di consegna di prodotti alimentari.
- La "zia" di Göring conferma gli arresti domiciliari. La Finlandia cesserà le operazioni dopo l'occupazione di Leningrado.
- Di ritorno dal solito giro. La nostra rete è dovunque installata.
- Tanner [Ministro del Governo Finlandese] ha visitato Per Albin Hansson [Primo Ministro Svedese]. T dice che i Tedeschi vinceranno. H è contrariato, ha disdetto una visita e interrotto le relazioni con T.
- Prevista un'azione congiunta anglo-svedese a Petsamo [ex territorio finlandese lungo la costa del mare Artico] in caso di rinnovata richiesta tedesca di transito [di soldati tedeschi attraverso la Svezia]. La Svezia rifiuterà, anche se ciò significa guerra con la Germania [in realtà è andata diversamente].
- Ribbentrop minaccia aspramente l'ambasciatore svedese a Berlino se con-

tinueranno le "provocazioni". Guerra di nervi. Si dice che i Tedeschi prepa-
rino 40 divisioni per invadere la Svezia.

- Schnurre [dell'ambasciata tedesca a Stoccolma] ha minacciato Günther [Ministro svedese per gli Affari Esteri] con tutta la potenza della marina tedesca se non verranno rilasciate le navi norvegesi [trattenute dagli Svedesi].
- La Germania richiede biancheria in lana per le truppe di Dietl. La Svezia rifiuta.
- Affitto di 200 automobili all'esercito tedesco compensato con consegne di nickel. L'informazione è riservata.
- In Germania, negli ospedali viene sperimentato un nuovo gas bellico, anche su feriti incurabili.
- Pressioni tedesche sulla Svezia per un cambio di governo. Vogliono Nothin e Thörnell. Non sanno che N è antifascista, così come T, dopo che le forze armate svedesi sono state ammodernate?
- I dispacci sono arrivati, cuciti nella cintura blu.
- Si prevede la fuga delle navi norvegesi da Göteborg, con l'aiuto svedese (secondo un ufficiale della marina svedese).
- Un ufficiale svedese dello Stato maggiore generale ha detto che in caso d'invasione inglese della Norvegia, la Svezia occuperà Trondheim e Narvik. Potrebbe tener duro per tre mesi.
- Porti e fabbriche verranno distrutti in caso di invasione della Svezia. Sono in corso i preparativi. La difesa aerea è buona, la precisione di tiro un po' meno. Preparativi per affrontare operazioni di atterraggio sono in corso nell'arcipelago fuori Stoccolma.
- In un recente convegno i socialisti concordano sulla richiesta di abdicazione del re in caso voglia capitolare [si riteneva che il re avesse inclinazioni filotedesche].
- Istruzioni per bombardare le officine della Skoda [in Cecoslovacchia]. Un gruppo di ufficiali tedeschi in giro d'ispezione viene attratto in un forno elettrico e bruciato a morte da patrioti.
- Si dice che Ryti [il Presidente finlandese] stia dalla parte dei Tedeschi. Impossibile una pace separata [con l'URSS]. L'ordine [decorazione] svedese a Mannerheim [comandante supremo finlandese] è solo un atto di cortesia, richiesto dallo stesso M.

L'ultimo messaggio è del marzo 1942. Vaněk fu condannato a tre anni e mezzo di carcere.

15. Operazione Barbarossa

Alla fine del 1940 la sezione 31 aveva raccolto qualcosa come 110 km di nastro di carta e rilasciato 7.000 messaggi in chiaro. Queste cifre, già di per sé notevoli, furono poca cosa rispetto a ciò che doveva arrivare in seguito.

Il 23 dicembre 1940 l'ambasciata tedesca chiese una linea telex diretta all'*Auswärtiges Amt* [Ministero degli Affari Esteri] di Berlino. La richiesta fu accolta poco dopo, ma la linea venne installata molto più tardi, il 26 maggio 1941. I messaggi trasmessi attraverso questa linea venivano cifrati con una G-Schreiber, le cui ruote dentate differivano da quelle della variante militare. Ma questo era solo un grattacapo secondario.

Il gruppo 31n, raccolta del traffico via cavo, era rimasto sostanzialmente immutato fin dalla sua formazione, tranne che per il fatto di aver traslocato al quarto piano della casa, sul cortile. Qui occupava tre stanze: la vecchia cucina, il salotto e la camera della servitù. Gli addetti alla ricezione furono messi nel salotto e la cucina fu riservata ad incollare i nastri.

A Capo Elfvik venne formato un gruppo di compilazione, denominato 31m, con il compito di sfruttare in modo più sistematico il materiale tedesco decifrato. Ne fu messo a capo Artur Hansson, un ex ufficiale di marina addetto alle segnalazioni. Johannes Sönderlind, già impiegato come intercettatore, fu trasferito al 31m per via della sua conoscenza del tedesco. Dopo il periodo di lavoro al MAE, finì come professore d'inglese all'università di Uppsala. Con suo dispiacere, il gruppo dovette trasferirsi dalla lussuosa villa di Lindingö al cadente edificio di Karlaplan. Ora comunque tutto ciò che riguardava i Tedeschi era concentrato in un solo luogo e vi sarebbe rimasto per quasi tutto il resto della guerra.

Copie di tutti i messaggi decifrati venivano consegnate al 31m, dove erano selezionate in base al contenuto. Poi venivano fatte compilazioni per aree diverse. Venne istituito uno schedario degli uomini di guerra tedeschi, ed anche delle unità dell'esercito e dell'aviazione. Del massimo interesse erano i *Gebirgskorps Norwegen* e la *Luftflotte 5*. Su un grande tabellone comparivano tutti i porti di rilievo e la posizione delle navi da guerra era indicata da alcuni cerchietti. I cerchietti erano di varia misura e colore a seconda del tipo di nave e venivano spostati in base alle informazioni sul loro movimento. La corazzata *Tirpitz* rimase ferma ad Altafjord durante la primavera, mentre la gemella *Bismarck* partì per la sua ultima spedizione in maggio. Prima del suo affondamento, avvenuto durante un suo viaggio a Brest, la *Bismarck* riuscì a distruggere o danneggiare gravemente due corazzate britanniche.

22 giugno 1941

L'attacco tedesco all'Unione Sovietica[1] fu senza dubbio altrettanto sorprendente degli attacchi alla Danimarca e alla Norvegia. Era stato previsto in molte
parti del mondo. Attraverso i messaggi decrittati dalla G-Schreiber le autorità
svedesi sapevano con precisione la data dell'attacco. Non solo lo sapevano i
generali, ma anche le ragazze addette agli *app*.

Birgit Asp e Gertrud Hirschfeld non dimenticheranno mai ciò che lessero
sulla banda cartacea che usciva da un *app*: i soldati tedeschi avrebbero ricevuto doppia paga per l'invasione dell'Unione Sovietica. Birgit ricorda il subbu-
glio nel proprio stomaco quando lesse degli eventi storici prim'ancora che
accadessero. Gertrud ricorda ufficiali di alto grado in piedi dietro di lei, che
leggevano i nastri da sopra le sue spalle. Non credo che Birgit e Gertrud abbiano mai pensato di lasciarsi scappare qualcosa su ciò.

La direzione militare svedese seppe così che, nonostante i minacciosi movimenti di truppe, la Svezia non sarebbe stata coinvolta. Il generale Thörnell,
comandante supremo, e Thorén, capo della FRA, concordarono una mossa
ingannevole. Alcuni ministri del governo e ufficiali del QGSMD ricevettero il
permesso di partecipare alle feste di mezza estate. Ma gli intercettatori furono
messi in stato di massima allerta.

Erik Boheman, nelle sue memorie *På vakt. Kabinettsegreterare under andra
världskriget* [In guardia. Il segretario di gabinetto durante la seconda guerra
mondiale] (Stoccolma, 1964, in svedese) parla di ciò che si sapeva nei circoli
governativi svedesi. Per ovvie ragioni, egli aveva solo idee molto vaghe sugli
aspetti crittoanalitici ma, nel suo libro, il pubblico svedese poté leggere per la
prima volta che la FRA aveva infranto i sistemi germanici durante la guerra.

Boheman incontrò l'ambasciatore britannico Stafford Cripps a Mosca, a
metà giugno. Cripps non credeva che i Tedeschi avrebbero attaccato l'Unione
Sovietica e stava per trasmettere informazioni al proprio governo. Senza rivelare in alcun modo le proprie fonti, Boheman gli disse che l'attacco sarebbe
iniziato tra il 20 e il 25 giugno. Più tardi Boheman ricevette una lettera di ringraziamento da Cripps. Quando in seguito incontrò Churchill, Boheman si
rese anche conto che l'informazione data a Cripps gli tornava utile.

I tedeschi richiesero e ottennero altre linee in transito: tra Berlino e
Helsinki, il 23 giugno, tra Helsinki e Oslo il 24 e tra Rovaniemi e Oslo il 28.

A Karlbo, nonostante gli sforzi per trovare nuove apparecchiature e nuovo
personale, divenne impossibile tener dietro al traffico sempre maggiore. Si

---

[1] Nome tedesco in codice, *Barbarossa*.

dovette introdurre un nuovo stadio nel processo, quello dello "scannatoio", dove il materiale in arrivo veniva setacciato, vagliato e gli veniva assegnata una priorità: in breve, veniva "scannato".

Già in maggio si decise di ammodernare le apparecchiature riceventi. A questo riguardo, la responsabilità tecnica fu trasferita dalla TELECOM alla sezione crittografica. Non fu tuttavia interrotta la stretta collaborazione con il dipartimento trasmissioni della TELECOM, che continuava ad essere responsabile delle intercettazioni e dei ricevitori telegrafici tonali delle stazioni a relè. Dodici ricevitori telegrafici tonali furono ordinati alla LM Ericsson. Essi furono consegnati il 22 agosto ed entrarono in funzione intorno al 24. Ericsson riuscì a produrli a tempo di record, almeno in parte grazie alle indefesse pressioni esercitate da Thorén. I tecnici del dipartimento di crittologia ricevettero ulteriori risorse, sotto forma di attrezzature e strumenti di misura destinati a tenere l'equipaggiamento in buon ordine.

Il carico di lavoro delle principesse della colla fu alleggerito quando il capo del 31n, William Jonsson, un ingegnere, costruì una macchina per incollare in maniera continua. La banda di carta passava su una lattina di colla per essere poi avvolta su un cilindro rotante al quale era fissato un foglio di carta A4. Quando, dopo 25 giri, il foglio era riempito, una lama lo tagliava mentre passava disteso su una fessura del cilindro. Il risultato erano 25 righe di nastro ordinatamente incollate e la velocità d'incollatura moltiplicata per quattro.

Gli uomini venivano reclutati soprattutto fra i coscritti. Per trovare le donne, si dovevano escogitare speciali trucchi. Da parte di Sven Hallenborg e Åke Rossby furono tenuti a Uppsala alcuni corsi di crittologia; forse anche Beurling vi ebbe una parte. In questo modo, circa venti studentesse vennero reclutate come "Lottas" (o volontarie) di marina, con il rango di vice capogruppo. Una di queste, studentessa di tedesco, fu Ulla Flodqvist, che racconta la storia seguente:

Ci specializzammo in vari campi, senza avere alcuna idea della condotta e della disciplina militari. Gli ufficiali di professione pensavano probabilmente che non fossimo rispettose. Per ciò che mi riguarda, lavoravo alla "ripulitura". Questa operazione seguiva quelle eseguite nello "scannatoio", dove i messaggi erano ordinati in base alla loro importanza. Era richiesta una buona conoscenza del tedesco. Dovevamo correggere gli errori, curare i testi da battere a macchina, mettere i punti e le virgole, più le maiuscole dove necessario, nonché l'inizio dei paragrafi. Inoltre dovevano essere tradotti i segnali della stazione e le abbreviazioni di difficile comprensione.

Di tanto in tanto uno del nostro gruppo controllava con quelli degli *app* per vedere se era arrivato qualcosa di abbastanza importante da meritare immediata attenzione. Per esempio, se arrivava un messaggio dell'OKW (*Oberkommando der Wehrmacht*), segnato *Chefssache*, *Geheime Kommandosache. Nur durch Offizier.* dovevamo provocare dei disturbi allo scopo di costringere la parte ricevente tedesca a chiamare alla G-Schreiber un ufficiale che prendesse in consegna il messaggio.

Il gruppo di ripulitura, designato 31f, era capeggiato da Harry Högqvist e Sven Johansson, con Ulric Lindencrona come vice. Un *promemoria per la ripulitura* di 16 pagine conteneva le istruzioni per affrontare i più o meno impossibili problemi che un ripulitore poteva trovarsi di fronte. Il lavoro veniva compiuto in turni di sei ore, ma nei momenti di crisi l'orario poteva allungarsi. Il lavoro dei ripulitori era estremamente importante, dato che le interpretazioni erronee facevano perdere di significato ai telegrammi. Alcuni esempi:

- All'inizio della campagna tedesca in Russia, nei telegrammi apparvero numerosi toponimi russi. Una combinazione tra gli errori di battitura e le cattive carte geografiche comportò, almeno all'inizio, rischiose ipotesi. A volte si facevano cambiamenti non necessari: *Gebirgskorps* [truppe di montagna] fu "corretto" in *Gebirgskoje*, qualcosa di somigliante al nome di un villaggio russo.
- *Kafae Norwegen* diventò *Café Norvegen*: la correzione giusta era *Jafue Norvegen*, vale a dire *Jagdführer Norvegen* [Comando combattente Norvegia].
- In un telegramma, una forza navale britannica di considerevoli dimensioni risultò *Vo Senk*, corretto in *Versenkt*, equivalente ad "affondata". Ciò avrebbe significato una grave perdita per gli Alleati. La giusta correzione doveva essere *Vor Anker*, vale a dire "all'ancora".

Dopo la ripulitura, i telegrammi venivano consegnati alle dattilografe, che subito ne facevano quattro copie. Collegamenti rapidi alimentavano in continuazione di carta le dattilografe.

C'erano momenti febbrili. Il comandante Thorén descrive la situazione nei termini seguenti:

L'estate del 1941 fu, in aggiunta a tutto il resto, molto calda. Vi furono molti casi di svenimento e superlavoro. Un rimedio parziale consisteva nel dare vitamine ai turnisti. Il turno di notte riceveva razioni supplementari. Altre misure non erano possibili: i compiti dovevano essere assolti senza interruzione.

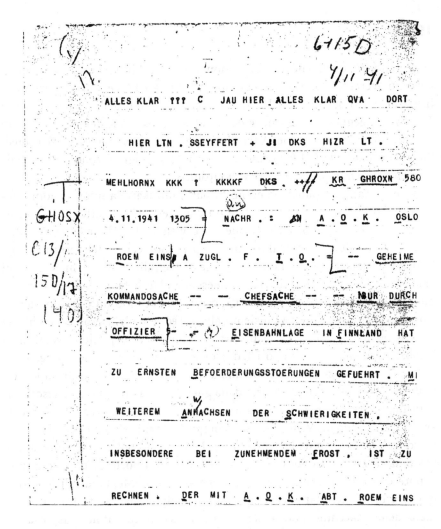

Alla *ripulitura*, i telegrammi decifrati venivano redatti e corretti prima di esseri battuti a macchina

Con l'aumento di personale, il sovraffollamento divenne grave, benché fin dalla primavera del 1941 gli ultimi inquilini civili della casa fossero stati costretti a sloggiare. Dietro questa decisione c'erano anche problemi di sicurezza: il ticchettio delle macchine giorno e notte aveva provocato attenzioni indesiderate. Alla fine di dicembre, la sezione tedesca di Karlbo era composta da 94 persone. Il numero di telescriventi riceventi era 19 e il numero degli *app*, vale a dire delle macchine per la decifratura, 10. Nel 1941 furono ricevuti 805 km di nastro e consegnati 41.400 telegrammi decifrati.

1942

La quantità e la qualità delle informazioni prodotte ebbe un effetto positivo sul governo, accrescendone la disponibilità a continuare la spesa per l'operazione. In un incontro dell'inizio del 1942 fra i rappresentanti della sezione 31, della TELECOM (ingegner S. Janssen,) e della LM Ericsson (Lindstein), fu deciso di allargare il parco macchine. Altri dieci *app* e 60 ricevitori telegrafici tonali furono ordinati alla LM Ericsson. In più, 50 telescriventi furono ordinate alla Siemens, cosa non priva di un risvolto ironico.

Questi piani d'espansione erano in parte motivati da informazioni ottenute intercettando le linee telefoniche tedesche (fatte dalla LKA, *Ledningkontrollavdelningen* [sezione supervisione linee] della TELECOM): i tedeschi prevedevano l'installazione di un grande centro telescriventi nella loro ambasciata. Ciò fu confermato anche da sopralluoghi informali tedeschi alla TELECOM. Dal punto di vista svedese, l'ambasciata tedesca non era un buon posto in cui installare un simile centro. Invocando tutte le scuse tecniche che riuscirono a mettere insieme, alla TELECOM convinsero i Tedeschi che l'unico posto possibile era la propria stazione relè per telescriventi sulla Jacobsbergsgatan. Dopo un po' i Tedeschi accettarono questa soluzione.

La TELECOM non era stata fortunata quando aveva cercato di importare materiale di questo tipo. All'inizio della guerra aveva ordinato 60 telescriventi in Inghilterra. Prima che fossero consegnate, la Danimarca e la Norvegia erano state occupate. Vennero allora compiuti alcuni tentativi per ricevere la merce per aereo tramite l'Olanda, ma prima che ciò potesse avvenire, anche l'Olanda fu invasa. Dopodiché l'*SS Atos* uscì da un porto britannico a tutto vapore con 60 telescriventi e 30 *teletype* americane, tentando di forzare il blocco tedesco nel Mare del Nord. L'*Atos* fu colpita ma, per fortuna, circa la metà delle macchine poté essere tratta in salvo ed infine trasportata a Stoccolma.

Åke Svensson cominciò a lavorare per il 31n nella primavera 1942, come intercettatore del traffico via cavo. Egli fu presto promosso vice capogruppo e incaricato di trovare nuove apparecchiature. Per questo dovette andare all'ufficio TELECOM della Brunkebergsgatan a cercare di ottenere nuove consegne di telescriventi. L'addetto alla trattativa per conto della TELECOM era un tale Henrik Bengtsson, un burocrate con un titolo pomposo. Bengtsson per di più era il padre della migliore amica della moglie di Svensson e, come tale, concesse al giovane Svensson di chiamarlo per nome o meglio, come allora si usava, di chiamarlo "zio Henrik". Ciò era motivo di disagio per Åke Svensson, che avvicinava "lo zio" con la speranza di ottenere un maggior numero di telescriventi, anche se forse questa circostanza ne migliorò la disposizione. Infatti, i tentativi di Svensson ebbero parecchio successo. Inoltre, "zio Henrik" presto suggerì che si chiamassero a vicenda "veramente" con il nome proprio.

Henrik Bengtsson fece di tutto per trovare altre telescriventi. Alcuni utenti ne furono privati e dovettero ripiegare sui vecchi segnalatori Morse. Inoltre, ad alcuni abbonati privati di Stoccolma fu negato l'uso delle macchine (allora tutta l'attrezzatura veniva data in affitto dalla TELECOM). Ovviamente, non solo Karlbo strepitava per avere telescriventi: l'intero sistema difensivo aveva un acuto bisogno di ogni sorta di equipaggiamento per comunicazioni.

16. Il posto di lavoro

Nella casa al n° 4 di Karlaplan c'era una chiara gerarchia. Al secondo piano abitavano il custode e il suo sostituto. Inoltre, vi erano locali adibiti al riordino e ad altri compiti più umili. Al terzo piano erano ospitati lo "scannatoio", la ripulitura e le dattilografe; al quarto le intercettazioni via cavo e finalmente al quinto gli uffici dei crittoanalisti. Un po' al di fuori da quest'ordine sommario stavano le principesse della colla, che lavoravano nelle immediate vicinanze degli intercettatori, e gli *app*, che insieme agli operatori erano sistemati al quinto piano.

Ci sono molte testimonianze sulle miserevoli condizioni di lavoro a Karlbo. Cito da un rapporto del vice capo del gruppo 31f Sven Johansson, in data gennaio 1942:

[a proposito delle dattilografe].... Essere in otto persone a lavorare in una stanza di 14,5 mq. comporta fastidiosi disagi. Solo la buona volontà degli impiegati lo rende tollerabile. È comunque inconcepibile che ciò possa continuare per molto tempo senza mettere a repentaglio la salute del personale.... [a proposito degli addetti alla ripulitura] In ciascuno degli uffici più piccoli (sui 10,5 mq. ciascuno) devono lavorare contemporaneamente fino a sei persone. Nell'ufficio più grande (17,5 mq.) un tavolo di disimpegno e un armadio occupano 7,5 mq. lasciando 10 mq. per cinque o sei persone. Lo spazio ristretto rende difficile star dietro a tutte le carte e il rischio che i documenti vengano smarriti è grande....

La cucina è usata per la selezione delle carte. Non c'è spazio per archiviare o per mettere da parte il materiale da usare in un secondo tempo.

Oltre alla mancanza di spazio, le stanze sono in condizioni cattive, per non dire antigieniche. I ventilatori non funzionano e per avere un po' d'aria fresca l'unico modo è quello di aprire le finestre. Con le attuali basse temperature [i primi due inverni di guerra furono eccezionalmente freddi] le stanze devono essere evacuate prima che si possano aprire le finestre. Il riscaldamento avviene con stufe a piastrelle alimentate a legna e il fumo che producono è difficile da disperdere. Le finestre hanno tante di quelle fessure che gli scuri e i tendaggi per l'oscuramento devono essere usati anche di giorno e per lavorare è necessario tener accesa la luce elettrica tutto il giorno. I tubi dell'acqua sono gelati e il cesso non funziona.

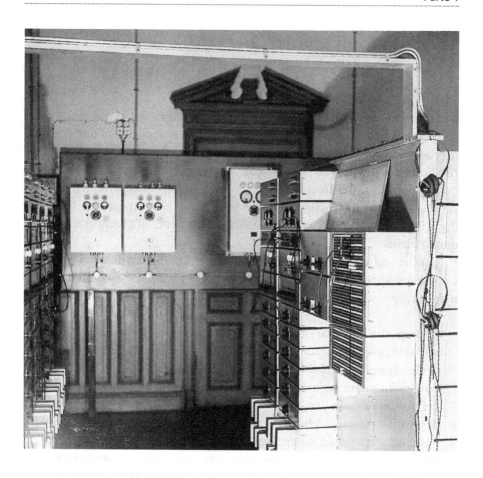

Radio ricevitori a Karlbo. Sul fondo si possono vedere i pannelli di legno e il cornicione
di una porta, entrambi testimoni di altri tempi e altre circostanze

Com'è facile immaginare, il rapporto si conclude con un'accorata invoca-
zione di miglioramenti.

In altri rapporti si legge: "... La stanza prima adibita alla servitù può contenere solo uno "scannatore" e il suo aiutante, più un tavolo di disimpegno. Lo
scannatore ha bisogno di calma e riservatezza. La stanza di sopra ospita sei
persone. Le altre 13 devono arrangiarsi in salotto..."

Ulla Flodkqvist riferisce: "Eravamo in sette o otto persone in una stanza,
con una sola finestra e una stufa a piastrelle nell'angolo. La stufa era spesso
accesa e lì vicino faceva molto caldo, mentre vicino alle finestre il freddo esterno si faceva sentire. L'arredamento era esiguo: due tavoli in masonite, accosta-

Lavoro segreto nell'ex cucina. Si noti la stufa a legna con relativa cappa

ti tra di loro in modo da formare un'unica superficie, con tutti noi seduti intorno, su sedie da cucina. Non c'era spazio per altro. Lavoravamo sodo con pochi ma indispensabili intervalli. Allora ci raccontavamo barzellette e pettegolezzi e per un po' era tutto molto allegro. Fino a quando non si doveva lavorare di nuovo senza posa. Ma la verità è che ci piaceva!".

Ripulitura e battitura a machina, il gruppo 31f, dove il prodotto finito prendeva forma, aveva un certo ruolo da supervisore. In particolare si pensava che le principesse della colla e le addette agli *app* avessero bisogno di assistenza, almeno secondo il "promemoria per i capi turno": per ogni turno di lavoro veniva designato un membro del gruppo 31f come capo turno.

PM för passchefer.

Passchef skall minst en gång i timmen underrätta sig om huruvida
SB 1 och övriga SB- kanaler klistras, och komma ner, registreras och skickas
upp till 31 g, skrives ut och sändas ner. Övervakning måste ske inte blott
en gång på passet utan upprepade gånger, ty annars kan befaras att så ej
sker.

Övervakningen . bör börja med att passchefen går upp till 31 n,
läser på remsorna i maskinerna och uppmanar klisterflickorna att klistra så
fort som möjligt. Sedan ser passchefen till att listföraren omedelbart re-
gistrerar dessa kanaler och skickar upp dem till 31 g. Förfrågningar om SB-
kanalerna, i första hand SB 1, skola ofta göras på 31 g hos vakthavande
flicka och då gäller att ej vara släpphänt utan se till att 31 g verkligen
gör vad de kan. Urfasade umum på SB 1 få ej godtagas förrän passchefen för-
vissat sig om att det verkligen inte går att komma vidare. Likaså måste 31
g påminnas om att SB 1 skall klistras så fort som möjligt och separat
skickas ner till passchefen.

Passchef bör dessutom städse 1 à 2 gånger pr pass läsa igenom press-
blanketterna (och med lämpligt tecken utmärka hur långt han läst).

Avgående passchef kl. 23 informerar i lämpliga ordalag pågående nattvakt om vad som kan väntas eller är av intresse.

Pågående passchef kl. 7 förhör sig hos avgående nattvakt om vad som
hänt.

Påbjudes skärpt övervakning i allmänhet eller av viss kanal i synner-
het skall passchef på liknande sätt övervaka alla kanaler eller viss kanal.

Conricus   C   Larsson C.G.
Myrin   M   Leufvenmark
Lettström   Åberg
Karlberg   Ahlberg
Cederholm   Brötje

Traduzione:

Promemoria per i capi turno

Una volta ogni ora il capo turno deve informarsi se l'SB1 e altri canali SB[1] sono stati incollati, registrati e spediti su al 31g, battuti a macchina e rimandati giù di nuovo. Non è sufficiente controllare una volta per turno; il controllo va fatto più volte, altrimenti c'è pericolo che non venga fatto nulla.

Il controllo deve iniziare con il capo turno che va su al 31n, *legge i nastri sulla macchina* ed esorta le ragazze a lavorare il più rapidamente possibile. Quindi il capo turno deve badare affinché l'addetto agli elenchi registri questi canali immediatamente e li mandi al 31g. Vanno fatti frequenti controlli sullo stato degli SB e in particolare dell'SB1 presso l'addetta del 31g, né va mostrata alcuna indulgenza; gli addetti devono proprio fare tutto ciò che possono. I telegrammi asincroni dall'SB1 non possono essere accettati a meno che il capo turno sia convinto che il caso è senza speranza. Inoltre, al 31g deve essere ricordato di incollare immediatamente l'SB1 e inviarlo separatamente al capo turno.

Il capo turno deve leggere una o due volte per turno i comunicati stampa e annotare fin dove ha letto, segnando le proprie iniziali sul margine destro.

Alle 23.00, al momento del cambio, il capo turno dovrà informare nei termini adeguati la sorveglianza notturna sulla situazione corrente e su ciò che ci si può aspettare.

Il capo turno in arrivo alle 07.00 deve informarsi dalla sorveglianza notturna su ciò che è accaduto durante la notte.

Se viene dato l'ordine di sorvegliare con maggiore attenzione tutti i canali, o uno di essi in particolare, il capo turno deve prestare questa attenzione ai canali.

Il promemoria menziona i messaggi asincroni. Questi costituivano un grosso problema. Ne parla Borelius:

La perdita di sincronizzazione era un problema serio per gli *app.* Disturbi e interruzioni della linea facevano perdere alle telescriventi uno o più caratteri, o inserire caratteri falsi. Ciò significava che la posizione delle ruote dentate degli *app* del destinatario non concordava più con quella del mittente, cioè che l'*app* "aveva perso sincronia" e veniva prodotta una serie di lettere prive di senso.

---

[1] SB sta per Stoccolma-Berlino [n.d.t.].

Quando ciò accadeva l'addetta all'*app* doveva fermare la macchina, segnare il punto sul nastro di carta e annotare il valore del contatore dell'*app*. Per risincronizzare, l'addetta doveva ricominciare il processo, ma cancellando o saltando un carattere del testo cifrato. Se non appariva un testo sensato, doveva saltare due lettere etc. Quando trovava un testo sensato, faceva ripartire la macchina dal valore segnato sul contatore, ma con il giusto numero di caratteri cifrati cancellato dalla banda cartacea.

Se non era sufficiente saltare dei caratteri, la ragazza doveva provare ad aggiungere caratteri nulli.

Risincronizzare gli *app* era più che una procedura di routine: alcuni addetti erano più bravi di altri. Borelius ricorda che Birgitta Persson (nata Lundqvist) era la risincronizzatrice più brava.

Per alcuni mesi della primavera 1942, il capo turno tenne un protocollo corrente con osservazioni sul contenuto dei telegrammi importanti (si veda più avanti a proposito degli Elenchi dei Rapporti). Qualche volta scarabocchiava commenti sui progressi del lavoro. Una citazione:

Lamentele:
• 6 marzo: 6-15D sono state incollate in maniera sbagliata, 15 pagine (Signorina Bengtsson) (Da ciò che sento, nelle due settimane che è stata qui non ha imparato a incollare). Persa pertanto una *Chefssache*. Si faccia in modo che *non* le sia permesso di incollare quando domani arriva. Avvertire Jonsson. Dev'essere licenziata subito.
• SBS [Stoccolma-Berlino-Stoccolma] non è partita fino alle 10.00, pur essendo pronta da molto prima. Negligenza! Più tardi la macchina ha dato problemi.

L'11 marzo un telegramma viene annotato nel modo seguente: "Chefs. MKGN a MXJA, *Tirpitz* diretta a sud, testo miserabile nonostante gli sforzi valorosi della Signora Sjögren-Hirschfeld". Più tardi, nello stesso giorno: "SBS in macchina senza che nessuno scriva. Lamentarsene con Rudberg. Le ragazze non hanno idea di dover scrivere, né se ne rende conto Comét".

Quelli della sezione 31 lavoravano in turni di 6 ore, giorno e notte, seppure con una squadra ridotta tra mezzanotte e le 06.00. Nei fine settimana i Tedeschi limitavano il traffico all'essenziale. In tal modo, gli impiegati di Karlbo avevano dei permessi e gli uffici rimanevano in gran parte vuoti, eccetto che per una squadra essenziale, lasciata di sorveglianza. Borelius racconta un episodio a questo proposito:

L'uomo di servizio doveva ispezionare gli uffici e tener d'occhio una telescrivente direttamente connessa agli uffici della TELECOM a Skeppsbron, nel centro di Stoccolma. Benché in generale i telegrammi in arrivo fossero messi nella vaschetta per il lunedì, quelli firmati da Shapiro (se ricordo bene il nome) richiedevano un interessamento immediato e bisognava chiamare l'ufficiale di turno. Tra l'altro, non ci fu mai detto ciò che ci si aspettava che arrivasse da Shapiro.

Il turno di fine settimana a Karlbo era piuttosto noioso, specie alla sera, quando il collegamento con Skeppsbron era chiuso. Un sabato sera, l'uomo di servizio accese la telescrivente e scrisse qualcosa. Non essendoci reazione dall'altra parte, la spense di nuovo e se ne andò a letto.

Nell'ufficio della TELECOM a Skeppsbron la telescrivente corrispondente era tenuta in un locale chiuso, data la natura segreta del collegamento. Uno solo dei superiori aveva la chiave.

In quella sera particolare, uno di un altro ufficio sentì improvvisamente il ticchettio della telescrivente segreta. Che cosa era successo? C'era forse un'emergenza? Forse all'altro capo cercavano aiuto. Il funzionario incaricato della chiave fu trovato e arrivò in taxi. Aprì la porta ed entrò nell'ufficio con qualche trepidazione. Il messaggio recitava:

È più facile far la guardia a un sacco pieno di pulci che alla virtù di una giovane donna (proverbio orientale). Högqvist.

L'incidente provocò acidi commenti da parte della TELECOM e venne proibito l'uso privato della telescrivente. Un grande numero di messaggi privati appesi alle pareti degli uffici di Karlbo testimonia l'inefficacia di questo provvedimento. Una volta, di domenica, cercai di fissare un appuntamento con la ragazza all'altro capo del filo, ma fallii miseramente: il mio interlocutore si rivelò essere un dei pochissimi impiegati maschi del telegrafo TELECOM.

Molte storie divertenti venivano raccontate dagli ex-impiegati alla Karlbo. Karen "Guppy" Andersson era un'allegra ragazza soprannominata così dal suo capo, Harry Högqvist, il quale pensava che somigliasse a un pesce d'acquario. La giovane una volta stava facendo una giro in nave nell'arcipelago di Stoccolma quando vide improvvisamente un piroscafo tedesco. Ne annotò il nome, *Gisela M. Russ*, un nome che aveva già visto più volte nei telegrammi decifrati dal suo ufficio. "Ma guarda! c'è…", ma si rese conto che stava per fare una gaffe e si salvò terminando la frase con "… un piroscafo". I suoi amici la guardarono attoniti.

I vicini di Karlbo si dovevano chiedere che cosa accadesse veramente in quella casa. Gente che entrava e usciva a tutte le ore del giorno e della notte, per lo più giovani donne e uomini, tra i quali molti ufficiali. Certamente c'era qualcosa di losco in quel luogo.

Carl-Georg Crafoord, in seguito ambasciatore svedese a Madrid, lavorò per qualche tempo come ripulitore. Egli ricorda nelle proprie memorie di essere cresciuto nella casa vicina, al n° 6 della Karlaplan, e ricorda anche che i suoi genitori continuavano ad abitarci anche durante il periodo nel quale lavorava a Karlbo. Ovviamente non era stato autorizzato a rivelare ai propri genitori quale fosse il suo luogo di lavoro: "Temetti di far trapelare un segreto di stato quando un giorno dal cortile sgattaiolai all'esterno della casa, mentre mia madre faceva prendere aria alle lenzuola sul suo balcone".

Crafoord racconta anche: "Dovevamo giurare su tutto ciò che avevamo di più sacro di non rivelare niente del nostro lavoro. Ma nei locali di Karlbo presto mi accorsi della presenza di persone che già conoscevo, in particolare di ragazze della stessa zona della città. Poco dopo aver iniziato a lavorare, mentre ballavo con una di esse ad una festa, cominciai a parlarle del nostro lavoro nello stesso luogo. Quella mi guardò con disapprovazione e sibilò 'Non devi dire una sola parola a questo proposito! Ciò che più dobbiamo temere è di dover andare all'ospedale per un'operazione. Sotto anestesia potremmo incominciare a spifferare'...".

Come già detto, dopo l'attacco tedesco all'Unione sovietica il traffico della flotta russa del Baltico divenne sempre meno accessibile. Per dare una mano ai ripulitori, alcuni linguisti furono trasferiti da Lindingö a Karlbo, dove si soffriva cronicamente di superlavoro e carenza di organico. Arrivarono due personaggi giulivi e spensierati, Tage Bågstam e Gunnar Jacobsson.

Bågstam era disegnatore di moda e poliglotta, di madrelingua svedese, tedesca, lettone e russa. Cresciuto a Riga in ambiente internazionale, le buone scuole e l'esperienza pratica avevano contribuito a fargli imparare il francese, l'inglese e lo spagnolo. Un'altra delle sue molte doti era l'abilità di stare sull'attenti con i piedoni disposti a (quasi) 180°. Egli era anche un maestro nell'intrattenere le persone. "Sebbene fosse solito fare scherzi un po' a tutti, nessuno gliene volle veramente" dice Gunnar Jacobson.

"Jacob" racconta altre cose:

Ricordo un certo capitano Schöldström che da civile lavorava in una compagnia d'assicurazioni. Non era un matematico tuttavia: a Karlbo faceva il capo del personale. Onesto e affidabile ai limiti della pedanteria, gli piaceva tener le cose in ordine. Tra l'altro, stava sempre attento che gli asciugamani non sparissero, ma fossero debitamente restituiti e consegnati alla lavanderia.

L'entrata della casa sul cortile a Karlbo

Una volta accadde che scomparisse un asciugamano. Questo ovviamente non poteva essere tollerato. I coscritti furono mandati a caccia e
fu loro chiesto di non ritornare senza la preda. Purtroppo, non ebbero
successo. Schöldström allora si rivolse alle donne della casa nella vaga
speranza che fossero più sensibili, o più intuitive, sulle responsabilità
domestiche. Niente.

Dopo aver riflettuto sulla cosa per qualche giorno, il capitano
diramò una circolare descrivendo la serietà della situazione e chiedendo informazioni circa il luogo nel quale poteva trovarsi l'asciugamano.
Nessun poté aiutarlo.

Schöldström ricorse allora ad un approccio più diretto. Una nuova
circolare, con l'elenco di tutti i dipendenti, ammoniva chiunque (1)
avesse preso l'asciugamano, (2) l'avesse usato o (3) sapesse qualcosa di
esso, di rivolgersi immediatamente a Schöldström in persona. Per di

più, ogni dipendente doveva scrivere una nota con nome e cognome specificando (1) se ne sapesse qualcosa o (2) se avesse letto la circolare.

Alla fine nessuno dei capi gruppo reagì. O Gyldén o Segerdhal andarono dal maggiore a chiedere che i loro collaboratori non venissero più disturbati. Uno dei due poi, con un magnifico gesto, tirò fuori il portafoglio e si offrì di ripagare l'oggetto perduto, in tutto 67 öre, credo. La faccia di Schöldström si sbiancò dall'indignazione per il modo nel quale veniva trascurata la serietà di un importante problema burocratico. Le regole del servizio militare sui rifornimenti richiedevano un'accurata investigazione e la messa a punto di un protocollo nel quale si dichiarava ufficialmente la non esistenza dell'asciugamano ribelle.

Schöldström mise a tacere la faccenda per qualche tempo, ma non capitolò. Molti mesi dopo, durante un inverno freddo come non si era mai visto prima degli anni di guerra, una delle ragazze ebbe l'idea di accendere la vecchia stufa in ferro della cucina. Intorno c'era un mucchio di carta straccia, risultato di falliti tentativi crittoanalitici. Ma il fuoco non prendeva. Al suo posto, dalla stufa si sprigionò del fumo che invase la cucina e vari altri locali. Scoraggiate, le ragazze dovettero estrarre le cartacce fumanti e nel far questo scoprirono la causa dell'inconveniente: il camino era ostruito da un pezzo di stoffa che si rivelò essere di un asciugamano militare.

Colpite dall'importanza del ritrovamento, marciarono sulle scale dal capitano Schöldström reggendo davanti a sé un attizzatoio con appeso l'asciugamano, come una bandiera sull'asta. Quando il *corpus delicti* venne solennemente consegnato, la reazione fu in qualche modo poco decorosa: guardato l'asciugamano per un po' e a bocca aperta, Schöldström vide la luce, prese l'attizzatoio e cominciò a correre per le stanze gridando "il mio asciugamano, il mio asciugamano; dopo tutto avevo ragione".

Nel 1970 fu pubblicato un libricino – 70 pagine – intitolato *I skvallerspegeln. Bakom kulisserna i andra världskriget* [Allo specchio. Dietro le quinte durante la seconda guerra mondiale] (Tryckeriaktiebolaget Svea, in svedese) scritto da Ceres e Ragnar Schöldström. Qui, il protagonista della storia di Jacobsson ricorda alcune esperienze. Egli aveva molto da dire soprattutto sul periodo trascorso a Karlbo, dove evidentemente aveva provato una particolare simpatia per i crittoanalisti e dove era responsabile degli esercizi di tiro del personale. Egli ricorda molti nomi, uno dei quali è Rickard Sandler, già primo ministro e ministro degli affari esteri. Dopo aver lasciato il governo nel 1939, Sandler fu visto spesso a Karlbo, dove aveva persino un proprio ufficio. Era veramente molto interessato e preparato in materia di crittologia, come si può notare dal suo libro intitolato *Chiffer* [Cifrari] (Stoccolma 1943, in svedese). In questo libro racconta storie classiche di crittoanalisi in forma divulgativa e molto attraente. A Karlbo, Sandler veniva chiamato il "Mahatma". Forse la sua testa calva lo faceva somigliare a Gandhi.

17. Contenuti

Il valore informativo dei telegrammi tedeschi che venivano decifrati era senza dubbio enorme. In particolare, essi davano un'immagine quasi completa della situazione in Norvegia e in Finlandia, oltre a fornire informazioni sulle operazioni e i movimenti delle truppe tedesche, sullo stato dei rifornimenti e sul morale di civili e militari. Di grande valore per le autorità svedesi erano anche le relazioni e i riassunti sulla situazione in altri teatri di guerra, preparati dai quartieri generali a Berlino.

Seguendo i telegrammi per periodi di tempo abbastanza lunghi, e redigendo informazioni su aree speciali, fu ricavata una buona conoscenza della macchina da guerra tedesca, sia in generale che in particolare. Furono anche chiariti i dettagli relativi ad altre zone, anche se a volte di interesse più periferico. Johannes Söderlind parla del lavoro che era necessario. Ecco alcuni esempi di queste descrizioni:

- Organizzazione degli stati maggiori dell'esercito in Norvegia e Finlandia
- *Luftflotte* 5 e suo impiego in Norvegia e Finlandia
- Il sistema delle corsie marine segrete dei Tedeschi nelle acque nordiche
- Organizzazione e personale delle SS tedesche
- Ferrovie e porti in Norvegia e Finlandia
- Servizi di riparazione della *Luftwaffe* tedesca

Informazioni sulle attività di *intelligence*, su segnalazioni radio e crittoanalisi, erano ovviamente oggetto di speciale interesse per il lavoro di Karlbo. Per esempio, come si vedrà più avanti, a volte poterono essere seguiti e utilizzati i lavori crittoanalitici tedeschi e finlandesi, specialmente riguardo al traffico russo.

Anche se non tutta la corrispondenza diplomatica tra Berlino e l'Ambasciata tedesca a Stoccolma era accessibile, dato che per alcuni telegrammi veniva usato un indecifrabile sistema di blocchi monouso, furono tuttavia ottenute importanti informazioni dai brani che si riusciva a leggere. In questo modo, il ministero degli esteri svedese, seguendo i rapporti del *Prinz zu Wied* [l'ambasciatore tedesco a Stoccolma], riusciva a sapere quando gli sviluppi della situazione tendevano a peggiorare o quando non venivano compresi correttamente, intervenendo con la richiesta di ulteriori spiegazioni o, all'occorrenza, con cambiamenti di tattica e di politica.

Per alcuni mesi, nella primavera del 1942, il capo turno tenne un "Elenco dei rapporti", con la registrazione di tutti i telegrammi ad alta priorità e con un accenno al loro contenuto. Tale pratica fu interrotta (forse perché richiedeva troppo tempo): idea infelice, poiché questi elenchi davano una buona

Parte dell'Elenco dei rapporti dall'inizio di marzo 1940, scritti in un miscuglio di tedesco e svedese. A quel tempo la corazzata *Tirpitz* si trovava nella Norvegia settentrionale e minacciava i convogli degli Alleati diretti a Murmansk. Nel secondo rapporto telegrafico si legge: "*Tirpitz* arriva a Westfjörd. Chiede copertura aerea contro attacchi aerei con siluri". Un po' più avanti: "squadrone da combattimento (9 aerei) da Trondheim a Bodø per proteggere *Tirpitz*". Poi: "Messaggio riguardante possibile trasferimento notturno a Trondheim". Telegramma seguente: "Durante la presenza della *Tirpitz* a Narvik, difesa portuale predisposta in previsione di attacchi aerei". Un po' più in giù nell'elenco si legge: "Mare del Nord orientale chiuso. 'Nessun attacco di U-boot'". Si può notare che i Tedeschi scrivevano Drontheim anziché Trondheim visione del genere di informazione che fluiva. Essi inoltre fornivano un'interessante lettura: in un miscuglio divertente di tedesco e svedese, registravano la storia mondiale durante il suo svolgimento.

Parte dell'Elenco dei rapporti da metà marzo 1942. La *Tirpitz* è di nuovo l'oggetto, ma il quinto telegramma dice: *Chefssache* da Hitler riguardante aumento delle forze navali dell'Artico e sufficienti riserve nella Lapponia [finlandese] per far fronte ad un grosso attacco sulla costa". Il 15 marzo un telegramma da "Nowak al Dr Wagner [all'ambasciata tedesca], relativo all'apertura di un conto bancario a Stoccolma in favore di un Uomo-V [agente]. Segretissimo". Nell'ultima riga si legge:"I quartier generali finlandesi hanno fornito alcune guide locali per le operazioni contro Seiskari e Lavansaari". Si trattava di due isole finlandesi della Baia di Finlandia, occupate dai Russi e da essi usate per proteggere i propri sottomarini. I Finlandesi e i Tedeschi riconquistarono le isole vicine di Suursaari e Tytärsaari, ma rimandarono per mancanza di truppe l'attacco a Seiskari e Lavansaari, predisposto per il marzo 1942

14/3 1942

An Deutsche Gesandtschaft z. Hd von Dr Wagner o.V.i.A.
Stockholm.

Geheim.

     Betr: GV 108.

     G.V. - Mann hat in einem Banksafe in Stockholm in
bar schwed. Kr 10.000 liegen, die der Abwehrstelle ge-
hören. Abwehrstelle bittet um Öffnung eines vollkommen
unauffälligen Bankkontos, wohin der V - Mann bei seinem
nächsten dortsein diesen Betrag überweisen kann. Das Bank-
konto muss so getarnt sein, dass dadurch nicht etwa die
Beziehungen des V - Mannes zu deutschen Stellen von den
Schweden oder Engländern nachgewiesen werden können.

     Ast Norwegen Nr 3/322/42 G Röm drei F gez. Nowak

          Oberstlnt und Leiter.

Il telegramma di Nowak al Dr. Wagner, menzionato nell'elenco, ma qui evidentemente
elencato con data scorretta: "Oggetto: GV 108. L'uomo-GV [l'agente] ha 10.000 corone
di denaro contante dell'agenzia in una cassetta di banca a Stoccolma.
L'agenzia chiede che venga aperto un conto bancario riservato, al quale trasferire
il denaro, la prima volta che l'agente verrà a Stoccolma. Il conto deve essere coperto
in modo che la relazione tra l'agente e le autorità germaniche non possa essere
scoperto da Svedesi o Inglesi"

Avsänt den 1/1 1942   Tidsnr 22.50
Tjanm FRR
Till GLEAK   Från GLYFL 026

An Gef. Stab. Lfl. Kdo. 5.
    Gltd: Gen. D. Lw. N.N. Kirkenes.
    Fl. Fhr. Nord (Ost).
                Geheime Kommandosache.
                Chefsache
                Nür durch Offizier

    Betr: Lage und Kampfführung im Osten.

    Nachstehender Befehl des Führers u. Obersten Befehlshaber
der Wehrmacht ist nur den mit dem Einsatz beauftragten Offi-
zieren zur Kenntnis zu bringen, allen anderen Persönlichkeiten
nur insoweit, als sie den Inhalt zur Durchführung ihrer Aufga-
ben unbedingt wissen müssen. Ziffer 3 des Befehls gilt sinnge-
mäss für die im Kampfgebiet eingesetzten Teile der Luftwaffe.
Kommandanten der Flughafenbereiche Kirkenes und Rovaniemi sind
soweit dies für die Unterrichtung der Fl. H. Kommandanten unbedingt erforderlich ist, durch Gen. D. Lw. N.N. bezw. Fl. Fhr.
Nord (Ost) zu unterrichten.
- - -
    Von jedem einzelnen Offizier, Unteroffizier und Mann erwar-
te ich, dass er sich in diesem Sinne bis zum letzten Atemzug
einsetzt.
    Wo aus Mangel an Munition einzelne Ortschaften nicht mehr
weiter gehalten werden könne, müssen die lodernden Flammen auf
jeder einzelnen Hütte, den benachbarten Truppen und der Luftwaffe ankündigen, dass hier eine tapfere Truppe bis zum letzten
Schuss ihre Pflicht erfüllt hat. Nur aus einer solchen Kampf-
weise aus keiner anderen wird der Erfolg dieser winterlichen
Abwehrschlacht und der Sieg des Jahres 1942 reifen.
                Gez. Adolf Hitler   OKW/Füh. Nr 5501/41 GKDOS Chefs.

Telegramma di Hitler in data 1 gennaio 1942 ai comandanti delle forze armate.
La prima parte contiene un elenco dei destinatari. Poi segue il testo:
"Mi aspetto che ogni singolo ufficiale, sottufficiale e soldato combatta fino
all'ultimo respiro, nel senso seguente.
"Là dove una città o un villaggio non possono più essere tenuti per mancanza
di munizioni, le fiamme ardenti da ogni singola casa segnaleranno alle truppe vicine
e all'aviazione che lì dei soldati coraggiosi hanno fatto il proprio dovere fino
all'ultima cartuccia sparata. Solo con questo spirito potrà essere raggiunto il successo
nella battaglia difensiva invernale e la vittoria dell'anno 1942"

18. La nascita della FRA

I primi progetti per la creazione di un'agenzia permanente di *intelligence* dei segnali furono sviluppati nel 1940. Questa agenzia doveva dipendere direttamente dal governo (ossia dal Ministro della Difesa) ed essere indipendente dal QGSMD. Il nome proposto fu *Försvarsväsendets radioanstalt* [Ufficio radio dei servizi della Difesa], in breve FRA. Alcuni tra gli incaricati della pianificazione erano già impegnati nei dipartimenti *sigint* e cripto del QGSMD: Olof Kempe, Åke Rossby, Willy Edenberg ed Erik Anderberg. Il successo dei dipartimenti *sigint* e cripto aveva già fatto molto per spianare la strada alla formazione della nuova agenzia. Ce n'era però ancora molta da fare e, secondo Sven Wäsström, Anderberg fu decisivo nella lotta serrata che fu necessaria per arrivare alla decisione finale.

Anderberg rifiutò la posizione di capo della nuova organizzazione, affermando che preferiva perseguire un'attiva carriera militare piuttosto che diventare un passacarte. Terminò la carriera come ammiraglio. Neanche Willy Edenberg, generalmente assai rispettato, accettò di diventare il primo capo della FRA: fu promosso comandante e capo della scuola di guerra della marina.

Il governo valutò la proposta nel gennaio 1941, ma la respinse chiedendo che fosse acquisita maggiore esperienza. In autunno fu accolta una proposta rielaborata. In pratica la nuova agenzia era in funzione dal 1° settembre 1941, pur essendo diventata ufficiale solo il 30 giugno 1942, con un decreto firmato dal re Gustavo V.

L'organizzazione della nuova agenzia è descritta nel seguente diagramma:

Personale nel 1942:

Civili	269	
Consulenti	2	
Militari	53	(*19 ufficiali e sottufficiali, altri 34*)
Coscritti in addestramento	60	
Totale	384	

Bilancio 1942:

Salari	1.425.000
Spese	338.000
Totale	1.763.000

Sedi

All'inizio il lavoro fu svolto in molte sedi, designate spesso – com'è stato accennato – con la desinenza –*bo*, che in svedese equivale a "nido" o anche "tana":

Krybo fu sistemato negli edifici dell'Istituto Sportivo. Intercettazione e crittoanalisi.

Rabo fu insediato a Capo Elfvik. Ancora intercettazione e crittoanalisi.

Petsamo a Fiskarudden. Inizi di intercettazione automatica.

Utbo a Marielund, Bosön. Addestramento degli addetti alle intercettazioni.

Matbo nella casa padronale di Elfvik. Alloggi e mensa (c'è tuttora un ristorante in quel luogo).

In città, *Karlbo* si trovava al n° 4 di Karlaplan. Nel 1942 si aggiunsero gli uffici al n° 57 della Strandvägen, denominati *Ledbo*, cioè "dirigenti"; quella era la sede dei capi.

In ogni parte del paese si continuavano ad aggiungere nuove stazioni d'ascolto. Il traffico del Baltico meridionale veniva intercettato a *Sydbo*. Un'altra postazione fu costituita a sud, per captare segnali sull'invasione dalla Danimarca attraverso Öresund. *Nordbo* fu creata nel 1941 per coprire l'Artico e il fronte russo-germanico. Durante la ritirata delle truppe tedesche dalla

HEMLIG
jämlikt kung. 1938 nr 757.

GUSTAF, med

Nåde, Sveriges, Götes och
Wendes Konung.

FÖRSVARSVÄSENDETS
RADIOANSTALT

Vår ynnest och nådiga benägenhet med Gud Allsmäktig!

Sedan ställföreträdaren för chefen för försvarsstaben i skrivelse

den 30 juni 1942 framlagt förslag i ämnet, har Kungl.Maj:t - Som den-

na dag fastställer instruktion för försvarsväsendets radioanstalt -

funnit gott fastställa följande

Särskilda bestämmelser för försvarsväsendets radioanstalt.

Radioanstaltens uppgifter.

1 §.

Radioanstaltens uppgifter äro

att förbereda den spaning mot utländsk signaltrafik samt

bearbetning av därigenom och på annan väg inhämtat meddelandematerial

varav behov kan uppträda;

att utföra dylik spaning och bearbetning i den utsträckning

förhållandena påkalla och medgiva; samt

att följa den signal- och kryptotekniska utvecklingen i er-

forderlig utsträckning.

Radioanstalten är rådgivare åt svenska myndigheter i frågor,

som falla inom anstaltens verksamhetsområde.

Har allmän säkerhetstjänst enligt allmänna säkerhetskungö-

relsen den 10 juni 1933 inrättats, skall samverkan äga rum mellan ra-

dioanstalten och säkerhetschefen.

2 §.

Vid signaltrafikbyrån

förberedes den spaning mot utländsk signaltrafik, varav

behov kan uppträda;

utföres dylik spaning i den utsträckning förhållandena på-

kalla och medgiva; samt

följes i erforderlig utsträckning den signaltekniska utveck-

lingen.

Vid bearbetningsbyrån

förberedes den bearbetning av inhämtat meddelandematerial,

chefen för försvarsstaben;

Il decreto reale, parte I

varav behov kan uppträda;

utföres dylik bearbetning i den utsträckning förhållandena
påkalla och medgiva; samt

följes i erforderlig utsträckning den kryptotekniska utvecklingen.

Vid administrativa byrån handläggas ärenden av administrativ
och kameral beskaffenhet.

Beslutanderätt i vissa arbetsfrågor.

3 §.

Chefen för anstalten äger ensam beslutanderätt i alla ärenden
angående anstaltens verksamhet i fråga om förberedande och utförande
av spaning och bearbetning samt följande av den signal- och kryptotekniska utvecklingen.

Radioanstaltens ställning i visst avseende.

4 §.

Chefen för anstalten biträder kabinettssekreteraren i utrikesdepartementet vid behandlingen av frågor rörande anstaltens utnyttjan-
de för uppgifter, vilka hänföra sig till utrikesledningens verksamhetsområde. Samråd skall härvid äga rum mellan kabinettssekreteraren och
chefen för försvarsstaben.

Dessa bestämmelser lända till efterrättelse från och med den 1
juli 1942.

Vilket vederbörande till efterrättelse länder.
Avskrifter av detta brev tillställas:
kabinettssekreteraren i utrikesdepartementet samt
statssekreteraren i socialdepartementet.
Stockholms slott den 30 juni 1942.

Finlandia del Nord nel 1944-45, c'era anche un'unità mobile appostata nei pressi di Haparanda e designata come *Habo*. Per coprire al meglio le parti orientali e settentrionali del Baltico, fu istallata *Ostbo* nel 1944. C'erano punti d'ascolto anche sulla costa occidentale, diretti verso la costa del Mare del Nord, e uno nel Bohuslän settentrionale, orientato sugli Oslofjörden.

Sulle isole e gli scogli più esterni della costa orientale svedese fu costruita una rete di stazioni a ricerca direzionale. Essa copriva l'intero mare Baltico.

Le nuove stazioni e postazioni erano gestite da segnalatori della marina, oltre che da donne da poco addestrate per il lavoro. Thorén, nella sua storia della FRA, scrive: "Come prima accennato, la FRA sta sperimentando intercettatori di sesso femminile e in generale sta cercando di usare donne nella misura maggiore possibile, non solo per evitare di distogliere uomini dal fronte in caso di guerra, ma anche perché le donne sono più adatte a fare statistiche e altri umili lavori".

Oggi non si può dire che questo suoni politicamente corretto, ma certo non vi era alcun intento spregiativo.

La direzione della FRA

Capo: Torgil Thorén

Direttore Amministrativo: Sten von Porat

Capo della Crittoanalisi: Åke Rossby

Capo dell'intercettazione: Olof Kempe

Tutti questi uomini venivano dalla marina, compreso von Porat che, oltre ad essere avvocato, era ufficiale della riserva nel Corpo Approvvigionamenti Navali. Egli comunque non faceva propriamente parte della cerchia più ristretta, descritta da Sven Wäsström nel modo seguente:

Nel primo quarto di secolo, l'agenzia per le intercettazioni dei segnali era diretta da ufficiali di marina. Ciò dipendeva almeno in parte dal buon esito delle intercettazioni navali rivolte verso la principale minaccia, la flotta russa del Baltico, durante la prima guerra mondiale. La troika al timone della FRA nel periodo 1940-1957 non era comunque formata da un gruppo eterogeneo: consisteva di un gruppo di individualisti incalliti, con rare difficoltà di collaborazione.

"Il Capo", Torgil Thorén, un comandante navale, si riteneva un "vecchio lupo di mare" ed era solito dire "il solo mestiere che so fare qui intorno è quello del capo". Egli gestiva l'impresa occupandosi dei suoi impiegati con raro paternalismo, e difendeva la FRA dalle ingerenze del QGSMD, più mediante l'isolazionismo e con contrattacchi occasionali che attraverso la collaborazione.

Il più anziano dei due dirigenti operativi era Åke Rossby. La sua età e le sue aspirazioni ne facevano il vice non ufficiale di Thorén. Era svelto nel capire e socialmente dotato: un costruttore d'imperi. Spesso, ma non sempre, le sue ambizioni personali favorirono la causa dell'agenzia. I suoi contatti con Allan Vougt (a lungo ministro della difesa) erano considerati cospirativi dagli alti gradi militari. Per tale ragione, negli anni 1947-48 fu promossa contro la FRA una campagna di stampa, guidata dal *Dagens Nyheter*. Con un simile precedente, le speranze di Rossby di succedere a Thorén erano piuttosto illusorie.

Il terzo membro della troika, Olof Kempe, si occupava di intercettazioni fin da quando era un giovane cadetto. Consciamente o inconsciamente, si sforzava di starsene fuori dalla politica e cercava di mantenere una certa distanza dagli altri due e dal forte campo di tensione da essi generato.

Sven Wäsström, l'autore di queste caratterizzazioni, ritiene che ci fossero due ragioni grazie alle quali la FRA riuscì a crearsi una posizione tanto forte, nonostante la litigiosa dirigenza. Anzitutto la FRA annoverava tra i suoi componenti parecchie persone molto competenti. In secondo luogo, dopo tutto una guerra mondiale stava infuriando tutt'intorno al paese.

19. Risultati brillanti, malgrado tutto

La sera del 17 giugno 1942 le linee di comunicazione tedesche si caricarono di preoccupazione e allarme. Incominciarono ad apparire messaggi che rivelavano una prima percezione della verità da parte dei Tedeschi: la G-Schreiber non era impenetrabile.

> ... *der Heeresbericht, die Lage von LFL 1C und derartige Sachen, soll dem schwedischen Generalstab jeden Tag zugänglich gewesen sein.*
> [... Il Bollettino dell'Esercito, il rapporto sulla situazione dell'LFL 1C e altre cose del genere sembrano essere note allo Stato maggiore generale svedese su base giornaliera].

> ... *mit gr Wahrscheinlichkeit ist anzunehmen, dass geheime und GKDOS Schreiben mit Mar. G-Schreiber leicht entschlüsselt werden können.*
> [... deve ritenersi che con molta probabilità i messaggi segreti e GKDOS trasmessi con la G-Schreiber della marina possano essere facilmente decifrati].

> *Mar. G-Schreiber ist verboten worden, weil Gefahr besteht, dass in Schweden entziffert werden kann.*
> [È proibito usare la G-Schreiber della marina, dato che c'è pericolo che possa essere decifrata in Svezia].

> *Der Chef HSW, General Fellgiebel, hat gesagt, dass es vielleicht in Schweden nachgehört kann.*
> [Il capo dell'HSW generale Fellgiebel ha detto che gli Svedesi potrebbero essere in grado di ascoltare].

> ... *da diese Schreiben in Schweden entziffert werden.*
> [...dato che questi scritti sono decifrati in Svezia].

I primi quattro messaggi sono più congetturali, mentre l'ultimo asserisce con sicurezza che la Svezia decifra i messaggi tedeschi.

Occasionalmente erano giunte avvisaglie dei sospetti tedeschi in questo senso, ma ora, evidentemente, si avevano delle prove. È indicata la "G-Schreiber della marina": tale era il nome del dispositivo adoperato dai militari. I canali diplomatici usavano un'identica G-Schreiber, con la differenza che le ruote non avevano gli stessi denti, ma di questo non si parla.

Come prima contromisura, i Tedeschi ordinarono che venisse usato un altro dispositivo crittografico, e precisamente lo *Schlüsselzusatz* 40 o SZ40, e che il traffico fosse reindirizzato in modo da evitare i cavi che attraversavano la Svezia. Inoltre, fu raccomandato l'uso dell'Enigma, che pure era stata considerata in precedenza meno sicura sia della G-Schreiber che della SZ40. La marina e l'aviazione avevano un sistema di chiavi cifranti ritenuto in grado di aumentare il livello di sicurezza. Il suo nome era *QEP auf QET*, e da allora in poi si richiese che anche l'esercito l'adoperasse. Questo fatto rendeva comunque più facile l'analisi, dato che il sistema era stato violato molto tempo prima dagli Svedesi.

Queste furono le misure un po' allarmanti ordinate dal comando supremo, ma la loro applicazione era più facile da dire che da fare. Molte cose all'inizio andarono storte. Rapporti contraddittori pervenivano da varie postazioni. AOK Lapland, a Rovaniemi, in Finlandia, disse che non avevano SZ40 pronte al collegamento. Più tardi, l'unica macchina disponibile si rivelò difettosa, e fu fatto notare che così come erano occorsi tre mesi per aggiustare una SZ40 a Oslo, nel profondo nord ne sarebbero occorsi almeno altrettanti. A Rovaniemi fu permesso di continuare come al solito con la G-Schreiber.

Anche AOK Norwegen a Oslo ebbe dei problemi, ma li aggirò usando *QEP auf QET*. Nemmeno l'aviazione in Finlandia settentrionale disponeva di una SZ40, perciò le fu detto di andare avanti come prima o di cominciare a usare un collegamento che passava per Reval e Pleskau [Tallinn in Estonia e Pskov in Russia]. Un ordine che proibiva l'inoltro di telegrammi GKDOS attraverso la Svezia indusse l'LDN [*Leiter des Nachrichtungsdienstes*, direzione servizi informazione] a cancellare il timbro GKDOS per non violare i regolamenti. Nonostante tutte queste contromisure e la deviazione del traffico, il numero dei messaggi ricevuti e spediti dalla sezione 31 aumentò nel corso dell'anno.

Il 21 luglio i Tedeschi introdussero una nuova G-Schreiber. Sarebbe dovuta rimanere in attesa per più tempo ma, probabilmente a causa dell'allarme, fu attivata prima del previsto. C'era stato molto traffico in chiaro prima che il nuovo modello, battezzato T52C, diventasse operativo. Un accenno fu fatto il 6 luglio, quando Berlino disse a Rovaniemi che, a causa delle difficoltà con la Svezia, avrebbe inviato una nuova versione della G-Schreiber e che il traffico da quel momento poteva riprendere. In varie occasioni fu detto che la nuova macchina doveva essere usata solo per il traffico attraverso la Svezia.

Violare la T52C – ammesso che fosse possibile – era chiaramente una questione della massima priorità per la FRA.

Arne Beurling non era più a portata di mano, ma i matematici della sezione 31, che avevano ricavato le chiavi giornaliere della G-Schreiber, erano a disposizione. Alcuni di questi erano studenti di Beurling: Lars Carlbom, Bertil Nyman e Bo Kjellberg. Carl-Gösta Borelius, facente anch'egli parte del gruppo, racconta la storia seguente:

> All'inizio la nuova macchina fu usata su pochissime linee, mentre per il resto si usavano le vecchie. Per distinguere i due modelli, il vecchio veniva chiamato T52AB. Il nuovo, T52C, era compatibile all'inverso con il modello AB, nel senso che poteva funzionare in modalità AB. Questa chiaramente costituiva un'agevolazione per la corrispondenza tra stazioni con attrezzatura diversa. Col tempo fu introdotto un numero sempre maggiore di T52C.
>
> A prima vista, tutto pareva normale; con l'ausilio di telegrammi in profondità potevamo decifrare manualmente. Ma le sequenze chiave generate dalle ruote non si adattavano a quelle che ci erano note. Né, continuando in questa direzione, riuscivamo a trovare periodicità. Evidentemente, i Tedeschi usavano nuovi trucchi o nuovi metodi.
>
> Continuammo a decifrare manualmente con grande risolutezza, confrontando sequenze e facendo osservazioni. Finalmente, un giorno trovammo la soluzione. Avendo decifrato due gruppi di telegrammi con diversi assetti della chiave, scoprimmo che una sequenza di *bit* in una serie di telegrammi era identica a quella di un'altra serie. Eppure non si trovava una periodicità e la sequenza di *bit* sembrava del tutto casuale. Come spiegare allora la presenza di una simile coincidenza?
>
> Avevamo già ipotizzato che le sequenze apparentemente senza fine fossero somme *bit* per *bit*, vale a dire modulo 2, di due delle ruote; ciò conduceva a periodi piuttosto lunghi. Ma gli sforzi per ricreare le sequenze sottostanti erano falliti. Il caso delle due sequenze identiche ci apriva nuove possibilità e nuove speranze. E se gli assetti QEK della macchina AB venissero usati anche con la versione C? La compatibilità inversa fece apparire tale ipotesi plausibile.
>
> Gli assetti di quel giorno della macchina AB erano già noti, perciò sapevamo quali ruote fossero controllate dai numeri QEK. In tal modo, fu facile sommare le ruote a due a due – dieci differenti possibilità. Ma il confronto con la sequenza della macchina C non ebbe successo. E che dire della somma di quattro ruote? Facile, c'erano solo cinque possibilità e, BINGO! Un insieme di quattro ruote, se sommate insieme, produceva il risultato sperato. Questo punto d'appoggio ci permise di ricostruire completamente il progetto della macchina C.
>
> I Tedeschi avevano commesso il peccato imperdonabile – che tuttavia perdonammo subito – di conservare elementi del vecchio, e forse

già compromesso sistema, nel progetto del nuovo. In questo caso, la stessa disposizione dei denti sulle ruote e lo stesso materiale delle chiavi, usati per entrambi i dispositivi – e il vecchio progetto era proprio compromesso! Certo c'erano buone ragioni: sarebbe stato quasi impossibile cambiare da un tipo all'altro istantaneamente. Perciò la macchina C era stata progettata per essere intercambiabile. La furbizia sarebbe stata quella di usare tutte le macchine – vecchie e nuove – con modalità AB fino a quando ogni stazione non fosse stata munita della nuova versione, e solo allora passare alla modalità C.

Ma questo ci avrebbe fatto divertire un po' meno.

L'analisi sistematica era stata rallentata dalla riluttanza dei Tedeschi a usare due volte gli stessi assetti delle chiavi, ma la domenica 13 settembre 1942, alle sei di mattina, la nuova macchina era ormai compresa in ogni dettaglio. In un rapporto, Rudberg, Borelius e Carlbom ottennero il massimo riconoscimento, anche se si ammise che gli altri membri del gruppo avevano dato un notevole contributo.

Lindstein e il suo collega Bengt Florin ricevettero l'incarico di progettare una macchina che decifrasse automaticamente il traffico del modello C. Essi costruirono un *add-on*, un accessorio che poteva essere usato con gli *app* esistenti. Con l'aiuto di un interruttore, l'*app* passava dalla modalità AB alla C. L'accessorio aveva anche cinque leve con cui impostare la speciale variabile crittografica della modalità C.

In un paio di giorni furono prodotti e messi in funzione due accessori *add-on*, che vennero sfruttati al massimo fino a che, dopo un mese, furono possibili regolari collegamenti C. Per essere in grado di far fronte al più importante traffico C, si pensò che sei nuovi collegamenti potessero bastare, purché tenuti in funzione giorno e notte.

Così, un altro ostacolo era superato e di nuovo si riuscirono a ottenere rapidamente messaggi decifrati, in grande quantità. Un nuovo record fu raggiunto un giorno di ottobre del 1942, quando furono decifrati con successo 678 telegrammi. Le macchine AB e C vennero da allora usate in parallelo, con leggera prevalenza per la C. Per novembre c'era abbastanza materiale SZ40 perché i crittoanalisti del 31g lo prendessero seriamente in considerazione. Essi scoprirono che la macchina era forse in grado di essere attaccata e una serie di osservazioni, con materiale effettivo, fu mandata a Beurling a Uppsala. Ma ci vollero altri sei mesi prima che la SZ40 desse frutti.

I Tedeschi escogitarono anche altri intralci per prevenire decifrazioni crittoanalitiche. Dice Borelius:

Nell'ottobre del 1942 fu introdotto un sistema che usava il cosiddetto *Wahlwörter* [parole a scelta]. L'idea era buona: una buona igiene crittografica impone che siano evitati gli inizi stereotipati dei messaggi, dato che possono fornire appiglio ai crittoanalisti.

Così, per confondere l'attaccante, fu prescritto che il testo *utile* dei telegrammi fosse preceduto da una parola scelta a caso, una *Wahlwort*. In questo modo l'inizio presumibilmente stereotipato veniva spostato più avanti nel telegramma, in una posizione sconosciuta. Ma le intenzioni sono una cosa e i risultati un'altra.

Riteniamo che nelle istruzioni relative alle *Wahlwörter*, la parola *SONNENSCHEIN* [sole splendente, bel tempo] fosse usata come esempio. Ora, qualcuno seguì le istruzioni alla lettera, con il risultato che *SONNENSCHEIN* era la parola di gran lunga più usata. Altri senza dubbio lasciarono correre la propria fantasia e riuscirono a scegliere *MONDSCHEIN* [chiaro di luna]. Il primo premio però spetta agli operatori che trovarono che *DONAUDAMPFSCHIFFSFAHRTSGESELLSCHAFTSKAPITÄN* [Capitano della Compagnia delle Navi a Vapore del Danubio[1], secondo alcuni la parola più lunga della lingua tedesca], fosse la parola più adatta al riguardo. Ogni volta che si vedeva *DONA....* si sentiva a Karlbo un grido di trionfo: un *crib* di 43 lettere gratis! [La compagnia c'era ancora nel 1995, sebbene in via di liquidazione, almeno secondo una notizia del *Dagens Nyheter* del 20 maggio 1995, BB].

Molti operatori senza dubbio usarono *Wahlwörter* in maniera appropriata, ritardando in tal modo l'analisi manuale necessaria a ricavare gli assetti della chiave giornaliera, ma in molti casi l'analista era aiutato, piuttosto che ostacolato dai trucchi supplementari.

Sandwich notturni

Come agenzia governativa indipendente, dal 1° luglio 1942 la FRA dovette osservare tutti i compiti amministrativi richiesti dalla legge e dai regolamenti governativi. All'inizio, questi erano svolti dal sergente maggiore Nils Petersson in maniera molto sommaria, ma presto, per l'amministrazione si dovette ricorrere a un avvocato. All'inizio le sezioni operative di Karlbo notarono pochi cambiamenti organizzativi, ma in seguito arrivò un duro colpo: i sandwich notturni gratuiti furono eliminati e quelli mangiati dopo il 1° luglio

---

[1] Equivalente nella tradizione tedesca all'italiano "precipitevolissimevolmente" [n.d.t.].

1942 dovevano essere pagati dagli interessati. L'indignazione fu enorme tra gli impiegati, capi compresi. I sandwich notturni erano stati concessi in tempo di razionamento e apprezzati come un incoraggiamento e un riconoscimento alla devozione e all'impegno degli impiegati.

I capi gruppo scrissero lettere. Il capo del gruppo 31f, il 19 ottobre:

In merito all'inchiesta tuttora in corso, relativa all'identificazione degli individui che hanno ricevuto pasti a spese della Corona dopo il 1° luglio, con l'intenzione di chiederne il rimborso, anche se detti impiegati pensavano che fossero gratuiti, vorrei precisare che nel caso una tale incomprensibile azione venga portata avanti, il gruppo *in corpore* si riterrà responsabile del pagamento di tutto ciò che sarà addebitato...

Devo aggiungere che, se la maggioranza degli interessati avesse saputo di dover pagare il cibo ricevuto, avrebbe preferito portarselo da casa. Questo è senza dubbio il caso anche del terzo trimestre, se si fosse saputo che la promessa di pasti gratuiti non sarebbe stata mantenuta.

Il capo del gruppo 31g, il 23 ottobre:

... poiché considero che non sia giusto che le persone che hanno fatto il turno di notte nel periodo in questione debbano pagare il cibo, il gruppo 31g nel suo insieme pagherà la fattura, se veramente si vorranno far pagare dette persone....

Nondimeno, devo protestare contro un simile prelievo retroattivo di benefici, anche se concessi in violazione delle regole salariali. A qualunque persona imparziale sembra più corretto considerare responsabile delle conseguenze chi ha approvato i pagamenti illegali di pasti...

Va rilevato che, nonostante la loro grande indignazione, gli autori di queste lettere cercavano di usare un linguaggio amministrativo corretto.

Nel gruppo 31g, furono rivendicati gli straordinari, la cui compensazione molto curiosamente coincise con gli addebiti dei pasti. In alcuni altri casi l'amministrazione accettò di fare altri accomodamenti concilianti, ma nell'insieme la nuova gestione, da allora in poi, fu guardata con diffidenza dal personale di Karlbo.

Il centro tedesco telescriventi

Nell'ottobre del 1942 il previsto centro telescriventi era pronto per l'uso, nel luogo suggerito dagli Svedesi, vale a dire la stazione relè di Jakobsbergsgatan. La Svezia aveva così il pieno controllo e la TELECOM poté allestire i cambiamenti nella sistemazione delle linee fisse. Il capo del 31n, Olof William Jonsson, riferisce:

Il centro telescriventi nella stazione relè della Telecom è entrato in servizio l'11 ottobre. Esso serve sei canali telegrafici tonali ciascuno da Berlino, Oslo e Helsinki. Le linee locali sono sette: ambasciata tedesca, addetto all'aviazione (2), ufficiale ai trasporti, commissariato e addetto militare, più una di riserva. Le linee locali passano attraverso un piccolo centro installato nell'ufficio dell'addetto all'aviazione.

Il centro relè ha altri collegamenti permanenti: quattro canali Oslo-Helsinki; due canali Oslo-Stoccolma, uno dei quali termina dall'addetto stampa a Stoccolma senza passare per il centro dell'ambasciata; un canale Helsinki-Berlino, un altro Helsinki-Stoccolma e tre altri canali Stoccolma-Berlino. In più potrebbe esserci un canale Berlino-Stoccolma direttamente collegato all'ufficio dell'addetto stampa, e infine un canale di servizio Stoccolma-Berlino per le autorità telegrafiche.

Tutti questi canali sono intercettati dal 31n. D'altra parte, il traffico locale tra i sette punti d'accesso a Stoccolma non è sotto controllo, poiché ciò non può essere fatto senza che sia tecnicamente possibile che i Tedeschi non se ne accorgano.

Per qualche tempo i Tedeschi ridussero (da un massimo di 12) il numero di canali in uso sul cavo in affitto della costa occidentale, per la corsia Berlino-Oslo. Avendo scoperto che il codice della G-Schreiber era stato forzato, i Tedeschi accelerarono la riduzione e l'ultimo canale fu tolto il 12 ottobre.

A questo riguardo, si nota un certo nervosismo da parte tedesca. La comunicazione di un operatore ha rivelato che Oslo sta mettendo da parte un gran numero di messaggi che non hanno il permesso di spedizione. Se tale *Verbot* è temporaneo, nell'attesa degli inoltri con la T52C, si può sperare che riprenda il traffico sul cavo della costa occidentale. In ogni caso l'affitto non è finito.

La riduzione del traffico prima notata sembra essersi fermata.

20. Regressi e fughe di notizie

Nell'autunno del 1942 la situazione era molto favorevole all'intercettazione sistematica del traffico tedesco. La macchina C era stata espugnata, si era acquisito un punto d'appoggio al traffico della SZ40 (nota anche come Z-Schreiber) e, grazie al centro telescriventi, il flusso del traffico lasciava le proprie tracce. Attrezzatura e personale erano sufficienti per far fronte all'atteso carico di traffico e finora gli analisti erano riusciti a contrastare gli sforzi tedeschi volti a migliorare i metodi di cifratura. La qualità del materiale decifrato era un po' calata dopo la scomparsa dei telegrammi *Chefssache* e GKDOS, che ormai erano spediti attraverso linee che evitavano la Svezia ma, d'altra parte, il numero totale dei telegrammi era cresciuto.

Tuttavia un certo disagio era presente sotto la superficie: quali sarebbero state le prossime mosse dei Tedeschi?

Nel novembre del 1942 fu raggiunto l'apogeo della decifratura della G-Schreiber: il gruppo 31f produsse e consegnò 10.638 messaggi; ma già a dicembre le catene del diavolo si erano allentate. Ecco la situazione della forza lavoro alla fine di novembre.

- 31n, *intercettazioni su cavo*: 9 tecnici, 8 incollatrici, 72 ricevitori e 36 telescriventisti. Su richiesta, TELECOM può mandare 1-3 aggiustatori.
- 31g, *crittoanalisi e uso degli app*: 14 crittoanalisti e 60 operatrici. 32 *app*, 22 dei quali provvisti di accessorio C, e 26 telescriventi con speciale configurazione.
- 31f, *ripulitura e battitura a macchina*: 56 ripulitori e 18 dattilografe. Le telescriventi sono munite di "alimentazione rapida".
- 31m, *compilazione*: 7 compilatori, 13 traduttori e altro personale.
  In totale circa 185 tra uomini e donne.

A dicembre furono messe in pratica alcune contromisure tedesche, sufficienti a rallentare la crittoanalisi. Il capo del 31g, Lars Varlbom, riferì che, da parte dei militari, era stato introdotto un nuovo sistema di assegnazione delle chiavi. Gli elementi crittoanalitici variabili che apparivano all'inizio dei telegrammi, e che fino ad allora erano stati immediatamente interpretabili, ora erano cifrati. A tal fine i Tedeschi usavano tabelle di sostituzione cambiate giornalmente e diverse per l'AB e la C. Le tabelle non sembravano generate secondo un metodo particolare e, per ricostruirle, era necessario un gran numero di telegrammi. Come risultato, il numero di messaggi decifrati a dicembre fu un terzo di quelli di novembre. La corrispondenza diplomatica non fu compromessa da tali variazioni.

Dato che il gruppo 31f aveva trovato il tempo per occuparsi dei telegrammi giacenti fin da novembre, il risultato di dicembre rimase rispettabile: furono consegnati 8497 messaggi.

Al momento della chiusura del libro del 1942, risultò che erano stati ricevuti 2100 km di nastro di carta e consegnati 120.000 telegrammi.

In tal modo, nel dicembre del 1942 la stretta svedese sul traffico cifrato tedesco cominciò ad allentarsi. E così fu della stretta tedesca sul mondo. L'iniziativa stava passando nelle mani degli Alleati.

A Stalingrado, un esercito di un quarto di milione di uomini agli ordini di Von Paulus venne accerchiato e rimase ad attendere la propria distruzione. La *Luftwaffe* tedesca non fu in grado di intervenire.

Nel deserto africano, Montgomery, aiutato dalla crittoanalisi britannica, attaccò le truppe tedesche e italiane a El Alamein, e Rommel fu costretto a una ritirata di mille km in due settimane.

Il Giappone, alleato tedesco, subì perdite pesanti nelle battaglie delle isole Midway e del Mar dei Coralli all'inizio dell'estate, in buona parte a causa dell'insufficiente sostegno dei servizi crittografici, e la sua espansione militare fu arrestata.

Le probabilità che la Svezia venisse trascinata nella guerra quasi scomparvero; per sua fortuna, la Svezia era riuscita a tenere aperto uno spioncino sulla macchina da guerra tedesca, durante il periodo nel quale ne aveva maggiore bisogno.

Fuga di notizie numero uno: Nyblad

Il capodanno del 1942 iniziò con una sorpresa per il personale di Karlbo: un attendente di nome Allan Nyblad fu arrestato. Era carino, gentile e ben voluto, specie dalle ragazze. Qualche tempo dopo trapelò la ragione dell'arresto: Nyblad aveva praticato degli aborti illegali. In un caso la ragazza era morta ed egli finì in prigione. Fu una storia triste, che non avrebbe dovuto avere influenza sul lavoro dell'agenzia. Fu subito assunto un nuovo attendente: Åke Persson.

In altri luoghi la scomparsa di Nyblad fu sentita più acutamente: all'ambasciata sovietica. Per cinque mesi Nyblad aveva consegnato i messaggi tedeschi decifrati, da inoltrare a Mosca.

Il lavoro di Nyblad comprendeva il trasporto dei risultati crittoanalitici da Karlbo al QGSMD, in una borsa chiusa a chiave. Egli era un comunista; essendosi reso conto che il contenuto della borsa poteva interessare i Russi, si mise in contatto con l'ambasciata sovietica. Così Allan e suo fratello Knut, che aveva le stesse inclinazioni politiche, affittarono un appartamento a metà strada tra la Karlbo e la Casa Grigia. Riuscirono anche a trovare una chiave per il lucchetto della borsa. Nell'andare al QGSMD, Allan poteva scivolare nel proprio appartamento, fotografare una settantina di telegrammi con l'aiuto del fratello e infine portare a termine la missione. Ciò avveniva varie volte la settimana.

I Russi ovviamente erano molto soddisfatti e la prassi continuò senza intoppi fino al momento dell'arresto di Allan. Dopo la sua improvvisa scomparsa, il fratello non aveva più rullini da mettere nel nascondiglio usato dal suo contatto, "Victor". Knut Nyblad si vide alle strette ma cercò di salvare le apparenze promettendo ai Russi che le consegne sarebbero ricominciate. Ma i mesi passavano senza che nulla succedesse e i Russi cominciavano a far pressioni. Finalmente Knut avvicinò il successore di Allan, Åke Persson, per cercare di coinvolgerlo nell'affare. Persson fece finta di essere interessato, ma di volerci riflettere sopra. Dopodiché andò dritto dal suo capo e gli raccontò la storia. La polizia collaborò a tendere una trappola, per cogliere Knut con le mani nel sacco. Furono dati a Persson dei telegrammi, originali ma di scarso interesse informativo, e Knut ebbe i suoi rullini da consegnare. I Russi però non furono soddisfatti della qualità del materiale ricevuto e chiesero che fossero organizzate nuove consegne. Durante una di queste, la polizia riuscì ad arrestare Knut.

L'intera storia di spionaggio fu resa pubblica e si concluse con un processo nell'autunno del 1942. I fratelli Nyblad vennero condannati a 12 anni di prigione e Persson ricevette una medaglia al valore.

La storia dei Nyblad è stata ripresa varie volte dalla stampa svedese, nel corso degli anni. È una buona storia di spionaggio, con carte segrete, rullini di pellicola e nascondigli nel bosco. Ma, dal punto di vista della Svezia, era piuttosto innocente. Certamente i Russi vennero a conoscenza delle capacità crittoanalitiche svedesi – in effetti anche un paio di telegrammi russi erano stati consegnati da Nyblad – ma la cosa importante era che i Russi erano altrettanto preoccupati quanto gli stessi Svedesi che queste informazioni non cadessero in mano tedesca. Partendo dal presupposto di sostenere i Russi contro i Tedeschi, come faceva la maggior parte della gente, era un peccato che questo genere di aiuto, peraltro non intenzionale, fosse stato interrotto.

È difficile giudicare quale uso abbiano fatto i Russi delle informazioni. Nel libro *The Directorate* [l'ufficio di direzione] di Pavel Sudoplatov, capo dello spionaggio staliniano, c'è un passaggio interessante. Sudoplatov riferisce di atti di sabotaggio compiuti per evitare che le truppe tedesche da montagna raggiungessero Stalingrado:

[dalla traduzione svedese] Nel Caucaso settentrionale, la battaglia decisiva ebbe luogo mentre mi trovavo sul posto, in agosto e settembre. Insieme a Merkulov, le mie truppe da montagna erano state incaricate di minare i campi e gli impianti petroliferi a Mozdok. Per evitare che i Tedeschi usassero il petrolio come combustibile, facemmo saltare gli impianti di petrolio solo quando si avvicinarono i motociclisti tedeschi. Merkulov ed io raggiungemmo le forze e ci ritirammo all'ultimo momento sulle montagne. *In seguito intercettammo un messaggio dell'Oberkommando tedesco, abbastanza stranamente tramite gli Svedesi* [corsivo mio, BB] che confermava il nostro successo: essi non furono in grado di usare i pozzi di petrolio che avevano catturato nel Caucaso.

Per un verso la storia di Sudoplatov concorda molto bene con il caso dello spionaggio svedese: in agosto e settembre 1941 Nyblad consegnò effettivamente la sua roba. Ma per altri versi ci sono delle discrepanze. Un paio di pagine prima Sudoplatov dice che l'azione delle sue truppe da montagna e il culmine della lotta per i campi di petrolio del Caucaso settentrionale ebbero luogo un anno più tardi. Che i Russi avessero accesso ai telegrammi dell'*Oberkommando* tramite gli Svedesi nell'autunno 1942, questa sì che sarebbe una notizia sensazionale: per quanto ne sappiamo, essi ricevettero in seguito solo materiale innocuo.

Fuga di notizie numero due: i Finlandesi

Se l'opera di Nyblad non ebbe influenza sul lavoro di Karlbo, un'altra fuga di notizie avrebbe avuto tremende ripercussioni. Ciò avvenne dopo l'allarme del 17 giugno 1942. I Tedeschi allora sostennero di aver ricevuto l'informazione da una fonte molto attendibile. Crediamo di sapere quale fosse quella fonte.

Il colonnello Björnstjerna, capo della sezione esteri del QGSMD, scrisse il 22 giugno a Stedingk, addetto militare svedese a Helsinki, che era avvenuto un serio incidente. "I Finlandesi hanno avvertito i Tedeschi che abbiamo espugnato il sistema della G-Schreiber. Per tale motivo stanno cambiando chiavi e procedure e tutto...". Altri documenti relativi a quel "serio incidente" non sembrano esistere, almeno secondo Wilhelm Carlgren, che commenta l'avvenimento nella sua storia dei servizi di *intelligence* svedesi durante la seconda guerra mondiale. Carlgren osserva che, anche dopo il giugno del 1941, cioè dopo l'inizio della Guerra di Continuazione russo-finnica, i militari svedesi continuarono ad essere molto liberali in fatto di informazioni con i colleghi finlandesi. Ciò avvenne senza dubbio nell'inverno 1941-42, quando furono discussi e persino firmati dei piani di difesa finnico-svedesi, tuttavia non ratificati dal parlamento svedese; ma la situazione fu del tutto diversa quando i Finlandesi unirono le loro forze a quelle germaniche. Nel luglio del 1942 Björnstjerna scrisse in una lettera a Stedingk che l'addetto militare finlandese a Stoccolma, il Colonnello Stewen, "è tenuto a tanto poca distanza che si può dire goda di libertà innaturali. Egli si muove liberamente qui nella casa, può rivolgersi a suo piacimento a Björk, Adlercrantz, Högberg e a me. Gira per tutte le sezioni dell'agenzia servizi dell'esercito e in quelle dell'aviazione...".

Secondo Björnstjerna, i Finlandesi credevano che le informazioni sulle loro forze giungessero ai Russi dalla Svezia attraverso l'Inghilterra, e continua: "L'ironia di tutta la faccenda è che i Tedeschi credevano che i Finlandesi ci avessero informato circa i movimenti di truppe in Finlandia, e li avevano accusati di tradimento. Per difendersi, i Finlandesi hanno informato i Tedeschi sulle nostre intercettazioni telefoniche e la decifrazione dei loro messaggi".

Si dice che un giorno Stewen fu lasciato solo in un ufficio al QGSMD, con alcuni telegrammi tedeschi decifrati in bella mostra sulla scrivania.

Tutto induce a pensare che i Finlandesi siano stati la causa dell'allarme tedesco e del fatto che i Tedeschi abbiano incominciato a rendersi conto della verità. Sarebbe interessante trovare una fonte finlandese o tedesca – o svedese, per quanto serva – in grado di sostenere questa tesi.

Fuga di notizie numero tre: Björnstjerna

Carlgren prende in considerazione un'altra fuga di notizie. Il colonnello Björnstjerna intratteneva rapporti molto stretti con l'addetto navale britannico, capitano Denham, e gli passava in continuazione i rapporti sulle disposizioni navali tedesche in Norvegia, dove stazionavano alcune delle navi più pesanti tedesche, compresa la corazzata *Tirpitz*. A causa della minaccia ai convogli alleati Q che trasportavano vettovaglie e munizioni a Murmansk, per l'ammiragliato britannico era di estrema importanza sorvegliare da vicino i punti nei quali erano dislocate le forze tedesche.

Scrive Carlgren: "Anche se Björnstjerna non ha mai rivelato la fonte d'informazione, era chiaro agli Inglesi che i messaggi cifrati tedeschi venivano letti dagli Svedesi: informazioni di prim'ordine di questo tipo non si trovavano facilmente. Non era questione di scambio d'informazioni: Denham non aveva nulla di equivalente da barattare; anche se aveva promesso di riferire circa le azioni tedesche contro la Svezia, non doveva essere reso partecipe di tali informazioni".

I motivi della generosità di Björnstjerna nei confronti di Denham sono ignoti. Si dice che Björnstjerna si comportasse in quel modo perché indignato dall'apertura svedese verso Stewen, come si capisce dalla sua lettera a Stedingk. Può darsi che Björnstjerna abbia reagito a ciò che gli sembrava un favoritismo unilaterale, e per di più nella direzione sbagliata, vale a dire a vantaggio dei Tedeschi.

Quando il comandante supremo svedese, generale Thörnell, venne a sapere degli stretti contatti con Denham, reagì immediatamente e licenziò Björnstjerna, minacciando anche di deferirlo alla corte marziale. Fu trovata però una scusa ufficiale per spiegare la sua partenza: suo padre era morto ed egli desiderava occuparsi delle proprietà di famiglia.

21. L'Armata Rossa e il mare Artico

Nel 1941 i sistemi di cifratura della flotta russa del Baltico divennero ancor più complicati. Le navi stazionavano a Kronstadt e le risorse del *sigint* svedese furono indirizzate a seguire più strettamente la flotta dell'Artico e l'Armata Rossa. Qui, in particolare nell'esercito, si poteva trovare una panoplia di crittosistemi. A parte il libro dei codici con sopracifratura additiva – decifrato con successo – parecchi sistemi minori venivano usati in scala più piccola. I crittoanalisti che lavoravano sui sistemi inventati dai Russi dovevano essere versatili: al fine di districarsi in questi sistemi, spesso complicati, si dimostrò necessaria un'analisi approfondita. E, d'altra parte, per ricostruire il testo in chiaro, dovevano essere buoni linguisti. Almeno qualcuno doveva conoscere il russo e la vita russa abbastanza bene da produrre traduzioni prive di errori.

A parte le "star" della crittologia, già menzionate, Olle Sydow e Gösta Wollbeck (Eriksson), c'era una discreta raccolta di tipi in gamba, tutti buoni conoscitori del russo e di altre lingue slave, oltre che specialisti nell'arte di divertirsi. C'erano Gunnar Jacobsson, in seguito professore di lingue slave a Göteborg, Nils-Åke Nilsson, professore di letteratura russa a Stoccolma, Karl Axnäs, ben noto come insegnante di russo alla radio svedese, e i fratelli Krüll, Max e Nicolai, russi di nascita. C'era poi Mårten Liljegren, storico dell'arte, e Tage Bågstam, disegnatore di moda. Anche le eccentriche sorelle Löfström, Helena e Marina, figlie di un insigne generale finlandese, facevano parte della squadra della categoria cinque, l'Unione Sovietica.

Il bel Capo Elfvik doveva diventare il luogo di lavoro di Sven Wäsström. Dopo aver studiato russo all'università, egli giunse in "una bella giornata d'estate, con le rose che fiammeggiavano sul muro bianco". Wäsström in seguito sarebbe diventato il capo della sezione russa e dal 1944 avrebbe fatto parte dell'esecutivo dell'agenzia. Per-Erik Ahlman era un insigne analista di sistemi e sarebbe diventato comproprietario ed esperto della Transverter AB, produttrice di dispositivi crittografici. Gunnar Blom avrebbe in seguito intrapreso la carriera accademica, finendo come professore di statistica matematica a Lund. Frida Palmér aveva un dottorato in astronomia.

Gunnar Jacobsson ha molti ricordi di Karlbo, Krybo e Rabo, ed è più che disposto a condividerli:

A causa del duro lavoro richiesto dal sistema sopracifrato, che usava in continuazione false somme, fu ordinato uno speciale calcolatore meccanico alla compagnia Original-Odhner. Ci avrebbe liberato dalla corvée di ricordare che non c'erano "riporti" in questo conto. Il capoca-rico del Krybo, Jean Franzén, capitano di marina della riserva e nella vita civile ufficiale del porto di Stoccolma, venne a Rabo per un appuntamento. Dovendo attendere per un po' in un ufficio in cui c'era una macchina Odhner, cominciò a giocherellare battendo con un dito sulla tastiera. Con sua sorpresa essa non parve sommare i numeri in maniera corretta. Provò e riprovò ancora, con lo stesso scoraggiante risultato. Ovviamente non poteva evitare di fare un'osservazione al riguardo: "vi siete accorti di essere stati imbrogliati? Questa macchina costosa non è nemmeno capace di fare le addizioni correttamente". Fu piuttosto sorpreso quando seppe la verità.

"Jacob" continua:

All'inizio molti di noi, me compreso, avevano grandi difficoltà nel fare traduzioni corrette e comprensibili. C'erano termini militari difficili e lo stile *staccato*[1] non era facile da riprodurre. I nostri clienti si lamentavano per le costruzioni maldestre. Åke Rossby, sempre pronto a dare una mano, venne da noi e ci tenne un seminario improvvisato, ripassando le nostre traduzioni punto per punto. Lo fece in un modo così garbato e amichevole che accettammo le sue critiche con gratitudine. Devo dire che egli aveva un modo semplice e "civile" di trattare con le persone, il modo al quale eravamo abituati all'università. Per esempio, usava i nomi propri, cosa allora poco comune. Veramente l'impettito capitano Hallenborg ci disse che avrebbe cominciato a usare il nome proprio rivolgendosi a noi "accademici", ma poi s'irrigidì quando noi facemmo lo stesso con lui. Non ci rendevamo conto che i militari usano i nomi propri a senso unico.

Come detto, il 1940 fu il grande anno della crittoanalisi per la flotta del Baltico. Tuttavia, nemmeno la sezione dell'Armata Rossa aveva fatto poco: in quell'anno consegnò 6.580 messaggi. I molti sistemi minori, continuamente cambiati e spesso usati da unità dell'aviazione, fornivano informazioni sui movimenti di truppe, mentre le informazioni di maggior valore da un punto di vista operativo si ottenevano dai grandi sistemi di codifica. La crittoanalisi a Rabo ebbe successo soprattutto nel ricostruire i principali codici dell'Armata Rossa, sia nel 1940 che nel 1941. Il risultato non fu altrettanto buono l'anno

---

[1] In italiano nel testo [n.d.t.].

successivo quando, a causa della immobilità dei fronti, molte trasmissioni avvenivano tramite linee terrestri anziché via radio, rendendo il traffico inaccessibile.

I risultati sulla flotta dell'Artico all'inizio furono assai modesti, ma verso la fine del 1940 i principali codici minori erano stati da noi sistematicamente espugnati. Anche qui venivano usati i sistemi di codifica sopracifrati additivamente. Col tempo, altri sistemi divennero accessibili ai crittoanalisti e, nel 1941 e 1942, la flotta dell'Artico produsse più materiale decrittato che la flotta del Baltico e l'Armata Rossa.

Dopo l'invasione tedesca della Russia, i crittoanalisti svedesi ricevettero un aiuto inaspettato. I Tedeschi eseguirono delle operazioni d'intercettazione nella Norvegia settentrionale e in Finlandia, e trasmisero il materiale decifrato a Berlino, usando le linee G-Schreiber che passavano per la Svezia. Fu allora possibile controllare i risultati e ottenere a volte ulteriori informazioni dai Tedeschi. Usando questo materiale, gli Svedesi poterono persino cominciare a sfruttare un nuovo obiettivo - la flotta del Ladoga - che per altro non era proprio di primario interesse. Alla fine della guerra una ricerca ha dimostrato che solo il 5% circa delle decrittazioni tedesche non era nota ai crittoanalisti svedesi. Ma è certamente di grande valore avere conferma dei propri risultati.

I convogli alleati – i convogli Q – costituirono un momento drammatico nella storia dell'intercettazione dei segnali. I convogli trasportavano vettovaglie, munizioni ed attrezzature destinate a Murmansk, ed erano scortati da navi da guerra soprattutto britanniche. Vicini alla meta, essi venivano raggiunti da aerei russi che, da notevole distanza e in mare aperto, comunicavano alla base la loro posizione. Altri segnali venivano captati quando i Russi uscivano incontro ai convogli.

Il *sigint* svedese intercettava e decifrava una parte di questo traffico. Sfortunatamente per gli Alleati, lo stesso facevano i Tedeschi da punti d'ascolto nella Finlandia settentrionale. I risultati tedeschi erano trasmessi attraverso la Svezia, dove venivano decifrati e letti. Gli Svedesi in tal modo occupavano un posto di prima fila nel seguire i convogli, venendo a conoscenza di ciò che i Tedeschi sapevano e leggendo la loro intenzione di attaccare per distruggere.

All'inizio del 1942 la presenza navale tedesca nella Norvegia settentrionale era notevole, annoverando tra l'altro la corazzata *Tirpitz*, le corazzate tascabili *Admiral Scheer* e *Lützow* e gli incrociatori *Admiral Hipper* e *Köln*. C'erano inoltre parecchie cacciatorpediniere e torpediniere, 20 U-boot e 200 aerei. Per avere informazioni sulle forze e gli schieramenti tedeschi, gli Inglesi dovevano contare sulla decrittazione di Enigma. Ricevevano anche informazioni attraverso il traffico decrittato delle G-Schreiber da Björnstjerna e Denham, il loro addetto navale a Stoccolma.

Molto è stato scritto a proposito dei convogli Q. Il più noto di questi è forse stato il PQ17, che è andato incontro al proprio destino all'inizio di luglio del 1942. Era composto da 42 fra mercantili e navi cisterna ed aveva un'ingente scorta navale. Un giovane intercettatore finlandese ascoltò la stazione radio dell'aviazione russa a Murmansk e registrò i messaggi cifrati. Questi risultarono facili da decifrare – una semplice sostituzione: contenevano un dettagliato resoconto sul gigantesco convoglio PQ17, compreso la composizione e i nomi, le date di partenza, i percorsi e la destinazione. Furono anche intercettati, decifrati e letti alcuni telegrammi russi della flotta del Baltico con le stesse informazioni. I Tedeschi affondarono 22 mercantili e una nave cisterna. Solo 11 navi raggiunsero i porti russi.

Nella tarda estate i Finlandesi a Sortavala, sotto Erkki Pale, decifrarono un lungo telegramma inviato da una base dell'aviazione russa ad un'altra, entrambe sul mare Artico. Esso conteneva dettagliate informazioni relative al convoglio successivo, il PQ18, in rotta per Arkhangel'sk. Il telegramma decifrato fu consegnato ai Tedeschi, che lo mandarono a Berlino attraverso la G-Schreiber. Nonostante la cospicua scorta – una portaerei, un incrociatore e 20 cacciatorpediniere – esso fu pesantemente colpito dai Tedeschi. Tredici delle 40 navi furono affondate.

Sven Wäsström, che a quel tempo si occupava del mare Artico, dice che si trattò di un'esperienza molto dura e che egli si sentiva molto depresso leggendo i telegrammi russi e tedeschi decrittati: prima si scopre questo convoglio, poi quest'altro, poi l'attacco.

Il principale sistema diplomatico russo, quello affidato a Beurling per "scaldarsi le mani" quando aveva cominciato nel 1939, non produsse informazioni nel corso della guerra. Era un sistema a blocchi monouso, verosimilmente gestito in maniera esemplare. Anche se di tanto in tanto veniva scoperta una profondità, nel senso che la medesima sezione di blocco veniva riutilizzata, questo non rappresentò mai un appiglio sufficiente.

22. Il codice russo a doppia cifratura

Affinché i risultati di un crittoanalista siano veramente valorizzati, devono essere ottenuti al momento giusto e avere il giusto obiettivo. La decrittazione della G-Schreiber operata da Beurling è uno di questi casi. Un altro saggio di ottimo lavoro crittoanalitico, che forse poteva avere una maggiore importanza pratica, fu la messa a nudo del sistema di codificazione a doppia cifratura della flotta russa del Baltico. Per quanto se ne sa, una simile impresa non fu ripetuta in nessun altro luogo. Dietro l'impresa c'era Gunnar Blom, che in seguito diventerà professore di statistica matematica all'università di Lund.

Ai primi d'aprile del 1941, Frida Palmér, capo del gruppo 53g, riferì che il 1° marzo i Russi avevano cambiato il loro sistema di codificazione. Poco dopo fu chiaro che non era cambiato tanto il cifrario, quanto piuttosto la sopracifratura: ora era fatta in due passi, con due diversi punti di partenza.

In questi casi, la condizione *sine qua non* è di avere a disposizione un numero elevato di testi. Nel periodo 1° marzo - 21 giugno il sistema venne usato con parsimonia ma, dopo l'operazione Barbarossa, il traffico s'intensificò per qualche giorno. Il 22 e 23 giugno ci furono rispettivamente 70 o 80 telegrammi al giorno e nelle successive sette settimane la media giornaliera raggiunse le 40 unità. A quanto pare il sistema venne in seguito usato in maniera meno sistematica. Non sembrava ragionevole perdere tempo su questo difficile problema.

Ma, nella primavera del 1942, il sistema fece la ricomparsa. Gunnar Blom, che aveva un'idea su come aggredirlo, cercò i telegrammi dell'anno prima e si diede da fare per risolvere la sopracifratura. Dato che il dizionario delle parole cifrate era stato ricostruito abbastanza bene, ciò significò che si poteva ottenere un certo numero di testi in chiaro. Sfortunatamente, il numero dei telegrammi giornalieri necessari e la quantità di lavoro richiesta erano troppo grandi per un attacco sistematico.

Gunnar Blom a quel tempo aveva 20 anni ed era stato all'università per due anni prima di arrivare al dipartimento di crittoanalisi come coscritto. Il suo migliore compenso furono gli elogi ricevuti da Arne Beurling: "Egli era un semidio, e di questo mi sentii molto fiero", dice Blom. Quando gli fu chiesto se il tempo trascorso alla FRA avesse significato qualcosa per la sua carriera, egli citò un proprio lavoro di fine anno per Harald Cramér - che lavorava come volontario per il dipartimento crittografico - sull'uso del calcolo delle probabilità in crittografia.

Molti possono testimoniare "l'esaltazione del crittoanalista", quella rara sensazione di ebbrezza che si prova vedendo che una decifrazione sta riuscendo. Dice Gunnar Blom: "Questa sensazione di contentezza è un misto di soddisfazione intellettuale ed euforia, ed è come nessun'altra sensazione io abbia mai provato". Una ragione può essere che il successo in crittoanalisi è spesso preceduto da molti errori, false partenze e altri deprimenti insuccessi. Ipotesi e idee sbagliate, un lavoro statistico noioso e infiniti tentativi contribuiscono a generare un senso di disperazione, fino a che all'improvviso tutto torna al proprio posto e appare chiaro e semplice. "Qualcuno, chissà dove, si è spremuto le meningi per nascondermi le informazioni, e io mi sono rotto la testa per venirne a conoscenza, ma ce l'ho fatta!" Dice Blom: "non è la stessa cosa nel lavoro scientifico, almeno in matematica: non si è mai sicuri che la dimostrazione di un bel teorema sia pienamente corretta – può sempre esserci una lacuna da qualche parte. Ma in crittografia lo sai: il testo in chiaro è il testo in chiaro, e costituisce la prova incontrovertibile che hai fatto qualcosa di giusto".

Per questo libro, Gunnar Blom ha descritto come funzionava la doppia cifratura e come veniva fatta la crittoanalisi. In un precedente capitolo, a proposito del lavoro a Karlbo, ho descritto la sopracifratura semplice. Il cifrario qui usato era lo stesso, il che significa che le prime due cifre dei gruppi di codici avevano la stessa parità. Inoltre, il sistema dei puntatori era lo stesso: consisteva di un trigrafo e di un digrafo. Nell'esempio di Blom, si assume che il puntatore sia il decimo del crittogramma.

a. Descrizione. Il messaggio è dapprima cifrato nel modo già detto: la sequenza chiave additiva (indicata come *keyseq1* nello schema seguente) è presa dal blocco, a partire dalla posizione data dal puntatore *A*. Il gruppo *A* è quindi inserito nel cifrario primario in un punto concordato in precedenza, in questo caso la decima posizione del cifrario primario (indicata come *cifrato 1* nello schema seguente).

Come secondo passo, il risultato del primo passo – *cifrato 1* - viene nuovamente cifrato, questa volta usando il puntatore *B* per indicare la posizione iniziale della sequenza additiva delle chiavi (*keyseq2*) nel blocco. Quindi *B* viene inserito in una posizione concordata in precedenza (posizione 10) nella nuova sequenza del cifrario.

Si noti che ciò significa che il carattere *A* apparirà nell'undicesima posizione del crittogramma finale, cifrato dal gruppo numero 10 della *keyseq2*.

Schematicamente, i numeri sono:

	1	2	3	4	5	6	7	8	9			
codice in chiaro:	1	2	3	4	5	6	7	8	9		10	
keyseq1:	1	2	3	4	5	6	7	8	9		10	
cifrato 1:	1	2	3	4	5	6	7	8	9	A	11	
keyseq2:	1	2	3	4	5	6	7	8	9	10	11	
cifrato 2:	1	2	3	4	5	6	7	8	9	B	11	12
cifrato finale:	1	2	3	4	5	6	7	8	9	10	11	12

b. Crittoanalisi. L'idea principale dell'attacco consiste nello sfruttare la bassa entropia dei puntatori. Ciò significa semplicemente che il numero dei possibili puntatori è piccolo in confronto alle dimensioni dei numeri usati: ci sono solo 30 possibilità su 1000 per le prime tre cifre e 10 su 100 per le ultime due.

Prima di tutto, questo significa che è facile definire la posizione dei puntatori, dato che di solito ne bastano 12 o 13, o al massimo 15 o 16: tutti meno il corretto puntatore *B* avranno una variabilità maggiore nelle ultime due cifre. Inoltre, con una cinquantina di telegrammi, si saranno individuati tutti i possibili puntatori. Dopodiché potranno essere calcolate le possibili differenze tra puntatori (differenze di 2 e di 3 cifre sono da trattare separatamente). In media sono possibili 40 differenze di 2 cifre e 400 di 3 cifre, su 100 e 1000 rispettivamente, e circa il 60% delle differenze, cioè 25 e 250 rispettivamente, si riveleranno uniche, cioè la differenza in questione sarà prodotta da solo un paio di puntatori. In effetti solo poche differenze (eccettuato lo zero) possono avere come origine più di due coppie.

Dato che, in un giorno particolare in tutto ci sono 300 indicatori, il paradosso dei gemelli mostra che la probabilità che una coppia di telegrammi abbia lo stesso puntatore *B* è sorprendentemente elevata: 25 telegrammi ne conterranno quasi certamente una coppia, 50 ne conterranno in media 4 coppie. In queste coppie, i puntatori *A* saranno cifrati con lo stesso gruppo del blocco e se si considera la loro differenza, se ne verificherà una di quelle possibili. Se questa è una di quelle uniche, le *A* saranno determinate e ciò porta immediatamente a un gruppo del blocco. Le altre differenze porteranno in generale a due possibilità per il corrispondente gruppo del blocco. Questo è già un buon punto di partenza.

Un'altra occorrenza, piuttosto rara se i puntatori sono generati a caso, è data dalle coppie reciproche, cioè coppie nelle quali sono stati usati gli stessi puntatori *A* e *B*, ma in ordine diverso: *AB* e *BA*. Sembra che ciò avvenisse abbastanza spesso, probabilmente per via del fatto che erano scelti manualmente e pigramente dai cifratori.

Nel caso delle coppie reciproche, i gruppi che precedono i puntatori danno luogo a profondità, come si capisce facilmente. In circostanze ordinarie, una profondità di ordine due può essere difficile da sfruttare, ma in questo caso, con il testo in chiaro costituito dal codice militare a cinque cifre, con solo 10.000 possibilità, la situazione era più favorevole. Di fatto, dato che solo una piccola percentuale di gruppi è veramente frequente, le differenze sono quasi sempre uniche, facilmente identificate e rilevate insieme ai corrispondenti gruppi di sequenze chiave (ciascuno costituito dalla somma di due gruppi del blocco). Inoltre, una coppia reciproca darà subito luogo a due gruppi del blocco.

È anche possibile sfruttare le terne reciproche, ossia telegrammi con indicatori *AB*, *BC* e *AC*. In questo caso non c'è profondità diretta, ma la somma di due sequenze di chiavi è uguale alla terza.

Sfruttando le coppie *B* e le coppie e terne reciproche, si ha un solido punto d'appoggio, ma sono necessari molto lavoro e molta inventiva prima che il blocco del giorno venga ricostruito, ricavando il testo in chiaro. Blom ricorda che per essere sicuri del successo erano necessari almeno 40 o 50 telegrammi, e se possibile qualcuno in più.

Si può aggiungere che il sistema poteva essere migliorato senza che fosse più difficile da trattare. Per esempio, usando blocchi differenti per la prima e la seconda cifratura, e differenti serie di puntatori, la crittoanalisi ad ogni fine pratico sarebbe stata impossibile.

23. Stella Polaris

Nel 1943 furono rilasciati circa 4.000 telegrammi cifrati della flotta dell'Artico, ma quasi nessuno dalla flotta del Baltico, dove l'intercettazione ricominciò nell'autunno del 1943. Tuttavia la lunga interruzione aveva generato una perdita di dimestichezza con i crittosistemi e non si riuscivano a ottenere testi in chiaro: si era tornati daccapo. Molte cose erano cambiate rispetto al 1940 e al 1941, quando la conoscenza dei sistemi russi era veramente ottima.

Ci vuol tempo per analizzare i sistemi sopracifrati e ricavare il testo in chiaro. Anche se uno dei principali cifrari, così come altri sistemi, era utilizzabile fin dall'inizio del 1944, non fu prima dell'estate che cominciarono ad arrivare i testi in chiaro. Dal punto di vista operativo, l'informazione più utile acquisita per questa via riguardava l'attività dei sottomarini russi e tedeschi. Nel 1944, furono rilasciati appena più di 1200 testi in chiaro. D'altra parte in quel tempo la flotta dell'Artico non produceva molto.

Il fatto che la quantità di materiale decifrato variasse nei diversi teatri è in parte il riflesso di ciò che risultava interessante per la Svezia durante le varie fasi della guerra, ma anche la conseguenza del tipo di segnali che si riusciva a captare e analizzare. Nel 1944, per esempio, risultò difficile sia sorvegliare sia decifrare il traffico dell'Armata Rossa. La verità è che il traffico militare russo non era un obiettivo di particolare successo nel 1944, almeno non prima del mese di ottobre. Dal rapporto di novembre di Åke Rossby traspare che allora le cose migliorarono radicalmente: "Nel mese passato l'agenzia ha ricevuto ulteriori risorse di notevole valore, in termini sia quantitativi che qualitativi. Tali risorse includono personale, metodologia e materiale crittografico, con particolare riferimento alle faccende russe".

Il rapporto non dice esplicitamente che il personale proveniva direttamente dall'agenzia *sigint* finlandese, né che il materiale crittografico era costituito da cifrari e descrizioni di sistemi di cifratura che i Finlandesi avevano ottenuto mediante crittoanalisi o catturato ai Russi. Tutto proveniva dal bottino dell'operazione detta *Stella Polaris*, durante la quale alcune parti dei servizi di *intelligence* finlandesi furono trasferite in Svezia. Il trasferimento era stato organizzato da tempo, ma venne eseguito subito dopo il cessate il fuoco russofinlandese del 19 settembre. I Finlandesi arrivarono in Svezia il 24.

Per assumere 15 specialisti finlandesi del servizio di intercettazione e di quello crittografico in una segretissima agenzia svedese erano occorse decisioni ad alto livello governativo, ma non ci volle molto tempo per mettere all'opera gli "Stellisti". Ad alcuni di questi, e in particolare a quelli che avevano nomi alquanto esotici, furono dati nomi svedesi, in attesa che ottenessero la cittadinanza svedese.

Il resoconto di Rossby indica chiaramente che la Svezia fu rapida nell'approfittare di quest'apporto di conoscenze e abilità.

Per le ragioni dette, l'analisi del traffico dell'esercito russo ha fatto progressi spettacolari. La consegna di testi in chiaro è iniziata per non meno di quattro sistemi di cifratura, come ad esempio quelli usati dalle forze di supporto aereo (vale a dire la prima armata aerea in Lituania), alcune unità dell'aviazione (appartenenti alla 13.ma armata aerea in Estonia) e unità corazzate (anche nell'area del Baltico).

Un cambiamento ancor più radicale ha avuto luogo nell'analisi dell'NKVD, con accesso a tre sistemi di cifratura. Nel caso del codice a 4 cifre, per esempio, solo 700 gruppi all'incirca sono stati ricostruiti fino a questo momento, mentre ne sono stati ricevuti 3200...

È chiaro che in molti campi i Finlandesi avevano sistemato le cose in maniera più rapida ed efficace degli Svedesi. Di fatto, l'esigenza di una efficiente organizzazione *sigint*, soprattutto nei confronti dell'Unione Sovietica, era stata capita presto e, soprattutto grazie al lavoro di persone dedicate allo scopo, in particolare di Reino Hallamaa, allo scoppio della guerra la Finlandia era preparata meglio della Svezia. Il generale Raimo Heiskanen fornisce i seguenti appunti sulla storia del *sigint* finlandese.

Negli anni '30, le attività di intelligence strategico in Finlandia sono andate rafforzandosi, tanto che nel 1939 esistevano tre uffici nella sezione esteri dello stato maggiore:
• U1, ufficio esteri, responsabile degli addetti militari, fatta eccezione per quello di Mosca;
• U2, ufficio statistico, un'agenzia centrale per la raccolta delle informazioni;
• U3, responsabile della sicurezza.
    L'U2 gestiva:
• l'ufficio dell'addetto militare a Mosca (2 ufficiali). Quattro uffici satellite a Viipuri, Sortavala, Kajaani e Rovaniemi, per un totale di 7 tra ufficiali e pubblici funzionari;
• l'agenzia *sigint*, diretta dal maggiore Reino Hallamaa. La sua principale stazione d'ascolto era nei pressi di Sortavala (nella Carelia orientale, oggi in Russia), con altri punti d'ascolto e posizioni DF sull'istmo di Carelia – Terijoki (oggi Zelenogorsk) e Koivisto (oggi Primorsk) – oltre che a Petsamo.

In tutto i servizi d'informazione strategica contavano quasi 120 dipendenti, di cui più della metà nell'agenzia di Hallamaa.

Ovviamente, venivano usate fonti pubbliche, diplomatici e addetti militari, ma il fattore decisivo era l'intercettazione. Alcuni sistemi cifrati e libri di codice usati dall'Armata Rossa e dalla marina sovietica erano già stati espugnati prima dell'inizio della guerra. Su questo argomento, il maggiore Hallamaa era stato in contatto con Arne Beurling in Svezia. Furono stabiliti contatti anche con i servizi informativi di Svezia, Germania, Ungheria e persino del Giappone, oltre che con quelli di Estonia e Lettonia.

Alcune tracce della cooperazione si trovano anche da parte svedese. Ad esempio, in occasione della battaglia di Suomussalmi, nel dicembre del 1939, quando i Russi attaccarono, si dice che le informazioni Svedesi abbiano permesso ai Finlandesi di organizzare un'imboscata e distruggere parecchie divisioni. Il fallimento dell'attacco russo e il successo delle truppe finlandesi contribuirono all'enorme prestigio internazionale ottenuto dai Finlandesi in molte parti del mondo, in relazione alla Guerra d'Inverno.

Per quanto si può giudicare, l'operazione di *intelligence* ideata e condotta da Hallamaa fu realmente efficace, e i suoi contributi furono decisivi per limitare le perdite finlandesi nelle due guerre. I movimenti di truppe russe venivano largamente ricostruiti e senza eccezioni gli attacchi aerei erano conosciuti molto in anticipo[1].

La collaborazione col Giappone portò a due *colpi*. Il codice usato dall'Armata Rossa, sia a livello di divisione che di armata, era stato risolto e letto dai Finlandesi durante la Guerra d'Inverno. I Russi avevano un secondo codice che usavano nel teatro bellico del Pacifico, detto "codice orientale", in contrapposizione al "codice Europeo", risolto dai Finlandesi. Al tempo dell'operazione Barbarossa i codici vennero scambiati, ma nel frattempo i Finlandesi avevano ricevuto dal Giappone una grande quantità di telegrammi intercettati ed erano riusciti a ricostruire la maggior parte del codice orientale molto prima dello scoppio della Guerra di Continuazione. In poche ore, nonostante il cambio di codice, i Finlandesi furono quindi in grado di leggere nuovamente i telegrammi russi. Questa situazione si protrasse fino al tardo autunno, quando l'Armata Rossa introdusse libri di codice totalmente nuovi.

---

[1] In due occasioni ci furono falsi allarmi (in entrambi i casi gli obiettivi erano estoni) ma nessun attacco arrivò di sorpresa.

Il secondo *colpo* riguarda la cosiddetta "cifra a striscia" usata dal Dipartimento di Stato americano. I crittoanalisti tedeschi avevano avuto degli iniziali successi, condivisi con gli alleati giapponesi. Questi, a loro volta, avevano trasmesso le informazioni ai Finlandesi. Un giovane crittoanalista di talento, di nome Kailevi Loimaranta, le ricevette come primo incarico e riuscì a leggere sistematicamente i messaggi diplomatici americani. Anche quando l'America cominciò a sospettare che il sistema fosse vulnerabile e introdusse migliorie, all'inizio del 1944, Loimaranta continuò a leggere il traffico. Soltanto alla fine del 1944 fu introdotto un sistema totalmente nuovo e questa attività dovette cessare.

La vicenda della *Stella Polaris*, con le sue molte questioni aperte e i suoi punti controversi è stata raccontata, ripetuta e discussa in molte sedi. Vi accenniamo in maniera sommaria.

Il 23 settembre del 1944, tre piccoli mercantili finlandesi, il *Maininki*, il *Georg* e l'*Osmo*, partirono da Närpiö, in Finlandia. Il giorno dopo arrivarono a Härnösand, in Svezia. Un paio di giorni dopo la *m/s Lokki* arrivò a Gävle dopo essere partita da Uusikaupunki. A bordo di queste navi c'erano 750 persone, soprattutto appartenenti ai servizi di *intelligence* con le rispettive famiglie. C'erano anche 700 casse di dispositivi per l'intercettazione, cifrari russi e altro materiale del genere.

Tutti erano in abiti civili, sebbene fino a poche ore o pochi giorni prima indossassero uniformi. I piani di trasloco nei porti di Närpiö e di Uusikaupunki erano stati pianificati settimane in anticipo, con depositi di cibo e carburante lungo il percorso. Alcuni viaggiavano in autubus o in treno, altri su veicoli militari.

All'origine di questa vicenda piuttosto spettacolare, nome in codice "Stella Polaris", c'era il timore di un'occupazione totale sovietica della Finlandia, come era avvenuto con i paesi baltici nel 1940, quando il personale di *intelligence* catturato dai Russi fu sommariamente eliminato. Trasportando tutto in Svezia – personale, così come dispositivi e documenti – i Finlandesi speravano di poter proseguire l'attività informativa contro l'Unione sovietica da nuove basi. Nella stessa direzione, in Finlandia erano sorte altre attività. La più nota era il cosiddetto "Affare armi occultate", per il quale sia armi sia dispositivi di comunicazione erano stati nascosti in tutte le parti del paese, per essere usati in una futura rivolta contro gli occupanti. Tuttavia questo piano fu presto scoperto dai Russi, la maggior parte dei depositi segreti svuotata e i dirigenti, come il generale Airo, condannati in seguito a molti anni di prigione per "alto tradimento" (per parecchi anni dopo la guerra, le corti e le forze di polizia erano controllate dal partito comunista, che a sua volta era diretto dai Russi).

Le forze direttive da parte finlandese erano costituite dal capo dell'agenzia d'informazioni Aladar Paasonen e dal capo del *sigint* Reino Hallamaa. È tuttavia difficile pensare che il loro piano non fosse stato discusso e accettato in maniera non ufficiale dal comandante supremo Mannerheim e dal suo braccio destro generale Airo.

L'idea generale dell'operazione Stella Polaris ebbe origine in una conversazione di Reino Hallamaa con Åke Rossby nell'autunno del 1942, e proposta più seriamente al capo della FRA, Torgil Thóren, intorno al dicembre del 1943. L'estate successiva, ci furono concreti negoziati fra Paasonen e Hallamaa da una parte e il maggiore Stig Axelsson – che rappresentava il capo della FRA ed il capo dell'ufficio-C, Carl Petersén – dall'altro lato. All'inizio dell'estate Axelsson fece parecchie visite in Finlandia di cui fu informato il capo svedese del DSHQ, generale Ehrensvärd. Alla fine di giugno fu mandato ad Hallamaa un telegramma, nel quale si diceva che "la Stella Polaris è possibile se il personale arriva in abiti civili, altrimenti c'è il rischio di internamento. Preferibile l'arrivo in piccoli gruppi…" Un paio di giorni più tardi, un telegramma confermava il consenso svedese al piano. Il 7 di luglio, Hallamaa mandò un messaggio per rendere noto che aveva "presentato" il progetto – non è chiaro se al suo immediato superiore Paasonen oppure a Mannerheim e Airo – e che i preparativi erano in atto.

Sfortunatamente non ci fu un accordo scritto e, da parte svedese, non era stato compilato nessun piano concreto per l'arrivo dei Finlandesi. Quando il 17 e il 19 di settembre arrivò dalla Finlandia la notizia che il progetto stava per essere attuato, fu quasi il panico. I vecchi accordi fra Ehrensvärd, la FRA e l'ufficio-C prevedevano che l'ufficio-C dovesse prendersi cura delle persone, mentre la FRA si sarebbe occupata delle macchine e dei documenti. Ma ora Ehrensvärd ordinò che l'ufficio-C rimanesse completamente estraneo all'affare e che la FRA si occupasse di tutto. Inoltre, su suolo svedese, i Finlandesi non erano autorizzati a nessuna attività di *intelligence*, cosa che avrebbe rappresentato una violazione troppo grave della neutralità politica svedese. Anche la richiesta finlandese di una scorta aerea e di navi più grandi per trasportare autocarri ed autobus fu respinta. Per fortuna la dogana e i funzionari dei passaporti erano stati avvisati e furono molto compiacenti con le formalità di ingresso, senza fare domande.

Si dice che Ehrensvärd fosse molto più informato di quanto desse ad intendere. Era considerato un grande amico della Finlandia, come Petersén aveva preso parte alla guerra civile finlandese del 1918 e conosceva personalmente i comandanti delle forze armate finlandesi, in particolare i generali Heinrich e Walldén, i quali parlavano svedese. È possibile che attraverso qualcuno di questi avesse contatti indiretti con Mannerheim. Ma quando l'operazione ebbe il via, non ottenne alcun aiuto dall'interno del DSHQ e dovette cercare di limitare il danno.

L'esito dell'operazione fu molto diverso da quello che i Finlandesi si aspettavano. Ed essi si sentirono nuovamente traditi[2]. La maggior parte dei 350 impiegati finlandesi (senza contare i loro familiari) tornò in Finlandia nel giro di due mesi: la temuta occupazione non si era verificata e, per le persone di minor responsabilità, non c'era più pericolo, anche se qualche dirigente fu condannato a pene variabili da qualche mese a qualche anno.

La FRA si adoperò a trarre vantaggio dalla situazione. Circa 15 specialisti crittografi furono assunti, e fu comprato materiale tecnico e documenti per 252,875 corone. Il resto dei documenti portati dalla Finlandia, che si supponeva di maggior valore, fu conservato nel seminterrato dell'hotel Aston di Stoccolma. Una parte fu microfilmata dall'ex capo della crittoanalisi militare Erkki Pale, che in seguito la vendette, a quanto pare a numerosi acquirenti fra cui sicuramente ai Francesi. Un'altra parte del materiale, per lo più libri di codici e rapporti sull'organizzazione militare Sovietica, fu venduta al Giappone, alla Germania, agli USA, ai Britannici ed ai Francesi. L'addetto militare giapponese Onodera, citato in precedenza, fu un acquirente generoso e prolifico e spese parecchie centinaia di migliaia di corone – una somma considerevole per l'epoca. Almeno una parte degli utili fu destinata al mantenimento dei Finlandesi che erano rimasti in Svezia ed alle spese necessarie per conservare e vagliare il materiale. Si ritiene comunque che una buona somma sia rimasta nelle mani di Hallamaa e Paasonen.

Il contratto concluso col governo svedese prevedeva che i Finlandesi avrebbero montato e consegnato un certo numero di trasmettitori radio e a questo scopo fu organizzata una fabbrica sull'isola di Lidingö. Con tutta probabilità, la fabbrica copriva anche l'attività di intercettazione contro l'Unione Sovietica, che i Finlandesi tentavano di proseguire, contro l'espresso desiderio degli Svedesi. I rappresentanti della FRA che volevano visitarne i locali erano a mala pena tollerati e accompagnati fuori non appena possibile. È venuto alla luce anche il fatto che, fra il novembre del 1944 e l'aprile del 1945, Erkki Pale faceva

---

[2] Quando nel 1939 scoppiò la Guerra d'Inverno, in Finlandia si sperava che gli Svedesi sarebbero venuti in soccorso. Questo non avvenne, anche se fu organizzato e mandato in Finlandia un considerevole corpo di volontari. E furono fatte numerose spedizioni di materiale civile e militare, incluso un terzo della forza aerea svedese. Dopo il cessate il fuoco del marzo 1940, si iniziarono alcuni negoziati per un trattato militare fra i due paesi, che tuttavia non presero corpo.

rapporti giornalieri del materiale intercettato ai rappresentanti dell'*intelligence* americano OSS.

Dall'hotel Aston il materiale d'archivio fu portato nelle residenze di Hörningshorne e di Rottneros, i cui proprietari, Carl Bonde e Svante Påhlson, erano considerati buoni amici della Finlandia. Entrambi avevano amici intimi in Finlandia e i loro figli avevano preso parte come volontari alla Guerra d'Inverno.

Le casse destinate a Hörningshorne e Rottneros furono portate dal supervisore del garage della FRA, Tore Carlsson, noto anche come "Garage-Kalle". Ora, novantenne, ha rivelato un fatto rimasto segreto tutto il tempo: alcune settimane dopo l'arrivo delle casse, gli fu ordinato da Thorén di andarle a prendere alla chetichella a Rottneros e trasferirle al porto franco di Stoccolma. La ragione era che il figlio di Svante Påhlsson aveva scovato il nascondiglio e ne aveva parlato ai compagni di scuola. Tuttavia sembra che la memoria di Garage-Kalle dimentichi un dettaglio: solo una piccola parte delle casse può essere stata riportata a Stoccolma, perché nel 1947 Svante Påhlsson notò che alcune di esse erano scomparse. Dapprima disse a Ehrensvärd di averle bruciate, poi cambiò la storia dicendo che non c'erano più, forse rubate dall'ex addetto militare finlandese Stewen, assunto da Påhlsson dopo essere stato licenziato. In ogni caso, nel 1957 la maggior parte delle casse era ancora conservata a Rottneros. Non è noto cosa sia avvenuto di quelle recapitate al porto franco.

Quindici anni dopo, nel 1961, queste casse e quelle della FRA vennero bruciate nell'inceneritore di Löfsta, su ordine del generale Ehrensvärd, ormai in pensione. Poco prima nello stesso anno aveva visitato la Finlandia e probabilmente parlato del destino degli archivi con gli ufficiali e amici finlandesi. È discutibile il motivo per cui il materiale è stato bruciato: secondo alcuni, i Finlandesi volevano assolutamente tenerlo fuori della portata dei Russi. Ma è anche possibile che qualche politico o qualche dirigente finlandese temesse che la quantità di documenti contenesse fra l'altro informazioni compromettenti o politicamente imbarazzanti.

I due organizzatori dell'operazione e dell'attività finlandese di *intelligence* nel corso di due anni, Paasonen e Hallamaa, tornarono subito in Finlandia, ma dovettero scapparne precipitosamente nel marzo del 1945. Aveva preso il potere un nuovo governo, dominato dai comunisti e Paasonen e Hallamaa erano stati minacciati di processo per alto tradimento. Dopo sei mesi in Svezia, dovettero di nuovo cercare asilo politico: le pressioni politiche della Finlandia e dell'Unione Sovietica mettevano in imbarazzo il governo svedese ed essi furono persuasi ad andarsene. Grazie a un'operazione congiunta franco-britannica furono assunti per un lavoro di *intelligence* contro l'Unione Sovietica, ma dopo due anni i francesi dovettero cedere alla pressione sovietica – nel frattempo era probabilmente calato di molto anche il loro uso – e furono portati di nascosto fuori dal paese. Paasonen si sistemò in Portogallo e Hallamaa mise in piedi una piantagione di garofani in Spagna, a Malaga. In entrambi i paesi erano al riparo dall'estradizione verso la Russia. Secondo Erkki Pale, erano entrambi amareggiati dal fallimento della spedizione Stella Polaris. Soprattutto Hallamaa, che probabilmente aveva contribuito più di tutti alle due guerre contro la Russia, avrebbe avuto il diritto di essere trattato come un eroe in patria, invece di dover vivere in esilio. Lo stesso Erkki Pale tornò in Finlandia, dove fu arrestato, come altri 17 "stellisti" dallo stato poliziesco controllato dai comunisti. Pale fu tenuto in prigione per 20 mesi senza processo, prima di venire rilasciato. In seguito si stabilì in Svezia a lavorare per una compagnia di assicurazioni per molti anni, prima di tornare finalmente nel proprio paese.

Oltre a Paasonen e Hallamaa, sei altri "stellisti" furono reclutati dai servizi di *intelligence* francesi (in cooperazione con i Britannici). I contatti furono stabiliti fra l'addetto militare francese a Stoccolma e il generale Pertti Hartikainen. Formalmente gli Stellisti erano ingaggiati dalla Legione Straniera e il primo gruppo si recò ad Orano, dove fu chiuso nella caserma di Sidi-bel-Abbès. Pensarono di essere stati ingannati, finché non furono portati a Parigi da personale dell'*intelligence*. Chi arrivava in seguito si recava direttamente a Parigi ed era prelevato all'aeroporto.

Uno del gruppo era Andres Kalmus, piovuto dall'Estonia, dove era capo del servizio intercettazione e ascolto. Egli aveva una notevole preparazione, anche in ingegneria e matematica, e conosceva il russo. Come il suo collega Olev Aun, un acuto crittologo, era entrato nei servizi finlandesi quando la Russia aveva occupato l'Estonia. Aun finì alla FRA, ma morì in circostanze misteriose nei primi anni '50. Kalmus invece fece carriera coi Francesi: ottenuto il grado di generale, andò in pensione in condizioni agiate e si trasferì in Svezia, dove acquistò una proprietà a Kungshatt, un'isola a ovest di Stoccolma (tra l'altro non lontano dall'isola di Lovö).

Altri "Francesi", tutti intercettatori finlandesi, comprendevano Teuvo Äyräpää, il cui vero scopo della vita era quello di continuare gli studi di biochimica intrapresi a Helsinki. Invece, ora doveva insegnare ai telegrafisti francesi come intercettare le radio trasmissioni russe. Dopo un anno e mezzo ne ebbe abbastanza e ritornò in Svezia per riprendere gli studi, finendo con un dottorato in biochimica.

Äyräpää ha parlato delle operazioni di un compagnia finlandese motorizzata durante la guerra. C'era anche un collegamento svedese: il comandante Ragnar Thorén, fratello minore del futuro capo della FRA, era addetto militare a Helsinki quando, nel dicembre del 1939, gli fu chiesto se poteva collaborare alla creazione di un certo numero di unità mobili di intercettazione per l'esercito finlandese[3]. A quel tempo non c'era niente di simile al mondo. Thorén accettò e verso la fine dell'inverno, 15 o 20 autocarri Volvo sotto copertura fecero la traversata sui ghiacci di Kvarken (Merenkurkku) dalla Svezia alla Finlandia. Nell'estate successiva Äyräpää partecipò a esercitazioni con questi camion Volvo. C'erano unità d'ascolto, unità di intercettazione direzionale e uffici. I ricevitori erano americani, fabbricati dalla RCA, i trasmettitori svedesi, l'equipaggiamento radiogoniometrico tedesco e le radio Morse finlandesi. L'alfabeto Morse veniva usato solo per le comunicazioni interne finlandesi.

Quando cominciò la Guerra di Continuazione, nel giugno del 1941, a Savonlinna fu formata la III compagnia motorizzata del quartier generale radio battaglione. Essa fu mandata al fronte sull'istmo di Carelia, dove fu divisa in gruppi sparsi in ogni direzione. La III compagnia sarebbe poi diventata responsabile di tutte le operazioni d'intercettazione a est e a nord del lago Ladoga, mentre la II compagnia, il "centro *sigint*", si occupava dell'"istmo".

La III compagnia ebbe un proprio gruppo di crittoanalisi composto da 10 o 15 persone. Tale gruppo comprendeva matematici e linguisti e perciò era in grado di svolgere compiti complessi. Inoltre, ogni gruppo mobile aveva un paio di crittoanalisti inesperti, che si occupavano dei sistemi crittografici e dei codici di traffico più semplici, ingaggiati soprattutto per fare esperienza.

Quanto ai risultati ottenuti, Äyräpää dice che le informazioni più utili furono captate nel giugno del 1944, durante il contrattacco dei Russi, la "grande offensiva". Ma anche durante il periodo compreso tra la primavera del 1942 e la primavera del 1944, quando il fronte si era quasi fermato, furono ricevute importanti informazioni relative a movimenti di truppe, attacchi partigiani e altre attività russe. Le informazioni di gran lunga maggiori erano ricavate da telegrammi cifrati. I Russi usavano raramente i testi in chiaro, solo in caso d'emergenza. L'analisi del traffico, benché importante, raramente produceva informazioni di utilità immediata. Gli intercettatori direzionali si dimostrarono poco affidabili e gli autocarri furono ricostruiti ed equipaggiati con ricevitori d'intercettazione.

Äyräpää cita un esempio dal quale risulta come un cifrario anche solo marginalmente conosciuto possa portare a informazioni di un certo valore. Nella fase finale della guerra, la 32.ma armata russa usava un codice a quattro cifre

---

[3] Può sembrare curioso che il lavoro sia stato affidato a uno straniero. Ma Thóren aveva collaborato in precedenza con i Finlandesi. Egli era nel genio fotografi e aveva brigato per prendere immagini degli stabilimenti navali di Kronstadt dall'isola finlandese di Seiskari, lontana 70 chilometri. Le fotografie erano abbastanza nitide da dedurre il calibro dei cannoni nelle navi alla rada nel porto. Seiskari è citata anche nel cap. 17.

che, a sorpresa, si rivelò difficile da risolvere. L'analisi era condotta da Olev Aun, che in seguito sarebbe stato assunto dalla FRA: il codice non fu veramente leggibile sino a quando il fronte non si fermò di nuovo. Furono però individuati subito i gruppi che rappresentavano numeri e, dato che tutte le mattine veniva trasmesso un rapporto sulla situazione con le coordinate di tutte le divisioni e dei reggimenti dei quartier generali dello stato maggiore, tale sistema fornì importanti informazioni per le truppe finlandesi.

Come biochimico Äyräpää ha da raccontare una storia molto speciale.

Nella primavera del 1942, a causa della impraticabilità delle strade, il mio gruppo si era impantanato in un piccolo villaggio della Carelia orientale di nome Padany. Captammo una quantità di telegrammi contenenti codici a tre cifre da una stazione che pareva situata a oriente della nostra. Per passare il tempo cercai di violare il codice insieme a un operatore che sapeva il russo. Avemmo un parziale successo e mandammo i risultati al quartier generale della nostra compagnia, dove il lavoro fu terminato. Risultò che era usato dalle truppe di guardia alla linea ferroviaria Arkhangel'sk-Vologda, di importanza decisamente vitale per i Russi.

Ricordo bene il codice. Quando 25 anni dopo fu scoperta la struttura del codice genetico, mi resi conto che il principio era lo stesso del cifrario della linea Arkhangel'sk-Vologda.

Entrambi sono codici cosiddetti trigrafi degenerati, vale a dire codici a 3 caratteri nei quali il cambio di una delle cifre del gruppo non altera l'interpretazione del gruppo stesso. Nel codice russo poteva essere cambiata la prima cifra, nel codice della natura l'ultima, senza che cambi l'effetto. Il numero dei caratteri nel codice della natura è solo 4 (rappresentante i quattro nucleidi di base) e i trigrafi corrispondono a 20 diversi aminoacidi, più segni di arresto-riavvio. I trigrafi del codice russo denotavano 31 lettere, 10 numeri e circa 10 parole speciali di uso comune. I 20 aminoacidi possono comporsi in catene lineari di proteine, proprio come parole di un testo ordinario. Questo è il testo in chiaro della natura.

Deve considerarsi casuale – si domanda Äyräpää – o deve ritenersi qualcosa di naturale, il fatto che l'uomo costruisca un codice simile a quello trovato dalla natura tre o quattro milioni di anni fa?

Uno dei crittoanalisti impiegato dal FRA fu Kalevi Loimaranta, già citato in relazione alla "cifra a striscia". I suoi contributi furono notevoli, finché cominciò ai interessarsi di *computer*, cosa che lo portò a lasciare la FRA nel 1956 per il lavoro informatico.

24. Graduale calo del traffico tedesco

Il seguente resoconto è basato sul traffico dei rapporti mensili dei gruppi della sezione 31.

Gennaio 1943. Il traffico tedesco continua a diminuire, specialmente il traffico militare decifrabile, la cui riduzione è cominciata nel dicembre 1942, per lo più a causa di una maggiore disciplina crittografica e di un migliore uso delle chiavi. Comunque, continuano ad arrivare telegrammi AB e C che sono leggibili, così come sporadici messaggi Z (SZ40).

A Petsamo, un punto d'ascolto della FRA sull'isola di Lindingö, Berndt Thisell ha cominciato esperimenti di decifrazione del traffico telescrivente tedesco via radio. Un recente rapporto tecnico della TELECOM sostiene che l'impresa è impossibile, ma dato il potenziale beneficio che se ne può trarre, vale la pena di tentare. Si sospetta che la SZ40 venga usata sulle linee che congiungono la Germania ai paesi Baltici.

Febbraio 1943. Il giorno 22 scompare totalmente il traffico AB nel settore militare, ma continua in quello diplomatico. Al tempo stesso, qualcosa cambia nel traffico C, rendendolo impossibile da decifrare, almeno per ora. Continua a verificarsi un calo generale di materiale intercettato.

Marzo 1943. Continua ad essere letto il traffico diplomatico AB. Un'efficace crittoanalisi della nuova variante della C, denominata CA, può iniziare l'8 marzo, quando 11 messaggi in profondità vengono intercettati. Il 20 marzo, questa macchina può considerarsi espugnata e a Lindstein viene richiesto di progettare una macchina decifratrice.

Del materiale decifrato in marzo, il 65% è traffico AB, il 16% C e il 19% CA.

I resoconti di Ulric Lindencrona, capo del 31f, indicano che l'atmosfera ha preso un tono pessimista: "L'interesse e l'entusiasmo dei dipendenti sono calati notevolmente, nonostante continui incoraggiamenti da parte della direzione". Inoltre: "Il carico di lavoro della cosiddetta redazione principale, che era in generale molto pesante, ora è scemato al punto da generare preoccupazione".

La riuscita crittoanalisi della macchina CA fu tenuta segreta, forse allo scopo di non creare false speranze. Scrive Lindencrona "Nuovo materiale CA viene trattato al 31g da un piccolo gruppo specialmente selezionato (un ripulitore e una dattilografa), chiuso a chiave in una camera alla quale solo pochi possono accedere. In tal modo il resto del personale è all'oscuro del fatto che la macchina CA è stata espugnata".

Un metodo statistico per affrontare la AB, ideato da Lars Carlbom, permette di decifrare i telegrammi lunghi senza bisogno di aspettare profondità. A causa della quantità di lavoro necessaria per questo attacco statistico, continua tuttavia ad essere usato il vecchio metodo, ogni volta che sono disponibili messaggi in profondità.

Aprile 1943. La macchina C è stata dovunque sostituita dalla CA. La Z-Schreiber (SZ40) è stata espugnata il 9 aprile. Tre crittoanalisti si occupano con continuità di essa a partire dal 1° marzo. Il gruppo, nominato da Lars Carlbom, comprende Carl-Gösta Borelius, Tufve Ljunggren e Bo Kjellberg. Negli archivi della FRA sono conservate annotazioni precise, redatte da Bo Kjellberg, che descrivono gli sforzi compiuti. Un pacco di telegrammi alto un metro e mezzo, del periodo tra il 26 novembre 1941 e il febbraio del 1943, era disponibile come materia prima. "Dato che numerosi sforzi, basati su varie ipotesi, erano falliti, decidemmo di lavorare lentamente ma in modo sistematico, per ricavare ad ogni passo dei fatti incontrovertibili da usare nel seguito dell'attacco".

Il 9 aprile 1943 alle 17.00 l'algoritmo della Z-Schreiber fu interamente definito grazie ai telegrammi di sessanta giorni. Alcuni fatti erano stati ricavati dalle chiacchiere dell'operatore.

Borelius descrive la SZ40:

Si ipotizzò che, contrariamente alla macchina AB, quel dispositivo fosse una singola unità, collegata fra la telescrivente e la linea. Il principio cifrante era la pura addizione del flusso delle chiavi e quindi era probabile che si potesse usare con telescriventi diverse dalle Siemens, in funzione delle quali erano state costruite le macchine AB [Secondo W. Mache, la SZ40 era usata con telescriventi Lorenz, BB].

La macchina Z aveva 12 ruote dentate con denti regolabili, disposti in posizione attiva o passiva. Le ruote dalla 1 alla 6 ruotavano regolarmente, un passo per ogni carattere cifrato. La ruota 6 influenzava la 7 nel senso che un dente attivo sulla numero 6 faceva muovere di un passo la 7, mentre se il dente della 6 era passivo, la ruota numero 7 rimaneva ferma. Allo stesso modo, la ruota numero 7 controllava i passi delle ruote dalla 8 alla 12.

Il carattere del flusso delle chiavi si formava sommando *mod* 2 ciascuno degli effetti delle ruote 5 e 12, 3 e 10, 2 e 9, 1 e 8.

Lindstein quella volta non costruì un dispositivo decifrante. Lo progettò al suo posto Erik Asker, un tecnico che lavorava sotto il direttore tecnico della FRA, William Jonsson. Un dettaglio curioso è che le ruote erano rappresentate da catene di bicicletta.

Maggio 1943. Continua ad essere letto solo il traffico diplomatico AB. Troppo poco materiale e un'accentuata disciplina crittografica hanno reso inaccessibile il traffico militare CA.

Viene fatto di pensare che i Tedeschi vogliano introdurre la CA nell'ambasciata. Le conseguenze sarebbero serie: nessun telegramma potrà essere letto.

Aumenta il traffico cifrato con appropriati sistemi diplomatici, senza l'uso della G-Schreiber. Sono formati da inviolabili sistemi a blocco monouso e da altri non facilmente decifrabili.

Si è captato un solo messaggio Enigma. Il numero delle addette agli *app* è calato da 55 in gennaio a 20 alla fine di maggio. Al 31f i numeri corrispondenti sono 53 e 26 e, per le dattilografe, 17 e 9.

Giugno 1943. Lettura del traffico diplomatico in pericolo: l'ambasciata tedesca ha cominciato a usare la macchina CA in parallelo con la AB.

Viene letto per la prima volta il materiale Z del traffico radio telescrivente intercettato dal gruppo di Berndt Thissell a Lindingö. Errori di registrazione rendono difficile la crittoanalisi.

Luglio e agosto 1943. Parti notevoli di messaggi diplomatici sono cifrati con adeguati sistemi diplomatici.

Settembre 1943. Una certa quantità di materiale diplomatico via AB, molto poco via CA. Sistemi diplomatici appropriati in fase di aumento.

Sulle corsie radio telescriventi viene scoperta una nuova variante della Z-Schreiber, la ZA. Espugnata quasi subito. La differenza sta nei passi delle ruote. La designazione tedesca è probabilmente SZ42.

Ottobre e novembre 1943. Bombardamenti su Berlino interrompono il traffico. Viene scoperta un'ulteriore variante della Z sulle corsie radio telescriventi. Non si arrende alla crittoanalisi.

Dicembre 1943. Con una sola eccezione, gli sforzi relativi ai sistemi diplomatici si rivelano infruttuosi: si ritiene che siano tutti del tipo a blocco monouso, inespugnabili se usati come si deve. L'eccezione è il codice spazzatura menzionato in precedenza, avente come nomignolo *Sifferglea*[1].

Da qualche tempo nei telegrammi si accenna ad una nuova G-Schreiber, la DORA (TD52). Ora, alla stazione di Oslo viene ordinato di usarla per tutto il traffico attraverso la Svezia.

Nel 1943 furono decifrati e rilasciati 71.000 messaggi. In tale cifra va compreso il materiale militare fino a tutto maggio. Inoltre, c'erano circa 400 messaggi diplomatici al mese. Il resto era costituito da materiale vecchio, non trat-

---

[1] Una precedente lettera di codice era stata identificata come "GLEA" nei telegrammi teleschi. Un successivo codice digitale equivalente fu chiamato per questo "*Sifferglean* [GLEA digitale]".

tato per mancanza di tempo in precedenza ma che si pensava contenere importanti informazioni.

A dicembre ci sono ancora 51 dipendenti nella sezione 31, rispetto ai 185 dell'anno prima. Delle più che 130 persone divenute superflue, molte si sono dimesse per conto proprio, specie le ragazze appartenenti alle classi più alte. Alcune sono state trasferite ad altre sezioni linguistiche, a secco di risorse: le sezioni tedesca e russa hanno assorbito quasi tutti. Alcune tra le addette agli *app* – tra le quali Birgit Asp e Birgitta Persson – dopo un addestramento sono divenute intercettatrici. Poche persone sono state licenziate.

Erika Schwarze

A proposito di particolari acquisizioni di informazione durante il 1943, è interessante la storia di Erika Schwarze. Venivano raccolte notevoli informazioni, anche se i tempi gloriosi della G-Schreiber erano ormai finiti. Che ruolo ha avuto Erika Schwarze in questo lavoro?

Erika Schwarze era una tedesca trasferita nel 1942 a Stoccolma, dove lavorava alla sezione *Abwehr* [*intelligence* tedesco] dell'ambasciata tedesca. Ella racconta della propria esperienza in un libro, *Kodnamn Onkel* [Nome in codice, Zio], (Bonniers 1993, in svedese). All'inizio cifrava i messaggi con un piccolo apparecchio che le sembrava piuttosto facile da usare. Un giorno però il superiore le disse che gli Svedesi probabilmente avevano espugnato il sistema e che da quel momento in poi i messaggi segreti dovevano essere trasmessi via *Luft*, cioè attraverso l'ufficio dell'addetto militare tedesco all'aviazione. L'ufficio si trovava a un solo isolato da Karlbo, in via Karlavägen. Paradossalmente, la verità era esattamente il contrario. La prima macchina usata da Erika era probabilmente un'Enigma, mai espugnata dagli Svedesi, mentre il *Luft* usava la leggibile G-Schreiber.

La Schwarze continua raccontando come, dietro istigazione di Börje Brattberg, un ufficiale della *Säpo* [la polizia segreta svedese], cominciò a trascrivere e portar fuori di nascosto frammenti di testo in chiaro presi dai telegrammi da spedire a Berlino da parte della sezione *Abwehr*. Lo scopo era quello di aiutare i crittoanalisti svedesi a "espugnare il codice". Brattberg le aveva detto: "abbiamo bisogno di porzioni di testo in chiaro. Se riceviamo materiale in maniera continuativa, i nostri esperti possono fare il resto". Ella trovò il compito spiacevole, ma continuò fino a quando Brattberg le disse che non ce n'era più bisogno: "il codice è espugnato".

Il libro, quando fu pubblicato, provocò un certo scalpore; nella sua recensione del 4 dicembre 1993 sul *Dagens Nyheter*, Maria-Pia Boëthius scrisse: "La parte più sensazionale del racconto della Schwarze è quando parla dell'aiuto offerto agli Svedesi nell'espugnare il codice dei Tedeschi, il sistema di cifratura usato per la spedizione di telegrammi in Germania. Si è sempre detto che dietro l'espugnazione dei codici c'erano i geniali metodi di decifrazione degli Svedesi".

Ovviamente la Schwarze non avrebbe potuto aiutare a violare il codice della G-Schreiber nel 1940, se non altro perché arrivò in Svezia all'inizio del 1942, mentre Beurling compì la propria impresa nel luglio del 1940. Ho sottolineato questo fatto, qualche anno dopo, in un articolo del *Dagens Nyheter*, aggiungendo: "La storia di Erika Schwarze sembra credibile, e sarebbe interessante scoprire esattamente quanto i suoi sforzi siano stati utili ai crittoanalisti".

Scrivendo queste righe ho sperato di trovare le prove dell'attività della Schwarze negli archivi della FRA, con indicazioni sul possibile aiuto che i crittoanalisti avrebbero ricevuto per quella via. Un "aiuto" di tal genere non è necessariamente rintracciabile nei rapporti, ma può risultare indirettamente evidente. Åke Rossby era il solo a tenere i contatti della FRA con l'ufficio C e la *Säpo*. Uno scenario possibile è che Rossby abbia accennato all'ufficio C che la sezione tedesca di crittoanalisi aveva qualche difficoltà e che l'ufficio C abbia escogitato lo "Zio" per conto proprio, nella speranza di essere utile.

I *crib*, cioè i brani di testo in chiaro, specie quando corrispondono esattamente al testo cifrato, possono essere a volte di grande aiuto ai crittoanalisti. Nel caso della G-Schreiber, una coincidenza esatta era molto difficile, per ragioni che non avevano a che fare con lo stesso testo in chiaro: come s'è visto prima, caratteri di spaziatura, *shift* e comandi dell'operatore ecc. comparivano piuttosto casualmente.

In una situazione in cui l'analista disponeva di un numero insufficiente di messaggi in profondità, anche dei *crib* non proprio coincidenti potevano essere d'aiuto.

Dallo studio dei rapporti mensili, scopriamo che nel marzo del 1943 l'analisi della macchina CA era ancora in corso. I messaggi erano pochi e l'analisi poté cominciare seriamente solo l'8 marzo, quando furono ricevuti 11 messaggi in profondità. Il 20 marzo fu raggiunto il successo. Furono d'aiuto i brani di testo in chiaro trafugati da Erika Sschwarze? Le date non coincidono troppo bene. Erika aveva appena cominciato ad annotare parole e frasi dai telegrammi quando suo padre morì. Ella si recò al funerale, che ebbe luogo il 9 marzo. Il giorno dopo andò a Berlino. L'11 marzo ritornò in volo a Stoccolma. Il viaggio in Germania dovette durare uno o due giorni, e pertanto non sembra probabile che Erika fosse al lavoro durante la prima fase di crittoanalisi della macchina CA.

Un altro sistema venne attaccato in quei giorni: l'SZ40, noto anche come Z-Schreiber. La tabella di marcia di Erika Schwarze concorda meglio con questa ipotesi: tornata dal funerale, continuò a svolgere il proprio compito per "varie settimane" prima che le si dicesse di smettere. Ciò concorda abbastanza bene con la data del 9 aprile, quando finalmente la Z-Schreiber fu messa a nudo. Comunque, Carl-Gösta Borelius, che faceva parte del gruppo di crittoanalisi, non ricorda di aver ricevuto alcun aiuto di tal genere. Inoltre, non risulta che l'ufficio dell'addetto militare all'aviazione disponesse di un SZ40.

Dovendo formulare un'ipotesi, direi che Erika Schwarze fu avvicinata nella speranza che brani di testo in chiaro potessero aiutare nell'analisi del sistema, ma che poi si rivelarono non necessari o inutili. È possibile che Åke Rossby fosse in contatto con il capo del 31g, Lars Carlbom, e che questi uomini abbiano tenuto per sé ciò che sapevano delle attività dell'Ufficio C. Entrambi sono ora defunti e probabilmente non conosceremo mai la verità. In ogni caso, non ci sono indicazioni sul fatto che brani di testo in chiaro fossero noti, visti o usati dai crittoanalisti durante il loro lavoro.

25. Borelius fa una visita ai Tedeschi

Dopo il 3 febbraio 1944 il traffico tedesco via cavo non era più disponibile a una sistematica decifrazione. I diplomatici continuavano a usare la macchina CA, ma un nuovo uso delle chiavi, insieme ad un'accresciuta disciplina crittografica, evitavano per lo più che si verificasse la profondità necessaria alla riuscita della crittoanalisi. Il personale rimasto a Karlbo – tutte le attività non tedesche erano state trasferite a Lovö – doveva accontentarsi di sorvegliare il traffico e ricavare la maggiore quantità possibile di informazioni dal vecchio materiale. Dal lato militare, DORA aveva preso il sopravvento e, sebbene fosse di tipo G-Schreiber, il suo preciso algoritmo non era conosciuto. Inoltre, comparve anche una macchina di nome QEKY o T43. Ci si riferiva ad essa come *Entzerrungsgerät*.

L'addetto militare tedesco all'aviazione aveva a disposizione una macchina DORA. Kurt Englisch, una spia tedesca degli Alleati, racconta di DORA in un libro dal titolo *Den osynliga fronten* [Il fronte invisibile] (Carlson, 1985, in svedese): "A Stoccolma avevo convinto un paio di soldati tedeschi ad aiutarmi. Essi facevano parte dei segnalatori di Oslo e appartenevano ad un distaccamento, composto da una dozzina di persone, che lavorava a Stoccolma agli ordini del sergente maggiore V. Their. Il loro compito consisteva nel manovrare la macchina DORA".

Uno dei due soldati, Horst B., riferiva a Englisch il contenuto dei telegrammi. Horst fu anche avvicinato dal controspionaggio svedese, con il risultato che Carl-Gösta Borelius riuscì a compiere una visita insolita, meglio descritta da lui stesso:

Nel 1944 molti Tedeschi cominciarono a rendersi conto di ciò che comportava per la Germania e per loro stessi la fine della guerra. Uno di essi era un giovane operatore telescriventista di stanza nell'ufficio di Stoccolma dell'addetto militare tedesco all'aviazione. Al fine di acquisire un po' di benevolenza dalle autorità svedesi, da usare quando si sarebbe presentato il momento di saltar giù dalla barca, si mise in contatto con la polizia svedese e consegnò del materiale interessante, come ad esempio gli assetti delle chiavi per la G-Schreiber. Dato che la macchina nell'ufficio dell'addetto militare tedesco era del tipo DORA, questi assetti non ci servivano, in parte perché non conoscevamo l'algoritmo della DORA ma anche perché la notazione tedesca differiva dalla nostra. Ma il potenziale traditore poteva comunque essere di qualche utilità.

Una domenica di novembre 1944, a tarda notte, mi recai dall'addetto militare tedesco, accompagnato da due poliziotti (di nome Link e Holm, se ricordo bene). Il padrone di casa non c'era in quel momento, ma la polizia già lo sapeva. Fummo quindi ricevuti dal giovane operatore telescriventista, che ci portò nell'ufficio, dove ebbi modo di vedere e ispezionare non soltanto la macchina DORA, ma anche la misteriosa QEKY, o T43.

La QEKY era una telescrivente con un addizionale lettore di nastro di carta dotato di un rullo gigantesco. Il testo del nastro era probabilmente costituito da caratteri generati in maniera casuale. A distanze regolari erano tracciate sul nastro delle righe, con un numero ad ogni riga. Il nastro correva dal lettore direttamente al perforatore, dove evidentemente ogni carattere veniva sovraperforato con caratteri nulli, vale a dire cinque fori. Per buona misura, questi fori erano leggermente più grandi dei fori normali, obliterando efficacemente ogni traccia d'informazione. Quella era la ragione del nome *Entzerrungsgerät*.

Il nastro supplementare conteneva un flusso di chiavi generato a caso, i cui caratteri venivano sommati a quelli battuti sulla tastiera oppure che arrivavano dalla linea. Era un sistema a nastro monouso, simile nel principio al sistema a blocco monouso. Le linee numerate segnavano possibili punti d'inizio. Del nastro con i caratteri della chiave generati a caso esistevano presumibilmente solo due copie, una a ciascun capo del collegamento e, dato che venivano distrutte immediatamente, era impossibile un'erronea riutilizzazione.

C'era poi la DORA. Era impensabile guardarci dentro per vedere com'era fatta. Piuttosto preferimmo produrre dei crittogrammi da analizzare al nostro ritorno.

L'operatore tedesco ci aiutò a collegare la macchina DORA ad un'altra telescrivente. Le dieci ruote erano state disposte in maniera arbitraria (probabilmente "01" su ogni ruota), la macchina era posizionata su *Geheim* [segreto] e venne cifrato un certo numero di A. Il testo cifrato risultante compariva sull'altra telescrivente. Quindi, riposizionata la DORA come prima, venne cifrato un certo numero di B.

La procedura fu ripetuta più volte con lettere differenti. L'idea ovviamente era quella di produrre un gran numero di messaggi in profondità da usare per l'analisi.

Mentre battevamo, ci accorgemmo che le ruote avanzavano irregolarmente. Alcune facevano un passo ad ogni carattere cifrato, altre a volte si muovevano e a volte rimanevano ferme. Al fine di capire questo fenomeno, ripetemmo l'intera procedura, ma con una disposizione delle chiavi leggermente diversa: una delle ruote fu disposta su "02" e le altre furono lasciate su "01".

Il materiale così raccolto, insieme alla conoscenza della disposizione dei denti – incredibilmente, veniva usato lo stesso modulo delle macchine AB e C – ci permise di ricostruire l'algoritmo. Ciò nondimeno, tutto risultò inutile: la lettura del traffico rimase impossibile. Avremmo dovuto essere soddisfatti per aver ricostruito tutti i sistemi tedeschi di telescrivente, tranne uno: AB, C, CA e D della famiglia delle G-Schreiber, più QEKZ (SZ-40) e QEKY (T43). L'unico tipo rimasto, T52E (EMIL), fu scoperto solo dopo la guerra.

Horst

Non molto tempo dopo aver descritto l'episodio precedente, mi ricordai di avere un amico che conosceva l'operatore tedesco. Horst viveva in Svezia sin dalla fine della guerra e aveva ottenuto la cittadinanza svedese negli anni '50. Ci incontrammo e mi accorsi subito che era proprio lui la persona che aveva introdotto Borelius nell'ufficio dell'addetto militare tedesco, quella notte di novembre 1944, più di 50 anni fa.

Horst mi disse qualcosa dei suoi trascorsi. Subito dopo il liceo, era stato arruolato e addestrato come operatore di telescriventi. C'erano tre tipi di addestramento: radiotelegrafia, telescrivente e posa di cavi. L'addestramento di Horst comprese un corso approfondito di dattilografia. Nel maggio del 1940 si trovava di stanza all'Holmenkollen di Oslo[1], dove c'era un grande centro telescriventi. A quel tempo Horst non sapeva nulla delle G-Schreiber, che erano segretissime, tenute in un ufficio speciale e venivano usate solo da sottufficiali. Nessuno veniva addestrato all'uso delle G-Schreiber fino al momento in cui doveva lavorare con esse.

Nell'inverno del 1941, Horst fu scelto per far parte di un gruppo di stanza a Stoccolma, dove rimase fino alla fine della guerra. Il numero di operatori a Stoccolma era esiguo, essi pertanto dovevano saper usare anche le G-Schreiber. In questo periodo Horst non sapeva che la macchina fosse poco sicura. Il sospetto che gli Svedesi fossero capaci di intercettare e leggere il traffico di certo non raggiungeva il livello degli operatori. Per quanto riuscì a ricordare, la disciplina crittografica non era molto severa.

---

[1] Collina a ovest di Oslo (n.d.t).

Kurt Englisch, l'agente al servizio degli Alleati ricordato prima, era un tedesco immigrato in Svezia. Arrivato da Berlino, egli aveva numerosi collegamenti con i circoli dell'immigrazione europea in Svezia, nei quali l'antinazismo costituiva ovviamente il legame principale. Englisch e Horst andavano d'accordo: erano entrambi berlinesi e divennero subito amici. L'atmosfera fu tale che Horst si lasciò facilmente persuadere a partecipare alla lotta contro il dominio germanico. Di Englisch, Horst dice: "suppongo che la politica sia stata il suo movente principale. Ufficialmente era un socialdemocratico ma, se è così, dell'estrema sinistra".

Come agente, lavorava con molta professionalità, almeno finché furono tenute separate le varie cellule. Per esempio, Horst non sapeva se Englisch aveva altri contatti nell'ufficio dell'addetto militare tedesco all'aviazione, né conosceva il libro di Englisch sull'attività spionistica svolta a Stoccolma. Dopo averlo letto, Horst ne fu piuttosto seccato. Disse che il libro era pieno di errori sui fatti e che in generale non era molto degno di fede. Englisch aveva romanzato il proprio ruolo e cercato di dare l'impressione di aver agito con successo, mentre Horst riteneva che lo spionaggio dovesse essere fatto spassionatamente, non per avere qualcosa di cui vantarsi. Per esempio, non era vero che Horst avesse lavorato con Link allo scopo di tradire, come riteneva Borelius. Link lo aveva aiutato, ma la decisione di Horst di rimanere in Svezia era stata presa solo a guerra finita.

I contatti di Horst con Englisch e Link iniziarono presto, forse già nel 1941. Link, come Horst lo ricorda, era un tipo molto pratico. Diceva di aver lavorato alla sezione sicurezza del QGSMD e di aver bisogno di aiuto per controllare alcune informazioni. Horst insiste sul fatto che tutto fu lungi dall'essere drammatico: le questioni erano di solito piuttosto banali, ed avevano molto poco in comune con il romanticismo delle storie di spionaggio. Egli capì che il compito principale di Link era la ricerca di possibili fughe di notizie svedesi. Un esempio del tipo di problemi che Link sottopose a Horst fu quello di trovare l'origine della fotocopia di un documento segreto, con i caratteristici quattro fori del sistema svedese di legatura ad anelli. A volte un sovrintendente detective, Torsten Pettersson, partecipava alle riunioni. Horst ritiene che lavorasse come collegamento tra la polizia e il QGSMD. Inoltre fu Horst a presentare Englisch a Link. Essi ovviamente avevano comuni interessi, ma Horst ricorda che Link era infastidito dai troppi legami di Englisch con elementi dell'estrema sinistra.

Englisch lavorava sia per i Russi che per gli Inglesi. Horst non incontrò mai dei Russi, ma ebbe numerosi incontri con gli Inglesi. A questi interessava il contenuto dei messaggi trasmessi con la macchina crittografica dell'addetto militare all'aviazione.

L'unica volta che Horst partecipò a un'operazione segreta fu quando lasciò entrare nell'ufficio Link, Holm e Borelius.

Una riunione

Mi parve naturale fare incontrare Horst e Borelius. Entrambi pensavano che potesse essere interessante: dopo tutto, 50 anni prima, avevano lavorato insieme per alcune ore in condizioni pressanti.

Essi non si riconobbero, ma Horst ricorda che il suo ospite clandestino portava gli occhiali (nella notte in questione non furono presentati l'un l'altro). Carl-Gösta e Horst sono circa della stessa età: a quel tempo avevano 25 e 24 anni rispettivamente. Borelius cercò di trovare il suo calendario del 1944. La casella per la domenica 26 novembre è innocente in maniera esemplare: "Andato in giro in macchina con Link e Holm, non con Jonsson". William Jonsson era direttore tecnico alla FRA e Borelius ricorda che si incontrarono tutti in casa di Jonsson a Nockeby prima di partire in macchina per il n° 99 di Karlavägen.

Ci incontrammo al museo della FRA, dove è esposta una macchina DORA, ricevuta dalla Norvegia, proprio del tipo che Horst fece vedere a Borelius. Horst non ne aveva più vista una dalla fine della guerra. Non si poteva definire esattamente una lieta occasione, ma non ci volle molto tempo prima che Borelius e Horst si mettessero a esaminare i dettagli tecnici della macchina.

Borelius ed io ci aspettavamo qualcosa: stavamo per vedere un autentico operatore tedesco alle prese con la sua G-Schreiber, ma ci accorgemmo subito di saperne più di Horst. Ci interessavano la procedura di riassegnazione delle chiavi, il loro assetto interno, le chiavi giornaliere e i messaggi chiave, nonché il modo di trattare gli errori. Dopo un po' Horst ammise che, quando lavorava alla macchina, si comportava come sospettavamo. Ciò che non sapevamo era che la riassegnazione delle chiavi – fatta eccezione per i messaggi chiave (numeri QEP) – veniva fatta da ufficiali. "Fin dalla guerra non avevo più pensato al modo nel quale trattavo i messaggi" disse Horst scusandosi. Gli assetti delle chiavi che Borelius aveva ricevuto, senza poterle usare, non erano di Horst: "Non potevo averli e se per caso in qualche occasione avessi avuto accesso alle chiavi, me lo sarei ricordato".

Non sembra che Horst fosse un operatore molto ambizioso: "Se si verificava un errore, ci si fermava e si diceva 'non funziona'. Doveva pensarci qualcun altro. Da militare non ci aspetta che tu pensi da solo: pensare era compito dei superiori".

Horst è un realista; non si vergogna né si sente fiero del proprio ruolo. Egli crede che io cerchi di ricavare un po' troppo dalla sua storia, ma al tempo stesso si rende conto che devo scrivere qualcosa in proposito.

C. G. Borelius, B. Horst e l'autore mentre esaminano la DORA

26. Informazioni – Ma quanto valgono?

C'erano due domande alle quali il governo svedese e il QGSMD volevano dare risposta: "i Tedeschi attaccheranno la Svezia?" e "lo verremo a sapere con sufficiente anticipo?".

È improbabile che la lettura del traffico delle G-Schreiber potesse allarmare le autorità svedesi sulle possibili intenzioni tedesche di attaccare la Svezia, ammesso che ce ne fossero. La risposta alla seconda domanda, in ogni modo, è un "sì" inequivocabile. Il professor Wilhem Carlgren, ex capo degli archivi del MAE, in una conferenza del 1990 alla FRA, ha detto che l'avvertimento di attacco imminente alla Svezia sarebbe stato dato alle truppe di stanza in Norvegia e, più tardi, a quelle in Finlandia.

"Anche se queste truppe non avessero preso parte alle operazioni – una eventualità piuttosto improbabile – dipendevano pesantemente dal traffico ferroviario attraverso la Svezia. Ovviamente, simili trasporti sarebbero stati interrotti in caso d'invasione e per questo le truppe dovevano essere informate".

Si ritiene generalmente che, grazie al loro accesso alle comunicazioni tedesche cifrate, gli Svedesi si sarebbero allertati su un attacco imminente almeno con due settimane d'anticipo.

Non ci furono messaggi allarmanti di questo genere. Al contrario, stando alle informazioni ricavate dai telegrammi cifrati, i movimenti delle truppe tedesche, gli allarmi e altre disposizioni che altrimenti sarebbero probabilmente suonate minacciose, potevano darsi per scontate. In qualche caso furono evitate costose mobilitazioni e altre misure di sicurezza. In altre occasioni, alcuni telegrammi avvertirono i militari svedesi su sospetti movimenti di truppe in Norvegia, vicino ai confini svedesi, e le contro-disposizioni potevano essere date in breve tempo, probabilmente con grande sorpresa dei Tedeschi.

Carlgren osserva inoltre che i rapporti tedeschi intercettati, relativi ai piani del comando militare e alla situazione della guerra in generale, erano molto più accurati delle informazioni ricevute tramite i canali diplomatici svedesi. Le informazioni permisero alla sezione informativa del QGSMD di offrire approfonditi rapporti ai comandanti dei centri cruciali e agli stati maggiori.

"Poco prima dell'inizio dell'estate del 1941, la lettura di direttive e di ordini per gli operatori del fronte orientale permise a Stoccolma di rendersi conto che la campagna orientale non sarebbe sfociata nella vittoria lampo generalmente prevista. Ciò, a sua volta, permise un atteggiamento meno remissivo verso le richieste dei Tedeschi, rispetto a quello tenuto durante le prime settimane della campagna".

Anche i messaggi di routine si rivelarono importanti. Con i loro dettagli sul numero di uomini, sulle razioni di cibo, sui mezzi di trasporto ecc. essi resero possibile tracciare un diagramma delle forze germaniche disposte lungo i confini svedesi, in un modo probabilmente unico nella nostra storia.

A partire dall'inizio dell'estate del 1941, nei confronti delle richieste tedesche il MAE assunse una posizione più aggressiva di quella del QGSMD, "dove per un po' persistette un atteggiamento di maggiore simpatia verso la causa tedesca".

"Naturalmente, i telegrammi tra l'*Auswärtiges Amt* di Berlino e l'ambasciata tedesca a Stoccolma erano di particolare valore per il MAE. In essi si poteva discernere l'atteggiamento tedesco verso la Svezia e notare persino i risultati degli sforzi compiuti dal MAE per influenzare l'ambasciata: quanto aveva capito il personale dell'ambasciata del punto di vista e degli argomenti del MAE, che cosa aveva fatto più impressione, di quali circostanze si teneva conto ecc.".

Di straordinario valore si dimostrò la conoscenza delle istruzioni che arrivavano da Berlino alle controparti tedesche durante negoziati e discussioni. Un caso in proposito, spesso citato da Thorén, allora capo della FRA, riguarda il tasso d'interesse da stabilire nell'accordo commerciale tedesco-svedese per il 1942. In un telegramma di Berlino all'ambasciata di Stoccolma del 16 dicembre 1941 si leggeva: "Tenuto conto della tendenza al ribasso dei tassi d'interesse, rilevabile anche in Svezia, per il credito dev'essere raggiunto un tasso del 3,5% come massimo. Tuttavia, se la Svezia insiste a ottenere il 4%, i negoziati non devono interrompersi per questo motivo". Thorén sosteneva che i profitti ricavati dalla Svezia da questa notizia furono più che sufficienti per le spese del FRA.

Boheman, sottosegretario di stato agli affari esteri durante la guerra, disse che quando incontrava l'ambasciatore tedesco, gli era di grande vantaggio l'aver prima letto le istruzioni che questi aveva appena ricevuto da Berlino. Noti gli obiettivi della controparte, era ovviamente possibile preparare molto meglio i propri argomenti.

Il servizio di *intelligence* tedesco, l'*Abwehr*, usava la G-Schreiber anche per comunicare con i propri ufficiali di stanza a Stoccolma. Il controspionaggio svedese aveva così a disposizione informazioni per interventi e misure preventive. Un messaggio relativo a un GV-Mann [*Geheimer Vertrauensmann*], vale a dire un agente, è stato citato in precedenza. Durante la guerra, Stoccolma fu un importante snodo per i servizi spionistici dei paesi belligeranti e i Tedeschi raccoglievano diligentemente le informazioni sulle faccende svedesi, così come su quelle di chiunque altro.

Wilhelm Carlgren fu intervistato da Olle Häger in occasione di un documetario televisivo intitolato "G come segreto", nel 1993. Egli allora parlò dei "fascicoli censurati".

Nel giugno del 1941, il capo del QGSMD diramò un ordine secondo il quale nei rapporti distribuiti al MAE non dovevano essere riferite conversazioni con ufficiali superiori svedesi, che non avessero l'approvazione dello stesso QGSMD. Come risultato, alcuni messaggi tedeschi decifrati furono trattenuti e non raggiunsero mai il MAE. Erano invece conservati in speciali fascicoli della FRA. Il capo della FRA, Torgil Thorén, era contrario a una simile forma di censura e probabilmente inviò al MAE un po' di materiale, in maniera non ufficiale. Inoltre, dopo aver informato il ministro della difesa Sköld nel 1943, la censura fu interrotta. Dopo la guerra, questi fascicoli furono raccolti dal nuovo ministro della difesa Allan Vougt.

Secondo Carlgren, il contenuto dei fascicoli non era sensazionale. I telegrammi più dannosi contenevano istruzioni del generale Kjellgren, capo dello stato maggiore territoriale della difesa, che sottolineavano il bisogno di tenere i Tedeschi di buon umore. Alla domanda se i fascicoli rivelavano un atteggiamento filonazista dell'ambiente militare, Carlgren rispose che ciò dipende da quanto venga giudicata filonazista una qualche simpatia verso la macchina militare tedesca. Forse i militari credevano ingenuamente che i soldati tedeschi fossero indipendenti dal partito.

A proposito dell'atteggiamento di diplomatici e militari svedesi volto a ingraziarsi le controparti tedesche, si deve ricordare che gli ordini erano di comportarsi amichevolmente con i Tedeschi e di non contrapporsi ad essi. Tale atteggiamento era amplificato dagli autori dei rapporti tedeschi, che naturalmente volevano mostrare a Berlino di aver ottenuto la fiducia degli Svedesi.

Carlgren racconta la storia del negoziatore tedesco Schnurre, che aveva l'abitudine di presentarsi al MAE per ottenere assistenza e favori. I suoi rapporti testimoniano il desiderio di impressionare Berlino con la propria bravura di negoziatore. Nonostante la testarda resistenza degli Svedesi, egli avrebbe ottenuto ciò che si era proposto. Carlgren incontrò Schnurre a Bonn negli anni '80. Nonostante l'età, Schnurre era ancora lucido e vivace. Quando gli fu detto che i suoi rapporti erano stati apprezzati in Svezia, egli parve sconcertato e disse di non capire come ciò fosse potuto accadere.

È davvero strano quanto fossero isolati i diplomatici e quanto all'oscuro degli sviluppi crittografici sul versante militare. In apparenza indifferenti, essi continuavano a usare il modello di G-Schreiber che i militari da un bel po' di tempo sapevano non essere sicuro.

Oltre a potenziare i propri dispositivi crittografici, i militari cercarono di re-indirizzare il traffico, in modo da evitare le linee di terra svedesi. Questo ovviamente non era possibile per l'ambasciata di Stoccolma. Secondo Carlgren, una delle ragioni della mancanza di consapevolezza crittografica dei diplomatici era il fatto che i Tedeschi avevano sei o sette agenzie che si occu-

pavano di crittografia e che i contatti del ministro degli esteri Ribbentrop con
le altre autorità erano pessime.

L'intervista di Olle Häger a Wilhelm Carlgren terminava nel seguente
modo:

O.H. Fu proprio la FRA la fonte più importante di *intelligence* durante la
      guerra?
W.C. Sì.
O.H. Anche se paragonata ad altre fonti dell'ufficio-C?
W.C. Sì; la qualità del materiale prodotto dalla FRA era molto alta.
O.H. Erano buoni i rapporti tra la FRA e l'ufficio-C?
W.C. In ogni caso, non erano cordiali. Molte persone brillanti lavorarono per
      la FRA, mentre il QGSMD non era capace di reclutare individui dello
      stesso livello. Il lavoro di *intelligence* non è la strada da percorrere se si
      vogliono raggiungere gli alti gradi delle forze armate. Ma gli ufficiali del-
      l'ufficio-C erano molto ansiosi di mantenere il controllo, dare direttive e
      fare le proprie valutazioni. Il personale della FRA si offrse di fare valu-
      tazioni e compilare rapporti, ma questa proposta fu accolta con poco
      entusiasmo. Sembra che la FRA abbia suggerito persino di occuparsi *in
      toto* del settore delle informazioni.
O.H. Ci furono accuse di nazismo rivolte all'ufficio-C.
W.C. Il capo, Petersén? No. Petersén intratteneva eccellenti rapporti con tutti
      meno che con i nazisti, no, nient'affatto.
O.H. Ci furono tendenze politiche percepibili in seno alla FRA?
W.C. Non si possono mettere etichette alle persone. Quelli della FRA erano
      dei professionisti, dei tecnocrati.

27. Norvegia

Mentre stavo facendo interviste per questo libro, venni a sapere quasi per caso che un gruppo di persone della FRA aveva ricevuto dalle mani del re di Norvegia Haakon VII una medaglia alla libertà, insieme a un diploma. Nessuno di essi avrebbe mai esibito la medaglia o tirato fuori il diploma dal cassetto. La ragione era certamente dovuta alla difficoltà di spiegarne le circostanze, per la loro estrema segretezza.

In questo modo mi resi conto che la Svezia era venuta meno alla propria politica di neutralità, non solo cooperando con la Finlandia in materia di informazione e intercettazione: le agenzie governative svedesi furono anche coinvolte con il movimento di resistenza norvegese durante la guerra.

A quanto sembra, il progetto Norvegia ebbe inizio quando la ricognizione segnali della FRA prese due Norvegesi, Erling Diseth e Arvid Næsset, che tentavano di stabilire un collegamento radio illegale tra Stoccolma e alcune cellule della Resistenza in Norvegia. A quel tempo le ambasciate non erano autorizzate a usare le comunicazioni radio e si doveva ricorrere all'alternativa di trasmissioni illegali da parte degli agenti. L'ufficio-C e la FRA parvero in seguito accettare di contribuire all'impresa con consulenze professionali. Così Diseth e Næsset furono addestrati a gestire un agenzia di servizi radio in modo da evitare l'intercettazione.

Nell'autunno del 1943 Dag Falchenberg arrivò da Oslo per essere addestrato a valutare frequenze e procedure. Fu installato un collegamento di prova tra Stoccolma e Göteborg (geograficamente simile al collegamento tra Stoccolma e Oslo). Il terminale di Göteborg fu installato all'ultimo piano del Museo Röhss, il capo del quale, Gustav Munthe, faceva parte dell'ufficio-C.

Falchenberg in seguito ritornò in Norvegia e costituì una rete di agenti nell'area di Oslo. La sua propria stazione aveva il nome in codice ADRIAN, mentre la stazione di Stoccolma era chiamata ADAM. In un secondo tempo la rete fu estesa ad altre parti della Norvegia, in particolare a quella settentrionale del paese.

L'esperienza svedese in fatto di procedure tedesche sul traffico si rivelò inestimabile per evitare l'attenzione della ricognizione radio tedesca. Usando basse frequenze e imitando la segnaletica della difesa aerea tedesca, questa rete fu molto più efficace nell'evitare l'individuazione di quanto lo fossero gli agenti in contatto con l'Inghilterra, i quali in genere venivano scovati in breve tempo. La controparte svedese ADAM, dal canto suo, simulava il traffico dell'esercito svedese. Inoltre, le trasmissioni erano organizzate in modo che fosse impossibile stabilire un collegamento tra ADAM e il resto della rete.

Per altre ragioni Dag Falchenberg dovette fuggire dalla Norvegia nel dicembre 1944. Egli fu in seguito autorizzato a usare ADAM da una villa a Bromma, un sobborgo di Stoccolma.

L'instradamento dei messaggi era a volte piuttosto tortuoso. I membri o simpatizzanti della resistenza norvegese potevano lasciare i messaggi all'ambasciata, che li faceva recapitare all'ufficio-C. Gli impiegati della FRA li raccoglievano poi per la cifratura e la trasmissione in Norvegia. Gli stessi canali venivano usati in direzione inversa.

Il fatto che fossero coinvolti l'ufficio-C e la FRA fu tenuto segreto a tutti i Norvegesi ad eccezione di due o tre persone direttamente coinvolte. La comprensione svedese nei riguardi dell'organizzazione e delle operazioni del movimento di resistenza norvegese poteva suscitare sospetti.

Come nel caso della Finlandia, l'ufficio-C e la FRA violarono gravemente la politica ufficiale di neutralità della Svezia. Non è noto se al governo o al ministero della difesa fossero al corrente di questo fatto: probabilmente erano tenuti all'oscuro. È controverso quello che avvenne dietro le quinte perché gli Svedesi offrissero questo genere di assistenza. Dato che la FRA sorvegliava e leggeva le comunicazioni radio illegali norvegesi, e dato che tale traffico era facile da individuare e da decifrare, è possibile che il capo della FRA, il comandante Thorén, avesse preso l'iniziativa per proteggerli dai Tedeschi. In ogni caso Thorén ricevette da re Haakon VII la croce della libertà, la più prestigiosa medaglia conferita ai partecipanti svedesi a questo progetto.

Altre persone della FRA coinvolte:

1. *Tage Svensson*, radio-operatore, di tanto in tanto prestato all'ufficio-C. Egli gestiva i collegamenti radio con le cellule della resistenza. Tage Svensson ritiene che tali cellule lavorassero autonomamente e che a mala pena fossero a conoscenza dell'esistenza l'una dell'altra. Egli sa comunque che parecchie persone del gruppo con il quale lavorava finirono nell'organizzazione del *sigint* norvegese dopo la guerra. Un esempio è Erling Diseth.

2. *Åke Lundqvist*, ormai ben noto al lettore, che progettava i crittosistemi e scriveva le istruzioni per il loro uso. Lundqvist non ricorda alcun dettaglio ma dice: "Spesso venivo avvisato di mattina e alla fine della giornata si aspettavano che tutto fosse bell'e pronto: scelta del sistema e istruzioni, più la versione battuta a macchina. Molti progetti venivano buttati giù in fretta ed è comprensibile che ci si ricordi poco di tutto ciò".

Quando gli fu chiesto chi dava gli ordini, egli rispose: "Ricevevo gli incarichi direttamente da Rossby o in sua assenza da Tage Svensson. Non avevo contatti diretti con Petersén [capo dell'ufficio-C] il cui nome era sempre usato da Rossby con squisita avversione".

A proposito della partecipazione norvegese, Lundqvist ne fu all'oscuro: "Il nome di Roscher Lund veniva spesso citato da Rossby, ma oltre a questo, nessun altro".

Quando incontrai Dag Falchenberg a Oslo nel marzo 2000 – Falchenberg allora aveva 83 anni – mi mostrò alcune istruzioni scritte da Lundqvist, così come i piani e altri tipi di materiale relativo al progetto.

3. *Ulla Flodkvist*, che aveva lavorato come ripulitrice a Karlbo, cifrò e decifrò messaggi da e per i gruppi della resistenza norvegese. I messaggi potevano giungere in qualsiasi momento della giornata, spesso consegnati da Tage Svensson in motocicletta. I vicini di Ulla nel quieto sobborgo di Nockeby si saranno chiesti che cosa stesse succedendo, specie quella volta in cui una macchina della polizia fece da fattorino. Qualche volta i messaggi venivano trasmessi a Ulla per telefono.

Ulla eseguiva questi incarichi sia a casa che in ufficio, prima in città e poi a Lovön. Di tanto in tanto doveva portarsi i messaggi in borsetta tra la casa e l'agenzia, sempre con un po' di batticuore. I messaggi cifrati e decifrati venivano consegnati all'ufficio-C. A volte un attendente prelevava il messaggio, altre volte lo prendeva Tage Svensson e altre ancora la stessa Ulla faceva le consegne all'ufficio-C di persona, affidando i messaggi a una segretaria di nome Brita Hahne. Le capitò anche d'incontrare in tali occasioni Petersén o Ternberg.

Questi messaggi riguardarono spesso attraversamenti di confine di corrieri o emissari e poliziotti che vivevano nei pressi della frontiera. Ulla aveva un numero di telefono, da usare in caso di necessità, a cui rispondeva un impiegato dell'ambasciata norvegese. Ulla Flodkvist ricorda uno di questi casi: il messaggio riguardava un corriere che stava per attraversare la frontiera, per dirgli di non farlo in nessun caso. Fu necessario ricorrere al numero d'emergenza.

Ulla ricorda anche che i sistemi concepiti da Lundqvist erano spesso sopracifrati con una sequenza ricavata da un numero di cinque cifre. Uno dei criteri del progetto per questi sistemi era che fossero facili da memorizzare e usare, senza compromettersi con carte da portare in giro.

4. *Ulrika Hamilton*, segretaria di Åke Rossby, incaricata della cifratura e decifrazione durante un periodo di vacanza di Ulla Flodkvist. Ella racconta una storia simile e in particolare ricorda un messaggio diverso dal solito, riguardante un gruppo di combattenti della resistenza costretti ad abbandonare la propria zona d'operazione e attraversare la frontiera nei pressi dell'estrema punta nord della Svezia. Di conseguenza Ulrika prenotò un'interurbana con priorità governativa al poliziotto locale di Karesuando, che poi andò incontro al gruppo.

5. *Bertil Arvidsson*, ingegnere (deceduto). Entrò a far parte della FRA nel 1945, dopo aver lavorato all'ufficio-C durante la guerra. Egli era un esperto in ricetrasmittenti radio e responsabile dell'equipaggiamento usato da ambedue i lati del confine per le comunicazioni tra Svezia e Norvegia.

VI HAAKON

N O R G E S   K O N G E

K U N N G J Ø R

AT VI HAR GITT HAAKON DEN 7DES

F R I H E T S M E D A L J E

TIL

Sekretær Ingrid Ulla Margareta Flodkvist

for store fortjenester av Norges sak

under krigen.

OSLO,   5. september   1947

Il diploma per la medaglia alla libertà concessa da re Haakon VII di Norvegia

Gyldén

Un altro svedese che partecipò all'impresa crittografica, e ricevette da re Haakon VII la croce della libertà, fu Yves Gyldén. Non è noto che parte abbia avuto nell'assistere il movimento di resistenza in Norvegia, tuttavia ebbe un ruolo nella storia della crittografia norvegese.

Il lavoro preparatorio fatto negli anni '30 nell'ambito delle forze armate norvegesi, al fine di acquisire competenze crittoanalitiche, somiglia a quello svedese. Ciò non è accidentale, dato che a livello individuale ci furono collegamenti. Il nome di Ragnvald Alfred Roscher Lund, capitano d'artiglieria, domina totalmente la storia della crittografia norvegese. Negli anni '30 egli conobbe e collaborò con i corrispondenti svedesi, in particolare con Yves Gyldén.

Il libro di Gyldén *The efforts of the cipher bureaus during the World War of the armies* [Gli sforzi degli uffici cifra durante la seconda guerra mondiale degli eserciti] è apparso nel 1931 ed è probabile che, leggendolo, Roscher Lund si sia convinto dell'importanza della crittoanalisi.

Il 23 novembre 1935, sul supplemento del sabato dell'*Aftenposten,* l'*A-Magasinet,* fu inaugurato un corso di crittografia. Era scritto e diretto da Roscher Lund. Come nel caso del *Ny Militär tidskrift,* i solutori dei problemi venivano incoraggiati con piccoli premi pecuniari e, come in Svezia, l'idea principale dietro il corso era quella di trovare persone dotate per la crittografia.

Nel libro di Alf P. Jacobsen ed Egil Mørk, *Svartkammeret* [La camera nera], (Cappelen, 1989, in norvegese) si narra di come, nell'inverno del 1936, Roscher Lund fosse riuscito a persuadere lo stato maggiore generale e il ministero degli esteri a nominare un comitato cifra. Il presidente, ovviamente, fu Roscher Lund. Tra i compiti del comitato vi era l'istituzione di linee guida per l'uso dei cifrari, nuovi sistemi d'investigazione, valutazione per l'acquisizione di attrezzatura, addestramento di crittologi e raccolta di materiale crittografico. Roscher inoltre si adoperò affinché il comitato finanziasse un Cripto Club, dal quale reclutare quelli che avevano risolto i problemi crittografici dell'*A-Magasinet.* Il Club fu fondato formalmente nel maggio 1936 con circa 30 iscritti. Il più giovane era Egil Mørk, autore del libro appena citato.

Per iniziativa di Roscher Lund venne avviata una moderna agenzia di *intelligence.* Dal novembre 1936 al gennaio 1937 fu fatta a titolo di prova una raccolta di segnali per conto dell'ufficio-E, *Etterretningskontoret,* del QGSM norvegese. Un rapporto giudicò importante che le date di vaste manovre militari tedesche e inglesi fossero state scoperte in anticipo. Inoltre, il materiale raccolto doveva essere consegnato al Cripto Club per l'analisi. Questa era la strada da seguire per la raccolta d'informazioni da parte dell'ufficio-E e per l'addestramento e la messa in pratica dei criteri di svolgimento dei propri compiti da parte dei crittologi, in caso di guerra. Inoltre, furono acquisite conoscenze sui sistemi crittografici inglesi e tedeschi in tempo di pace. In seguito furono messe sotto tiro le comunicazioni militari russe.

Egil Mørk ricorda: "All'inizio concentrammo i nostri sforzi su un corso svedese di crittoanalisi, tenuto da Roscher Lund giù, al Forte di Akershus. Normalmente ci incontravamo una volta al mese, con compiti a casa per occupare il tempo tra un incontro e l'altro. C'erano 22 membri attivi. Non so da dove arrivassero i problemi; non è concepibile che alcuni provenissero da materiale reale. In tal caso, non ne fummo informati".

Più o meno in quel periodo, Roscher Lund si recò in Svezia. Il suo compito non consisteva solo nel mantenere i contatti e scambiare esperienze e idee sull'addestramento crittografico. Egli aveva anche l'ambizione di allestire un sistema di protezione del traffico telegrafico norvegese. Furono in seguito acquistate per i militari alcune macchine Hagelin.

Entrambi entusiasti, Roscher Lund e Yves Gyldén, andavano d'accordo. Elna, moglie di Yves, ricorda bene Roscher Lund per via delle sue numerose visite a casa Gyldén. "Era un uomo indefesso, molto amichevole in società e galante con le donne; genuinamente interessato al prossimo, condivideva tra l'altro il nostro entusiasmo per il gioco del bridge". Quando in seguito Gyldén si recò a Oslo per tenere un paio di conferenze, Roscher Lund andò a prenderlo alla stazione di Østbanegården. Le due conferenze furono tenute allo scopo di agevolare l'adozione della filosofia crittografica svedese. La prima il 6 aprile 1938 alla "crema dell'esercito, della marina e degli affari esteri", e la seconda, il 7 aprile, al dipartimento di polizia di Oslo.

La fase successiva del piano principale di Roscher Lund fu l'istituzione di una "camera nera", un ufficio cifra permanente o un'agenzia. Di nuovo, egli si ispirò ad un modello svedese, l'unità 4 del servizio informazioni del QGSMD svedese. Nell'ottobre del 1938 il comitato cifra inoltrò il suo rapporto finale con la raccomandazione che venisse istituito un ufficio cifra permanente. Questo ufficio doveva tenersi al corrente degli sviluppi nell'area, mediante la raccolta di articoli e altro materiale relativo alla crittoanalisi, compilare statistiche linguistiche, organizzare corsi di addestramento, redigere istruzioni per l'uso della crittografia e infine concentrarsi sull'analisi dei messaggi cifrati. L'ufficio cifra doveva essere un'agenzia indipendente, sottoposta al Dipartimento della difesa, con personale comprendente cinque ufficiali o pubblici funzionari dell'esercito, della marina, degli affari esteri e della polizia.

Nonostante la mancanza di opposizione, la messa in atto delle raccomandazioni fu molto lenta. I fondi erano scarsi e solo dopo lunghe ricerche e discussioni sul finanziamento la decisione fu finalmente presa il 30 settembre 1939, un mese dopo l'attacco di Hitler alla Polonia.

Al nuovo ufficio fu dato il nome neutro di *Forsvarsdepartmentets Opplysningskontor* [ufficio informazioni del Ministero della Difesa]. Esso fu creato "su base temporanea" fino al 1° luglio 1940, ma a causa dell'invasione tedesca la sua esistenza divenne ancor più temporanea. Nel libro *Svartkammeret* molti di coloro che presero parte all'impresa hanno raccontato la propria storia. Uno di questi fu Helene Kobbe:

"Nella notte del 9 aprile, sentimmo alla radio che navi straniere stavano entrando nei porti di Trondheim e Bergen. Sulla base di ciò che avevo sentito in ufficio, pensai che i Tedeschi fossero arrivati a Bergen e gli Inglesi a Trondheim. Il precedente fine settimana, sabato 6 aprile, mi era stato detto da Lund di riempire lo zaino, metterlo in cantina e prepararmi a partire, prima per l'hotel Slemdal e poi per Brandbu.

Tuttavia non accadde nulla. Quando arrivai in ufficio la mattina del 9 aprile trovai Roscher Lund e Nyqvist che discutevano sull'opportunità di bruciare le carte segrete che non dovevano cadere nelle mani dei Tedeschi. Non ho mai cercato di eliminare i pensieri e i sospetti sugli eventi del 9 aprile e sulla calma assoluta che regnava nella Camera nera. Come si spiega che una semplice ragazza d'ufficio avesse pronto il proprio zaino già dal 6 aprile, quando il 9 dello stesso mese il governo fu preso totalmente alla sprovvista? Fu solo questione di totale incompetenza? Ma in tal caso, come fecero a scappare?

1° Ottobre 1939-9 aprile 1940

Tutto ciò che riguardava il lavoro segreto dell'ufficio è stato bruciato; restano solo i ricordi delle persone coinvolte, alcuni delle quali contribuirono alla stesura di *Svartkammeret*. Fin dall'inizio, tra il personale c'erano membri del Cripto Club. Uno di essi fu Kai Nyqvist, giornalista, un altro fu Erling Quande, ingegnere, a capo del reparto istruzione. Roscher Lund reclutò anche alcuni accademici ben noti nel proprio campo: Einar Høiland, specialista in idrodinamica, Halvor Solberg, meteorologo ed Erling Sverdrup, docente di matematica.

Così come in Svezia, una legge sulla supervisione e il controllo del traffico telegrafico rendeva possibile che copie di tutti i messaggi criptati fossero dirottate all'*Opplysningskontor*. Le onde radio erano sorvegliate da tutte le stazioni militari, in particolare dai mezzi della marina. I radioamatori´erano incoraggiati a scoprire il radio traffico degli agenti.

C'era una grande quantità di spie lungo la costa norvegese nell'inverno del 1940. In un albergo di Narvik, per esempio, risiedevano sia una spia britannica che una tedesca. Entrambe facevano rapporti sulle spedizioni di minerale ferroso, sulla lunghezza delle banchine e sulla profondità del mare.

Il libro *Svartkammeret* ritrae la "catena dei compratori di pesce", formata nell'agosto 1939 da due importatori tedeschi di pesce che lavoravano per la *Abwehr*. Rappresentanti della catena venivano mandati nei villaggi di pescatori lungo la costa, da Bergen, al sud, alle isole Lofoten, al nord. Essi compravano pesce per il mercato tedesco e mandavano rapporti ai quartieri generali di Amburgo, con i dettagli delle consegne di pesce via treno o via nave. E la polizia segreta norvegese scoprì una stretta relazione tra l'intensità dei rapporti sulla consegne del pesce e la partenza di convogli navali per l'Inghilterra.

Col tempo l'interesse si focalizzò su Werner Hillegart, un trentenne che sembrava coordinare le attività dei compratori di pesce dal suo ufficio di Berlino. Il suo telefono fu posto sotto controllo e la posta e i telegrammi vennero intercettati, copiati e mandati alla Camera nera di Roscher Lund. Qui, venivano analizzate le lunghe sequenze di numeri che intendevano significare rapporti relativi alla consegna di aringhe e merluzzi.

Quali metodi abbiano usato Roscher Lund e i suoi colleghi non è dato sapere, ma il sistema di cifratura si rivelò essere una semplice trasposizione. Il testo in chiaro era costituito dai numeri di identificazione delle navi presi dai registri dei Lloyds del 1938. I messaggi elencavano convogli di navi che salpavano da Bergen diretti in Gran Bretagna. Il libro dice anche che "ci sono informazioni sulla decifrazione da parte di Roscher del sistema di cifratura di Hillegart, in collaborazione con gli amici dell'ambiente crittografico svedese di Stoccolma, ma ciò non è confermato".

Stando ai documenti custoditi negli archivi della FRA, C.-O. Segerdhal, Sven Hallenborg ed Eric Törngren si recarono a Oslo nel marzo del 1940. Pur non essendo indicata la ragione del viaggio, sembra probabile che l'occasione fosse quella di analizzare il sistema crittografico dei mercanti di pesce.

Oltre a lavorare per il controspionaggio, l'ufficio si dava da fare con i sistemi stranieri di codifica convenzionale. Helene Kobbe accenna all'attacco del grande sistema britannico ABABY, Rolf Stenersen - finanziere, scrittore e collezionista d'arte - lavorò con altri sistemi di codifica britannici, mentre Roscher Lund e Nyqvist sgobbarono sui sistemi tedeschi. Tutto ciò ebbe un arresto improvviso il 9 aprile.

Le conseguenze del 9 aprile

Per amore di continuità, farò un sommario resoconto di ciò che accadde ai crittologi durante la campagna tedesca, fino a quando Roscher Lund e i suoi collaboratori arrivarono in Svezia.

Dopo aver bruciato tutte le carte relative al proprio lavoro, Roscher Lund ed Erling Quande si misero in automobile, Kai Nyqvist con il tenente Steen – un "uomo radio" - in un'altra, e partirono per Elverum, portando con sé l'attrezzatura necessaria ad assicurare le comunicazioni con l'esercito norvegese. I rapporti particolarmente delicati dovevano essere cifrati con le poche macchine Hagelin disponibili, mentre le comunicazioni di minore livello venivano assicurate con carta e matita.

Il 12 aprile, il generale Otto Ruge (capo del comando supremo norvegese) sistemò il proprio quartier generale in una fattoria a una ventina di km. da Lillehammer. Ciò che era rimasto della Camera nera riemerse gradualmente e il 19 aprile il gruppo fu ricostituito. Il lavoro *sigint* era fuori questione; al suo posto Lund, Quande e Sverdrup si assunsero la responsabilità di rendere sicuri i telefoni e la posta. Il timore di "quinte colonne" era grande. Furono escogitati e distribuiti ad altre unità militari nel sud della Norvegia nuovi metodi da carta e matita. Kai Nyqvist dirigeva l'ufficio cifra e adoperava le macchine Hagelin insieme a Sverdrup.

Verso il 1° maggio, le truppe di Ruge insieme a truppe britanniche paracadutate furono costrette a ritirarsi sulla costa atlantica a Molde. Dovevano essere prese importanti decisioni. Il re e i ministri erano nella Norvegia settentrionale e Ruge voleva raggiungerli, mentre i Britannici preferirono evacuare e fare ritorno in Inghilterra. Alla fine il cacciatorpediniere britannico *Diana* portò il comando supremo norvegese a nord. Del gruppo cifra, Roscher Lund, in quanto ufficiale, e gli scapoli Quande e Sverdrup dovettero seguire il comando. Nyqvist aveva una famiglia a cui badare e se ne andò al sud per arrendersi.

Il tempo trascorso in Norvegia non fu splendido per la sezione cifra. Senza attrezzatura, essi non potevano svolgere alcun compito qualificato. Si disposero pertanto a trattare le poche comunicazioni cifrate che occorrevano per le unità norvegesi.

La guerra non andò bene all'occupante tedesco nel nord della Norvegia. Le forze alleate – Francesi, Polacchi e Britanniche, in tutto 15 o 20.000 uomini – riconquistarono Narvik e spinsero le truppe tedesche verso la frontiera svedese. La svolta della guerra in Francia e nelle Fiandre, con le ritirate degli Alleati e le grandi perdite, cambiò la situazione, e fu deciso di evacuare la Norvegia. Più di 25.000 uomini, compreso il re e il gabinetto, si imbarcarono e l'ultimo trasporto alleato lasciò il paese il 24 maggio. Qualcosa che avrebbe fatto parte dell'inizio della vittoria finale fu portato su una delle navi: tre macchine Enigma intatte. Il 10 giugno Roscher Lund e i suoi colleghi se ne andarono in Svezia con mezzi di fortuna, attraverso la neve.

Come è noto, in Norvegia prese forma un movimento civile di resistenza di grandi proporzioni, il cosiddetto Fronte Interno. Esso non aveva una struttura unificata, ma esisteva a vari livelli e in molti ambienti diversi. Esisteva anche un'organizzazione militare, la Milorg, che cercava di formare forze di resistenza militare. Dopo molte dispute con il governo in esilio a Londra, l'organizzazione si costituì il 20 novembre 1941. Essa in verità era nata già in maggio, dopo che un certo numero di ufficiali militari e di organizzazioni civili avevano deciso di unire le proprie forze.

Una volta a Stoccolma, Roscher Lund si assunse il compito di organizzare la comunicazione tra i gruppi di resistenza in Norvegia e in Svezia, usando come base l'ambasciata norvegese a Stoccolma. Evidentemente, la crittografia aveva un'importanza vitale in questo sforzo.

Nel 1941 Roscher Lund fu nominato addetto militare norvegese a Stoccolma. Un anno dopo venne chiamato a Londra per essere posto a capo del FO II, la sezione informazioni del comando supremo norvegese. La sua carriera continuò dopo la guerra come consulente del primo segretario generale dell'ONU, Trygve Lie.

Mentre sta per calare il sipario sulla collaborazione tra Norvegia e Svezia, troviamo Yves ed Elna Gyldén con uno dei più stretti collaboratori di Roscher Lund, Kai Nyqvist, accompagnato dalla moglie, mentre celebrano il crollo della Germania l'8 maggio 1945 al Hasselbacken, un ristorante vicino a Skansen, nel Djurgården. Roscher Lund, protagonista e *primus motor* di questo capitolo, che altrimenti sarebbe stato al centro dell'attenzione della celebrazione, non poté prendervi parte: a quel tempo era a Londra.

28. Gli ultimi anni di guerra

Dato il calo del traffico tedesco, le risorse poterono essere ridistribuite e vennero estesi gli obiettivi. Oltre alla Germania e alla Russia, i seguenti paesi furono presi di mira con successo:

- Vichy, Francia, tre codici diplomatici;
- Gran Bretagna, tre codici diplomatici;
- U.S.A., un codice di addetto e due altri codici diplomatici;
- Belgio, un codice diplomatico.

I paesi belligeranti cifravano tutte le osservazioni sul tempo, con il risultato che l'SMHA, il Servizio meteorologico svedese, vide restringersi notevolmente la base delle proprie previsioni. I meteorologi continuarono per proprio conto la crittoanalisi e almeno in parte ebbero successo. Nel giugno 1943 subentrò la FRA e istituì un gruppo di lavoro negli uffici dell'SMHA, con nome di codice *Metbo*. All'inizio era composto da quattro analisti, capeggiati da Sven Wäsström. Gli altri tre componenti erano Ulric Lindencrona, responsabile del traffico tedesco, Gunnar Morén, responsabile di quello russo, e Stig Lindqvist, che si occupava delle osservazioni britanniche.

I rapporti tedeschi usavano il codice meteo internazionale a cinque cifre, sopracifrato con un sistema a sostituzione che veniva cambiato ogni tre ore. Le chiavi venivano ripetute tre volte nel periodo di cinque giorni, con il risultato che le previsioni del tempo svedesi miglioravano verso la fine di ciascun periodo.

La cifratura delle osservazioni meteo russe consisteva di sistemi diversi, a seconda dell'area geografica e dei tipi di osservazione. Il sistema principale usava un flusso additivo delle chiavi, lo stesso per tutte le stazioni meno che per l'area di Kronstadt.

Gli Inglesi pareva che usassero un sistema a blocchi monouso.

Più avanti nello stesso anno, l'intercettazione dei segnali e la crittoanalisi furono intensificate. Questo sforzo produsse notevoli risultati, in particolare con le fonti tedesche e russe.

Nell'ottobre del 1943 tutte le attività crittoanalitiche, eccetto quelle di Metbo e del Gruppo 31, furono spostate sull'isola di Lovö. L'organizzatore del trasloco nei nuovi edifici sull'isola del lago Mälaren fu Carl Axel-Moberg, presente ovunque e interessato a tutto. Il suo piano favorito era la costruzione di uffici sotterranei. Ci si poteva aspettare tranquillamente che i monticelli funerari vichinghi sarebbero rimasti intatti sul terreno: Moberg sarebbe diventato in seguito un personaggio pubblico, ben noto come professore di archeologia.

Il trasloco a Lovö comportò notevoli miglioramenti, specie dal punto di vista amministrativo. Poiché per molti impiegati occorreva molto più tempo per recarsi al lavoro, come magra consolazione, si decise che il lavoro di giorno incominciasse e terminasse in coincidenza con il calo del ponte di collegamento con l'isola.

Nel 1944, il traffico tedesco via cavo registrò un temporaneo incremento nel periodo compreso tra l'avanzata sovietica nei paesi Baltici e la rottura delle relazioni tra Germania e Finlandia. Non esistono tuttavia tracce di aumentati successi crittoanalitici durante questo periodo. Ma, preceduta da abbondanti chiacchiere degli operatori, un'altra G-Schreiber, la EMIL, fu messa in linea. "Il cambiamento sembra essere stato precipitoso, almeno a giudicare dai notevoli problemi ripetutamente incontrati dagli operatori": così scrisse Rossby nel proprio rapporto mensile.

La macchina Enigma non fu mai espugnata dagli Svedesi, anche se un po' di materiale era disponibile per l'analisi. La ragione – o almeno quella sostenuta nei rapporti – fu che non si aveva a disposizione alcuna macchina da studiare. Oggi è noto che, a parte il lavoro preparatorio eseguito dai Polacchi, gli Inglesi ebbero a disposizione importanti documenti e l'attrezzatura originale.

In linea di principio l'Enigma era più facile da espugnare della G-Schreiber. Il suo periodo si aggirava intorno a 17.000, mentre il numero corrispondente della G-Schreiber era di 18 cifre. Tuttavia essa non favoriva gli attacchi in profondità come la G-Schreiber.

Dal punto di vista svedese, fu molto più importante riuscire a leggere il traffico delle G-Schreiber. L'Enigma era stata concepita con propositi operativi e tattici e non fu mai usata a livelli superiori di quello dell'esercito. La G-Schreiber d'altro canto venne usata per le comunicazioni tra le massime autorità di Berlino da un lato e i quartier generali dei comandi dei teatri di guerra e dei territori occupati dall'altro.

Allo scopo di seguire la ritirata tedesca nella Finlandia del nord durante l'autunno 1944, il 21 settembre fu allestita una postazione mobile di ascolto, unitamente a un distaccamento di crittoanalisi, capeggiato da Sven T. Johansson. Esso fu battezzato *Habo*, per via della città di Haparanda, punto centrale delle sue operazioni. Fu utilizzata l'attrezzatura radio dell'operazione *Stella Polaris*, compresi due radiogoniometri a onde corte e un autobus equipaggiato per l'intercettazione dei segnali. L'autobus partì dalla Finlandia e naturalmente attraversò la frontiera prima di giungere a Haparanda. I crittoanalisti furono ritirati in dicembre, ma la postazione d'ascolto rimase in funzione fino alla fine della guerra.

L'ampiezza dell'area geografica degli obiettivi da sottoporre all'ascolto e all'intercettazione dei segnali andò crescendo negli anni. Nel 1945 comprendeva anche la Romania, la Bulgaria, la Cina, il Giappone e persino paesi sudamericani come il Brasile e il Cile. I risultati degli sforzi crittoanalitici non erano uniformi.

Nell'aprile del 1945 ebbero termine le più importanti attività belliche della FRA: le linee telescriventi affittate ai Tedeschi furono disattivate. Una parte del personale residuo del Gruppo 31 fu tenuto occupato con vecchio materiale, un'altra fu licenziata o ricevette un avviso di licenziamento. Un piccolo gruppo fu lasciato a occuparsi degli archivi: nel corso degli anni era stato raccolta un'enorme quantità di materiale.

Quando finalmente arrivò la pace, una cinquantina di impiegati lasciò la FRA spontaneamente, specie tra giugno e luglio.

Alla fine d'agosto, la FRA non poteva più ricevere automaticamente i telegrammi diplomatici tramite i buoni uffici della Telecom. Le leggi straordinarie che in precedenza l'avevano permesso non erano più in vigore e si può dire che le attività belliche della FRA giunsero alla loro fine naturale.

Il fatto che le comunicazioni cifrate tedesche fossero lette durante la guerra fu reso di dominio semi - pubblico in almeno un paio di occasioni subito dopo il conflitto. In un processo contro il giornale nazista *Dagsposten*, furono usati telegrammi decifrati trasmessi da Berlino all'ambasciata tedesca a Stoccolma per provare che il giornale riceveva ordini dalla Germania. Inoltre, in una relazione governativa del 1946 proveniente dal MAE e riguardante contatti tra il generale Kjellgren e l'addetto militare tedesco a Stoccolma, si legge il seguente passo: "Negli anni di guerra, alcuni telegrammi cifrati, trasmessi a Berlino dall'ambasciata tedesca furono decifrati dagli Svedesi. Tali telegrammi furono messi a disposizione del comando militare e, in larga parte, a disposizione del MAE".

29. I sistemi crittografici svedesi

Non è azzardato sostenere che i crittoanalisti svedesi erano notevolmente bravi nella scoperta dei punti deboli nei crittosistemi degli altri paesi e nella capacità di sfruttare gli errori commessi durante il loro uso. Ma quanto riuscirono a operarono nel tenere pulito il proprio cortile?

I tre rami militari, esercito, marina e aviazione, sembrano aver usato i rispettivi sistemi in maniera soddisfacente. Il livello generale di conoscenza e l'assetto e l'osservazione delle *routine* furono probabilmente accettabili. In marina, il ramo più coinvolto dall'azione crittografica, colui che rese il personale maggiormente consapevole dell'importanza di una buona pratica crittografica fu Willy Edenberg. Come in altri settori, le macchine Hagelin furono predominanti. Inoltre, vi erano cifrari e sistemi di codifica a blocco monouso che tuttavia, a causa della loro complessità e del tempo necessario al loro trattamento, furono usati con parsimonia. Per fortuna, in tutti i rami delle forze armate, era il capo del QGSMD a decidere quali crittosistemi utilizzare. A partire dal 1937 egli fu assistito dalla sezione crittografica. In seguito subentrò la FRA con mansioni consultive.

Il MAE usava le apparecchiature Hagelin e i blocchi monouso. Le istruzioni erano le stesse dei militari, ma i collegamenti con gli esperti crittografi del paese non furono mai molto stretti. I diplomatici preferivano occuparsi delle proprie comunicazioni senza che nessuno guardasse da dietro le spalle.

Carl-Georg Crafoord, un ex-ambasciatore, ha dato un'immagine stupefacente - e a tratti allarmante – del modo con cui le questioni crittografiche venivano trattate al MAE. Egli aveva cominciato a interessarsi di crittografia sin da giovane e avrebbe continuato a coltivare questa passione durante il servizio militare. Prima che, nel 1942, fosse assegnato alla sede di Londra, aveva lavorato come ripulitore a Karlbo e si era reso conto delle possibili conseguenze di un'imperfetta disciplina crittografica. All'ambasciata di Londra egli era responsabile di cifratura e decifrazione della corrispondenza con il ministero a Stoccolma. A causa di un efficace blocco aereo e navale tedesco, la posta ordinaria era poco affidabile e le comunicazioni radio erano cresciute notevolmente. Per la cifratura di questo traffico venivano usate soprattutto le macchine Hagelin.

Crafoord ebbe ampia opportunità di osservare come fossero organizzati i telegrammi del ministero degli esteri:

L'ufficio cifra del MAE era gestito da sei colonnelli a riposo. Essi probabilmente cercavano di variare la struttura testuale e l'impostazione dei telegrammi, ma tutti avevano le proprie idee personali, alle quali si attenevano saldamente, facilitando perciò, in linea di principio, l'opera di decifratori estranei. Come destinatario di telegrammi cifrati a Londra, avrei potuto dire facilmente quale colonnello fosse in servizio in un giorno particolare. Raccolsi materiale per avere delle prove e, di ritorno a Stoccolma, raccontai l'accaduto a mio zio Ragnar Kumlin, allora vice capo della sezione politica del MAE e uno dei più stretti collaboratori di Boheman.

Vi erano altri motivi d'insoddisfazione del gruppo dirigente del MAE per il modo con cui lavorava l'ufficio cifra: lo si riteneva lento e indolente. Le mie rivelazioni scatenarono una violenta reazione, e le teste cominciarono a rotolare. Con la benedizione di Boheman, Kumlin decise di fare uno scandalo, grande abbastanza da costringere i colonnelli ad andarsene. A capo dell'ufficio cifra egli volle insediare un esperto, in sostituzione del vecchio conte Lewenhaupt, capo degli archivi, che sapeva poco di moderni sistemi e procedure crittografiche.

Dietro mio suggerimento, fui autorizzato a incaricare un mio amico, che lavorava al QGSMD ed era totalmente sconosciuto al MAE, di entrare negli archivi in pieno giorno, fare un bell'inchino alla signorina Odencrantz che sorvegliava la porta d'ingresso come un cerbero, trotterellare disinvolto fino alla porta del conte Lewenhaupt, bussare ed entrare. Dopo un educato 'buon giorno signor conte' egli doveva oltrepassare la sua scrivania, proseguire nel *sancta sanctorum* degli uffici e, senza farsi identificare, rivelare la propria incombenza: su ordine del QGSMD egli doveva apportare delle correzioni alle chiavi di Atene e desiderava il libretto.

Il piano riuscì in ogni dettaglio, proprio come ci si aspettava. Non furono fatte domande, il colonnello interpellato prese il libretto dalla cassaforte e lo consegnò al mio amico, che se lo mise in tasca, fece un nuovo inchino al conte e al terrore delle segretarie d'archivio, la signorina Odencrantz, e scomparve fuori dalla porta. Il bottino fu consegnato al sottosegretario in persona, Boheman, che lo mise nel cassetto.

Qualche giorno dopo c'erano telegrammi da cifrare e trasmettere ad Atene, ma le chiavi naturalmente non furono trovate. Il colonnello si rivolse al conte, il quale non vide altra possibilità che rivolgersi a sua volta al sottosegretario. Boheman tirò fuori dal cassetto il libricino, fece qualche osservazione sulla negligenza imperante negli archivi e continuò affermando che l'intera faccenda dei cifrari era da riordinare su nuove e più solide basi.

Fu attuata di fatto una completa riorganizzazione e reclutato un nuovo capo, Olof Agrén, dalla FRA. Egli rappresentava un tipo di funzionario pubblico fino ad allora ignoto al MAE. Anziché ricevere i telegrammi cifrati da un impeccabile conte Lewenhaupt, i capi delle sezioni erano serviti da Olle, come tutti lo chiamavano. Egli faceva il suo giro indossando una maglietta da football che lasciava aperto uno spiraglio sul villoso petto. I venti del cambiamento avevano finalmente raggiunto il MAE, ma per lungo tempo Olle rimase una solitaria brezza primaverile, con molte sopraciglia alzate ogni volta che passava sotto i candelabri di cristallo.

È bene aggiungere che i cambiamenti erano urgenti e necessari. È difficile sostenere che i sei colonnelli abbiano provocato seri danni. Se il sistema di cifratura è buono, le strutture stereotipate dei telegrammi sono tutt'altro che sufficienti a permettere una decifrazione ben riuscita. Molto più importante è la disciplina relativa al trattamento e al cambiamento delle chiavi. Una rapida occhiata alle procedure durante gli anni di guerra indica che i cambiamenti delle chiavi furono piuttosto infrequenti, almeno all'inizio.

Furono violati i sistemi crittografici svedesi? Finora non c'è documentazione o rapporto di un altro paesi che lo provi. Un'interessante e difficile iniziativa è stata intrapresa dall'ambasciatore Leif Leifland. Egli ha frugato negli archivi britannici e pubblicato i risultati delle proprie ricerche nell'articolo *BUD, MUD och Bletchley Park eller: knäckte britterna våra chiffer under andra världskriget* ? [BUD, MUD e Bletchley Park o: riuscirono i Britannici a violare i nostri cifrari durante la seconda guerra mondiale?] (in *Kungl. krigsvetenskapsakademiens handlingar och tidskrift*, Häfte 4, 1995, in svedese). BUD e MUD riguardano rispettivamente il sistema a blocchi monouso e il sistema crittografico del MAE.

Leifland ha passato in rassegna i telegrammi decifrati dal britannico GCHQ, il Government Communication Headquarters [quartier generale governativo delle comunicazioni], noto durante la guerra come Code and Cipher School [scuola di codici e cifre], con sede a Bletchley Park: un piccolo numero è stato declassificato un po' di anni fa e una raccolta di 20.000 pezzi lo è stata di recente. Quest'ultima è costituita da telegrammi ritenuti abbastanza importanti da essere inoltrati direttamente a Winston Churchill (Leifland sottolinea che il *Public Records Office* è così ben organizzato che, se qualcuno sa quel che cerca, l'esame di 20.000 telegrammi non richiede uno sforzo tanto eroico quanto sembra). Purtroppo, la segreteria del primo ministro non ha cominciato a conservare i telegrammi consegnati a Churchill se non nell'estate del 1941. Non c'è traccia pertanto del cosiddetto Telegramma Prytz, un telegramma svedese spedito nel giugno 1940, che Churchill probabilmente lesse.

Torniamo ora alla questione principale: riuscirono i Britannici a leggere le comunicazioni cifrate svedesi? Leif Leifland non ha trovato un singolo telegramma militare tra i 20.000 consegnati a Churchill. Ci sono due possibili spiegazioni non crittografiche di questo fatto: la prima è che la maggior parte del traffico militare svedese era trasmesso via cavo e pertanto non era accessibile ai Britannici; e poi che le comunicazioni svedesi si dovevano trovare agli ultimi gradini nella lista delle priorità britanniche.

Dal punto di vista diplomatico, tra i 20.000 telegrammi, Leifland ne ha trovato alcuni di paesi neutrali: quelli turchi compaiono spesso. C'è anche materiale di potenze alleate come gli Stati Uniti e la Francia (sia nella variante di Vichy che in quella gaullista), la Polonia, il Belgio e i Paesi Bassi.

Il MAE svedese usava radio a onde corte per comunicare con le proprie ambasciate a Londra, Washington, Tokio e altre importanti capitali, e in tal modo i messaggi avrebbero potuto essere facilmente intercettati. Ma avvenne veramente un fatto del genere? E riuscirono i Britannici a leggere questo traffico?

La risposta di Leifland è: molto difficile. Tra i 20.000 telegrammi egli ne ha trovato uno solo decifrato, in data 18 novembre 1941, trasmesso a Stoccolma dall'ambasciata svedese a Teheran e riguardante la visita del Gran Mufti in Germania.

In altre raccolte di materiale d'archivio declassificato, Leifland ha trovato dei documenti secondo i quali, in due occasioni, sono coinvolti messaggi svedesi decifrati. Il primo è il telegramma Prytz, ma Leifland non è sicuro che questo caso riguardi l'argomento.

L'ambasciatore svedese a Londra, Björn Prytz, ebbe occasione di incontrare un giorno per strada un uomo politico conservatore, R. A. Bultler, che lo invitò nel proprio ufficio. Nel corso della conversazione, Butler gli rivelò la propria opinione disfattista, o per lo meno questo è ciò che Prytz riferì in un momento successivo. Mentre Prytz era ancora in quell'ufficio, arrivò Lord Halifax, allora segretario agli esteri, e chiese di vedere Butler. Al ritorno, Butler trasmise a Prytz un messaggio di Halifax, il quale, almeno in qualche misura, negava la sua opinione. Nella settimana successiva intercorse un certo numero di telegrammi cifrati tra Londra e Stoccolma, sia da parte svedese sia da parte britannica. Churchill vide la copia dei telegrammi scambiati tra il Foreign Office e l'ambasciatore britannico a Stoccolma, Victor Mallet, ma è possibile che abbia anche visto uno o più telegrammi trasmessi da Prytz a Stoccolma. Leifland sottolinea un interessante passaggio in una lettera di Churchill a Halifax: "Mi risulta abbastanza chiaro da questi telegrammi e *da altri* [sottolineato da Leifland] che Butler abbia usato un linguaggio strano con il ministro svedese e gli Svedesi avranno certamente ricavato una forte impressione di disfattismo". Due storici britannici condividono l'opinione di Leifland, in particolare sul fatto che gli "altri" fossero i telegrammi svedesi relativi all'incidente.

La seconda questione, ritenuta da Leifland un ovvio caso di riuscita crittoanalisi britannica, ebbe origine con una visita a Londra di Marcus Wallenberg (dell'importante famiglia svedese di uomini d'affari) nel dicembre del 1941. Wallenberg si manteneva al corrente dei propri affari in patria per mezzo dell'ambasciata. Il 23 dicembre egli ricevette un telegramma cifrato dal MAE con informazioni del direttore della Ericsson locale a Città del Messico, riguardanti negoziati con una compagnia telefonica americana. In un telegramma cifrato britannico del 31 dicembre, trasmesso dal Foreign Office alla sua ambasciata a Washington, questo fatto è menzionato in modo da far pensare che l'autore del telegramma, mentre stilava il proprio rapporto, avesse sotto gli occhi il telegramma di Wallenberg. Nell'introduzione figura l'espressione "da fonte segretissima".

Con altri scopi, ma sempre tenendo presente l'aspetto crittografico, Leifland ha trascorso dieci anni a frugare negli archivi britannici. Tutto ciò che è riuscito a trovare sono i tre casi appena detti.

Leifland termina il proprio articolo discutendo le possibili ragioni per cui i Britannici non fecero più sforzi in quella direzione. Egli scrive: "La macchina crittografica Hagelin usava lo stesso principio dell'Enigma, che fu espugnata abbastanza presto. Ci sono pochissimi dubbi sul fatto che i Britannici, se avessero voluto, avrebbero potuto fare lo stesso con il nostro sistema di macchina (in quanto opposto al nostro sistema di blocchi monouso)".

Mi permetto di dissentire nel modo più deciso. La sola somiglianza tra l'Enigma e la Hagelin era nell'uso delle ruote; per il resto i principi crittografici erano totalmente diversi. Una riuscita crittoanalisi dell'Enigma non avrebbe offerto suggerimenti sul modo di espugnare la macchina Hagelin.

Leifland continua: "Una domanda naturale è: perché i Britannici non cercarono di violare i nostri sistemi in maniera più sistematica, in particolare le comunicazioni della nostra ambasciata a Londra? ... I campioni di messaggi svedesi decifrati sono un po' intriganti. Sarebbe stato naturale cercare di decifrare il traffico tra MAE e ambasciata svedese dopo la conversazione tra Prytz e Butler – forse lo stesso Churchill diede un ordine in tal senso dopo aver annusato aria di disfattismo al Foreign Office ed aver deciso di stroncarla. Ma che interesse c'era nel Gran Mufti di Teheran o negli affari telefonici di Wallenberg in Messico?".

A quel tempo i Britannici erano molto bravi – forse i migliori – nella crittoanalisi, il loro livello generale di conoscenza e la loro abilità dicono che erano in grado di violare il traffico svedese della Hagelin. Ma non ci sono indicazioni che l'abbiano fatto su larga scala – o che avrebbero potuto farlo, se l'avessero voluto. È più probabile che abbiano avuto successo solo in determinate circostanze: i tre casi scoperti da Leifland sono proprio gli unici?

Dal ragionamento di Leifland sembra che egli creda possibile sapere in anticipo se un telegramma merita che si spendano risorse crittoanalitiche. Ovviamente, questo in generale non è affatto vero. In qualche circostanza – come nel caso dell'incidente Prytz – si può sospettare che un'informazione interessante sia trasmessa su certe linee e in certi momenti, ma la prassi generale è che si decifri e si legga quanto più possibile, senza conoscere in anticipo i contenuti dei messaggi da decifrare.

Il telegramma del Gran Mufti, al contrario, potrebbe essere interpretato in modo lusinghiero per gli Svedesi: esso non fu consegnato a Churchill perché il suo contenuto era interessante, ma allo scopo di dimostrare che la GCCS riusciva a leggere un telegramma svedese. Churchill era certamente interessato a conoscere i successi della crittoanalisi.

Leifland termina nel seguente modo: "Allora, per quale motivo Bletchley Park non tentò di leggere più sistematicamente i cifrari del MAE? Per rispondere a questa domanda non riesco ad andare più in là di quanto ho già indicato. E la risposta non è particolarmente lusinghiera per la nostra immagine e la nostra posizione durante la seconda guerra mondiale: semplicemente, non eravamo abbastanza interessanti".

Leifland ha certamente ragione. La Svezia non aveva un'alta priorità. Ma se il traffico svedese fosse stato sistematicamente decifrato e letto, è difficile credere che sarebbe stato considerato privo d'interesse.

Le mie conclusioni divergono da quelle di Leifland e, a rischio di essere smentito da futuri ritrovamenti archivistici, oserei dire che i Britannici sarebbero stati contenti di leggere il nostro traffico londinese, ma non ci riuscirono!

30. Arne Beurling 1943-1945

Benché il lavoro e i risultati di Beurling fossero sempre meno presenti al trascorrere degli anni di guerra, egli era spesso consultato a Uppsala e si recava regolarmente a Stoccolma per consulenza sui vari progetti. Incontrava liberamente i crittoanalisti e andava a trovarli quando lo riteneva opportuno, per discutere i temi correnti. Alla FRA, problemi e questioni erano lasciati in sospeso in attesa della prossima visita di Beurling.

Analizzando il suo lavoro a Uppsala per conto della FRA, è bene ricordare che riguardava argomenti speciali o materiale adatto all'investigazione fatta da un singolo individuo, nel proprio studio. Beurling fece anche il *talent scout* all'università: egli riteneva che i giovani studiosi di talento potevano sacrificarsi per qualche anno alla FRA durante il periodo della loro maggiore creatività. Questo è ciò che avvenne durante gli anni di guerra.

Parte della corrispondenza di questo periodo tra la FRA e Beurling è conservata negli archivi. Da essa ci si può fare un'idea degli incarichi affidati a Beurling negli anni 1943-45.

MAE

Nell'aprile del 1943, Åke Lundqvist trasmette un promemoria sui "provvedimenti riguardanti la corrispondenza cifrata del MAE", con sei allegati. Beurling evidentemente aveva promesso di dare uno sguardo a quel materiale e gli era stato chiesto di restituirlo subito, prima di Pasqua. Forse questo fu l'inizio della ventata di cambiamento citata da Carl-Georg Crafoord.

Per Meurling

Nel giugno del 1943 ci fu un'altra lettera di Lundqvist a Beurling, riguardante Per Meurling, un comunista che faceva la spia dei Russi. Stranamente, questi era uno studioso che si stava specializzando in storia delle religioni. In seguito "voltò gabbana" ancora una volta e fece le proprie scuse in un libro intitolato *Spionage och sabotage i Sverige* [spionaggio e sabotaggio in Svezia] (Lindfors, 1952, in svedese). Nel libro egli descrive le proprie attività di sabotaggio e il tipo di crittosistema che usava. Si trattava di un cifrario con caratteri di lunghezza variabile (uno o due), con qualche complicazione supplementare. Alla FRA fu richiesto un parere specialistico su tale cifrario, da usare nel processo contro Meurling nell'estate del 1943. A questo proposito scrive Lundqvist:

Stoccolma 25 giugno 1943:
Caro Arne,
dato che hai gentilmente accettato di aiutarci nel caso Meurling, ti invio in allegato la documentazione principale, insieme alle statistiche dei digrafi del lungo messaggio scritto a mano. Poiché che ti sei già fatto un'idea del problema durante la tua visita qui del giorno 10, ulteriori commenti sono inutili.

La nostra opinione dev'essere affidata alle buone mani della corte all'inizio della prossima settimana.

Spero che scuserai la mia scarsa *courtoisie* nell'ultimo incontro; ero stanco per aver intrattenuto alti papaveri della marina durante una loro visita un po' troppo lunga.

Tuus,
Lqt

Un paio di settimane dopo, il 9 luglio, Lundqvist scrive nuovamente:

Caro Arne,
la compagna di Meurling ha sollevato il velo. Decifrando in base alle sue istruzioni, otteniamo i risultati trovati nei documenti allegati. Tuttavia, o il decifratore era totalmente ubriaco (ed è ciò che egli sostiene) o tutta la verità non è ancora emersa. Nel primo caso, il testo deve essere emendato per quanto possibile (tentativi in tal senso sono in rosso nel documento); nel secondo caso c'è un altro passo nel processo di cifratura (trasposizione, forse spazi vuoti).

Ti siamo grati per ogni aiuto che vorrai concederci. I miei migliori auguri, fino al nostro prossimo incontro.

Tuus,
Lqt

Da quanto si legge nel libro di Meurling, viene da pensare che i grattacapo di Beurling e Lundqvist fossero causati da una complicazione supplementare: dopo la cifratura primaria, si sottraeva due da tutte le cifre e la sequenza risultante veniva scritta alla rovescia. La sequenza dei caratteri era infine cifrata con lettere mediante una chiave speciale.

Il 23 dicembre 1943 Meurling fu condannato dalla corte suprema a due anni di lavori forzati, in quanto ritenuto colpevole di attività spionistiche illegali dirette contro la Svezia.

Una G-Schreiber svedese

A quei tempi si fecero dei progetti per costruire una versione svedese della G-Schreiber. Alla FRA si conoscevano i punti di forza e di debolezza dell'originale: opportune modifiche l'avrebbero resa una macchina molto sicura e ben adatta alle moderne tecniche di comunicazione. Forse Beurling fu il primo a lanciare l'idea. Il 14 ottobre 1943 Lundqvist scrisse:

Caro Arne,
hai chiesto un ingegnere che aiuti nel progetto di una G-Schreiber svedese. Ora abbiamo sotto mano NN, 44 anni, dipendente della Ahrén's Engineering Workshop. È stato informato del progetto in termini molto generali, ma non conosce il tuo nome. Sarà probabilmente a nostra disposizione come consulente, non come coscritto.
   Appena mi dici qualcosa, combiniamo un incontro.
Cordialità,
   tuo,
   Lqt

La lettera successiva di Lundqvist è del 7 dicembre 1943:

Caro Arne,
il Capo mi ha chiesto di informarti sulla questione di un ingegnere per il progetto sotto la tua supervisione.
   Nella tua lettera del 9 novembre suggerivi che l'uomo fosse coscritto da una settimana, allo scopo di informarlo sui precedenti sforzi compiuti in questa direzione e sulla questione in generale. Anche se il Capo in linea di principio sarebbe incline a seguire la strada da te suggerita, dobbiamo procedere in altro modo.
   Non possiamo ottenere che NN sia messo a nostra disposizione dal comando militare. Dobbiamo invece compensare lui e la sua compagnia nella misura indicata dalla lettera della Ahrén's Engineering Workshop che ti allego. Come vedrai, si tratta di una notevole quantità di denaro. Spese di consulenza di una simile entità non possono essere autorizzate solo dal Capo, ma da K Maj:t[1] (cfr. l'opinione del commissario). Pertanto, al fine di realizzare la cosa, dovremo fare umilmente domanda a Sua Maestà, dando un stima dei costi della nostra transazione con la compagnia.

---

[1] Sua Maestà ovvero, scherzosamente, il Ministro della Difesa.

In questa condizione, è indispensabile un incontro fra te ed NN, per ulteriori approfondimenti della materia. Il Capo chiede che tu venga a Stoccolma quando ti è comodo, facendoci sapere la data per tempo, per poterla comunicare a NN.

Tuus,

Lqt

La puntata successiva è una lettera di Beurling a Lundqvist dell'11 dicembre:

Caro Åke,

sulla questione della G-Schreiber vorrei farti presente quanto segue: la descrizione dei principi progettuali è certo una cosa molto importante, ma lascia immutati i numerosi dettagli tecnici da risolvere nella costruzione di un nuovo dispositivo, specie se la persona in questione non ha esperienza in materia. Da parte mia, mi sembra rischioso impegnare una compagnia che ha simili pretese irragionevoli, sapendo che il progetto potrebbe richiedere un bel po' di tempo e rendendomi conto che la sua complessità è difficile da valutare. Mi sembra che i costi potrebbero essere notevolmente più moderati riuscendo a persuadere la TELECOM a mettere a nostra disposizione per sei mesi uno dei suoi ingegneri. Non è meglio rivolgersi direttamente a Sterky [direttore generale di TELECOM]? Anche se non può privarsi di qualcuno dei suoi ingegneri, ne saprà abbastanza di persone adatte a questo compito, in modo da raccomandarne una di diversa provenienza. Quando inizieremo a realizzare il progetto sarà probabilmente necessario che io rimanga a Stoccolma per almeno un mese.

La prossima settimana, probabilmente mercoledì, verrò a Stoccolma e ci rimarrò fino a Natale, se occorre… [il resto della lettera riguarda questioni di reclutamento].

Il progetto della G-Schreiber svedese morì probabilmente di fronte alla dura realtà delle difficoltà pratiche e della burocrazia governativa. Non sembrano esistere ulteriori tracce del progetto.

Reclutamento

La lettera precedente termina come segue:

Ho ricevuto dal professor Riesz [Marcel Riesz, ungherese di nascita, professore di matematica a Lund, fratello di F. Riesz] la allegata lista di candidati per la FRA. Falla avere per piacere a Rossby. Il mio caro collega di Lund non è disposto a cedere per ovvie ragioni nessuno dei suoi studenti ma, per mio desiderio, mi ha raccomandato degli studenti più giovani, che non hanno ancora fatto il servizio militare, né si sono impegnati in studi matematici più seri. Credo sia opportuno che Riesz riceva due righe di ringraziamento dal CFRA [capo della FRA] per il suo disturbo.

Chiamerò prima di venire.

Cordialità,

Arne Beurling

A parte il tentativo di trovare matematici per la FRA, i contatti universitari di Beurling erano utilizzati per trovare persone disposte a lavorare in altre aree. Il 29 gennaio 1944 Åke Rossby scrive la lettera seguente:

Caro Arne,

come ricorderai, un po' di tempo fa abbiamo parlato della possibilità di trovare qualcuno per insegnare il turco a Hallander. A Stoccolma c'è solo il personale dell'ambasciata turca e ovviamente non vorremmo disturbare i nostri amici diplomatici con questioni di questa natura. Una volta mi dicesti che il professor Nyberg poteva sicuramente disporre di studenti in grado di insegnare la lingua, che un paio di questi potrebbero essere tirati dentro come coscritti e che ti saresti accollato il compito di avvicinare Titulus N. Saresti così gentile da illuminarmi sui risultati delle tue ricerche?

Cordiali saluti

Tuus,

Åke Rossby

Crittoanalisi

Ho accennato in precedenza al fatto che, nell'autunno del 1942, a Beurling furono mandati telegrammi e risultati di indagini preliminari sulla SZ-40 tedesca. La macchina fu espugnata verso il 9 aprile 1943. Non sappiamo se Beurling abbia avuto un ruolo attivo in questa impresa; se così è stato, non ne abbiamo una prova documentale.

Il rapporto di Rossby del dicembre del 1943 dice che, oltre alla G-Schreiber svedese, nel corso della sua visita alla FRA poco prima di Natale, Beurling discusse il sistema americano K74/75. Egli incontrò anche altri gruppi che avevano problemi speciali.

Come si è visto, la sezione tedesca stava incontrando ostacoli sempre maggiori. All'inizio del 1944 comparve la macchina DORA e si presentarono difficoltà con il codice del sistema radio telescrivente, detto Oscar. Il 15 febbraio 1944 Åke Rossby scrive a Beurling:

Caro Arne,
il capo mi ha pregato di chiederti se puoi dedicarci ancora un po' di tempo. Non ci sono progressi su Oscar: Carlbom incontra nuove difficoltà. Senza dubbio egli è una brava persona, ed è probabile che le possibilità tecniche siano insufficienti, ma vorremmo tentarle tutte prima di arrenderci; per questo ci rivolgiamo a te.

Per cominciare possono bastare un paio di giorni di istruzioni a Carlbom. Comunque, se si intravede una possibilità di successo, vorremmo trattenerti per una settimana o più.
Tuo,
Åke Rossby

Beurling risponde il 19 febbraio:

Caro Åke,
la possibilità di una mia visita a Stoccolma dipende dalle seguenti circostanze: in questo semestre insegno di lunedì, martedì e mercoledì. Inoltre, Bohr ed io teniamo esercitazioni il venerdì, fino al 14 marzo. Questa settimana posso venire a Stoccolma mercoledì, con arrivo alle ore 13.18, e rimanere anche giovedì. Credo di potermi liberare nella settimana del 6 marzo. Se non ho tue notizie, farò come detto e vedrò Carlbom al solito posto.

Ti accludo la lettera di uno degli studenti raccomandati da Riesz; spero che tu possa accogliere le sue richieste.
Tuo,
Arne Beurling

Il professor Bohr non era il fisico danese premio Nobel, ma suo fratello Harald, un matematico. La lettera mostra che, nonostante il carico di lavoro, Beurling si rendeva volentieri disponibile. Come sappiamo, tale sforzo non servì a molto: il traffico tedesco rimase per parecchio tempo illeggibile nei restanti mesi di guerra.

Nella primavera del 1944 Lundqvist scrisse a Beurling a proposito di alcuni sistemi di cifratura con carta e matita che forse erano stati suggeriti per l'ufficio-C, e ne ricevette i commenti. Il contenuto della lettera è troppo specializzato per essere di interesse generale, ma lo scambio di lettere terminò con una missiva di Beurling del 24 giugno 1944:

Caro Åke,
la ragione per la quale hai dovuto aspettare così tanto la mia risposta sulla questione dei cifrari è che sono stato in vacanza, a veleggiare nell'arcipelago Söderstörn.

Credo che il sistema costituito da un alfabeto a tre punti e dalla piccola trasposizione sia molto buono. Può essere variato in molti modi ed è probabilmente inespugnabile se usato con la dovuta cautela.

D'altra canto io personalmente non userei il secondo sistema. Non solo richiede un tempo enorme per essere applicato, ma è anche soggetto ad errori difficili da cogliere. Il mio parere è di metterlo da parte per il momento. Il suo unico lato attraente è l'uso dei segnali Morse nella costruzione dei numeri.

Sarò irraggiungibile per ancora un po' di giorni, ma per la fine del mese e per tutto agosto sarò qui.

Con cordiali saluti, molto sinceramente,
tuo,
Arne Beurling

Il 6 febbraio 1945 Lundqvist scrive a Beurling per chiedergli un'opinione su un sistema da tenere di riserva per il MAE. Lundqvist terminava nel modo seguente: "Spero che salute e scienza ti vadano bene. Ti prego di porgere i miei modesti riguardi a tua mamma".

Una lettera da Torgil Thorén del febbraio 1945 dice:

Caro Arne,
sul sistema di trasposizione tedesco sono ora disponibili informazioni certe, molto più specifiche di prima. Accludo un sommario, unitamente ad alcuni esempi di corrispondente materiale telegrafico. Ti prego di dare un'occhiata ai documenti, per valutare le possibilità di successo della crittoanalisi. Se il risultato è favorevole, spero che te ne assumerai l'incarico. Il segr. Wäsström sarà allora pronto a comunicare oralmente ulteriori informazioni sul sistema, compreso la disponibilità di materiale, ecc.

Sinceramente,
T. Thorén

La risposta arriva il 3 marzo:

Caro Torgil,

a proposito del sistema in questione, dopo attenta riflessione sono giunto alla conclusione seguente. Se è vero che i blocchi contengono almeno il 50% di spazi nulli, le possibilità di riuscita della crittoanalisi sono nulle, anche nelle migliori condizioni.

... [dettagli tecnici]

Il mio parere è quello di continuare a tenere sotto osservazione il sistema e cercare di trovare le posizioni dei puntatori.

Tuo

Arne Beurling

Ho chiesto a Sven Wäsström se ricordava la questione. Egli crede di ricordare di essere stato proprio lui a scrivere a Beurling, dopo aver sostituito Lundqvist, passato ad altri incarichi, come suo interlocutore. Cominciava ormai ad essere difficile la ricerca di problemi adatti a Beurling. Non solo dovevano essere adeguati al suo modo di lavorare, ma dovevano anche essere compiti degni di un leone.

Wäsström ricorda due progetti affidati a Beurling. Uno era la trasposizione tedesca citata nella lettera. L'altro, precedente, riguardava l'Enigma tedesca, con la quale i crittoanalisti svedesi non avevano avuto successo. Secondo Wäsström, stando ad alcune voci, gli Alleati avevano costruito una speciale macchina calcolatrice per attaccare Enigma. Questa voce era stata diffusa da Boris Hagelin al suo ritorno dagli Stati Uniti, alla fine del 1944. Con ciò in mente, Beurling doveva dare un'altra occhiata all'Enigma, ma non è stata trovato alcun documento scritto sui suoi tentativi.

La trasposizione tedesca è l'ultimo progetto documentato sul quale Beurling abbia lavorato. Wäsström ricorda che, all'incirca in quel periodo, Thorén e Rossby decisero di interrompere il contratto di consulenza nel 1945. Una lettera al riguardo fu spedita a Beurling, ma non ne è rimasta copia negli archivi. Stando alle voci, la lettera diceva che la ragione principale della mancata proroga del contratto era la mancanza di fondi, ma anche che, negli ultimi tempi, Beurling aveva fatto poco. Sembra che Beurling ne fosse molto contrariato.

L'assegno annuo versato a Beurling era di 6.000 corone. Anche se rispetto agli standard odierni è una somma modesta, contribuiva notevolmente alla situazione finanziaria di Beurling. Eppure, sembra che egli avesse chiesto un consistente aumento. Il bilancio della FRA era piuttosto stringato, ma senza dubbio Beurling avrebbe potuto continuare a rimanere sul libro paga, se ci fosse stata la volontà.

Gli scarsi contributi di Beurling in parte dipendevano dal fatto che non si riuscivano a trovare compiti degni di lui. Beurling in quei tempi era immerso nel lavoro scientifico e gli era difficile cambiare le abitudini di lavoro.

Né Sven Wäsström né Åke Lundqvist parvero molto dispiaciuti per la fine del contratto con Beurling. Essi ritenevano che, per la FRA, avesse fatto ciò che poteva, anche se certamente sarebbe stato utile che rimanesse. Lundqvist dice: "La ragione di vita di Beurling non era la crittoanalisi per la FRA, ma la ricerca matematica".

Se si considerano il comportamento e il carattere di Beurling, le opinioni sul suo conto non variano quanto ci si potrebbe aspettare. In generale, egli era molto rispettato e ammirato per le sue capacità, come è naturale per il fatto che i suoi collaboratori erano dei professionisti. Ma anche come essere umano egli sembra aver lasciato un ottimo ricordo. Tutti conoscevano il suo carattere irascibile, ma a quanto pare pochi ne avevano subito le conseguenze. Molti testimoni hanno riconosciuto il suo fascino e la sua amabilità. Le sue enormi doti erano fuori discussione. Cito come testimone Lundqvist: "Ho incontrato molte persone dotate nella mia vita, ma un solo genio. Non ho bisogno di dirne il nome".

Parte 2

31. Arne Beurling

"Diventerà un professore"

Per due ragioni Arne Beurling ottenne il suo dottorato col ritardo di un anno:
1. Gli capitò di scegliere un argomento al quale stava già lavorando un altro.
2. Suo padre lo portò con sé a Panama, a caccia di alligatori.

La prima ragione non è certo insolita; la seconda è piuttosto unica.

Quando Arne prese la maturità, suo padre, Konrad Beurling, disse: "diventerà un professore". Konrad era un appassionato cacciatore e proprietario di terre a Dalsland, nella Svezia occidentale, dove anche il figlio era solito andare a caccia. Konrad evidentemente pensava che la caccia agli alligatori a Panama costituisse una componente dell'educazione di un docente.

Una lontana ma favorita cugina di Arne, Gertrud Nyberg-Grenander, mi ha parlato della famiglia Beurling.

Konrad Beurling era un capitano di marina. Nel 1900 aveva sposato Elsa Raab, della famiglia dei baroni Raab. Il padre di Elsa era un agronomo, proprietario di numerose fattorie a Småland. Sia il padre che il nonno di lui erano ufficiali di marina. Prima di divorziare nel 1908, Konrad ed Elsa avevano avuto due figli, Arne e Åke. Arne era nato il 3 febbraio 1905. Dopo il divorzio Elsa riprese a usare il nome da ragazza: le piaceva essere chiamata "*friherrinnan Raab*", ossia baronessa. Arne fu allevato dalla mamma e dalla sua dama di compagnia, Titti.

Konrad abbandonò il mare e sposò la vedova di un ricco uomo d'affari di Göteborg, di nome Karlström. Con i soldi di lei, Konrad comprò diverse proprietà a Dalsland e scelse come propria residenza una di queste, Hallängen, a Dalskog. La fattoria consisteva di circa 400 acri di terra, del valore fiscale di 47.000 corone nel 1934. In seguito Konrad divorziò anche dalla seconda moglie.

Il padre di Konrad, Gustaf, era anch'egli capitano di marina, morto in mare in un incidente nel Baltico. Il padre di Gustaf era Pehr Beurling, nato nel 1800, avvocato e botanico. Il padre di Pehr, ossia il trisnonno di Arne, era Pehr Henrik Beurling di Norrköping, un noto orologiaio le cui pendole eleganti si trovano ancora in alcune case private e in qualche edificio pubblico della Svezia. Pehr Henrik cominciò a usare il cognome Beurling, scritto con "eu", nonostante le origini totalmente svedesi. Arne Beurling menzionava spesso con orgoglio il famoso antenato, e diede il suo nome al proprio figlio.

La madre di Konrad Beurling era nata Amelia Tornérhielm, figlia di un magistrato di provincia. Bell'uomo, con una lunga barba bianca, famoso per aver avuto quattordici figli legittimi e un numero imprecisato di illegittimi. Nonostante una piccola controversia con i parenti stretti, Arne cercò di acquistare un ritratto del magistrato, che più tardi appese in bella mostra nella sua casa di Princeton.

Arne Beurling era estremamente dotato. Aveva sia senso tecnico e pratico che inclinazione per la teoria e la matematica. Aveva inoltre uno spirito avventuroso.

Divenne professore

Arne prese la maturità alla *Göteborgs högre samskola* nella primavera del 1924. In autunno andò a Uppsala a studiare all'università. Fece rapidi progressi e in solo due anni prese il suo *fil.kand*[1] e dopo altri due anni la *fil.lic.*[2]. Mentre lavorava alla tesi di dottorato fece il servizio militare e, come s'è visto, eccelse così tanto in crittoanalisi da lasciare attonito il capitano Anderberg.

Nel 1933 portò a termine la tesi di dottorato intitolata *Étude sur un problème de majoration* [Studio su un problema di maggiorazione]. Beurling aveva ottenuto da tempo la maggior parte dei risultati, ma la scrittura e la discussione della tesi furono rimandate, in parte per le ragioni dette. Com'era consuetudine in Svezia fino agli anni '70, la tesi venne stampata, ma a parte gli esemplari da depositare alla biblioteca dell'università, Beurling ordinò in tutto 75 copie. Per questo motivo il libretto divenne una sorta di rarità fin dall'inizio. Si incominciò a parlarne molto presto e il saggio si rivelò una delle pubblicazioni matematiche più influenti del tempo. Grazie alla tesi, Beurling ottenne il titolo di "*docent*", una specie di incarico da assistente, a tempo determinato e quasi senza compiti d'insegnamento. Tuttavia, poiché gli piaceva insegnare, tenne il corso di calcolo e divenne presto un docente di fama: la sua reputazione raggiunse proporzioni quasi mitiche.

Bo Kjellberg – anch'egli in seguito professore di matematica – arrivò a Uppsala nel 1936 per studiare matematica. Assistette alle lezioni di Beurling e, alla prima di queste, ebbe l'impressione di esserne sovraffatto. Era chiara ed elegante e interessò fortemente Kjellberg all'argomento. Il carattere focoso di Beurling si rivelò sin dall'inizio. In alcune classi gli studenti andavano alla

---

[1] Equivalente all'inglese *Bachelor of Science* o (*grosso modo*) all'attuale laurea breve italiana [n.d.t.]

[2] Equivalente all'inglese *Master of Science* o (*grosso modo*) alla laurea italiana [n.d.t.]

lavagna per presentare le proprie soluzioni ai problemi assegnati. L'atmosfera a volte si faceva tesa: sembrava che Beurling considerasse una specie di insulto personale le soluzioni maldestre. Kjellberg notò che il gonfiore di una vena della tempia era il segnale di una prossima esplosione. Il carattere di Beurling andò maturando con gli anni, egli cercava di essere gentile con gli studenti e un giorno chiese: "dimmi onestamente, Bo, credi che io riesca a comportarmi bene con gli studenti?". Kjellberg ritenne di poter rispondere in piena coscienza: "Sì, ora hai la pazienza di un angelo".

A Uppsala c'erano due cattedre di matematica e nel 1937, dopo il pensionamento di Holmgren, Beurling ne ottenne una. Egli si era riproposto di diventare un insegnante e un tutore dei propri studenti migliore di quanto fossero stati i suoi insegnanti. Fu nominato con il consueto solenne cerimoniale nell'aula magna dell'università. L'argomento della sua prolusione fu la logica e l'intuizione nella ricerca matematica. Beurling sottolineò fortemente il ruolo dell'intuizione.

Beurling, il matematico

Per caratterizzare Beurling come matematico, ho preso la citazione di una lezione su questo argomento tenuta dal suo studente, successore e amico, Lennart Carleson. La lezione ha avuto luogo il 12 giugno 1990 al KHT, il Regio Istituto di Tecnologia di Stoccolma, come parte di una serie di lezioni svoltesi al KHT e alla FRA per commemorare i successi di cinquant'anni prima nella crittoanalisi della G-Schreiber.

Dice Carleson:

Ho cominciato gli studi di matematica nel 1945 a Uppsala. Al primo anno non vidi alcun professore, anche se di essi ovviamente si parlava. Circolava la voce che i due professori non parlavano mai tra di loro, e il nostro insegnante, Bo Kjellberg, lasciò capire che il più giovane dei due, Arne Beurling, era fuori dall'ordinario; egli era la persona giusta con la quale studiare.

Nell'anno seguente, il 1946, ebbi occasione di verificarlo di persona. Beurling teneva un corso sulle funzioni analitiche. Per la prima volta mi trovai di fronte a qualcosa di difficile, e non ci capivo molto. Beurling aveva appena compiuto i quarant'anni; aveva un aspetto che colpiva, era vigoroso e ricco di carisma, un ottimo insegnante.

I suoi occhi erano carboni accesi che attiravano. Il bell'aspetto fisico, combinato a un carattere sbrigativo, rendevano credibili le storie delle sue scazzottate. Condivido l'opinione di Åke Lundqvist: avendo conosciuto di persona quasi tutti i maggiori matematici del nostro tempo, posso dire senza tema d'errore di non averne mai incontrato uno con la stessa forte aura del genio.

Credo che la ragione per la quale decisi di studiare sul serio la matematica sia stata la sua personalità, senza dubbio combinata al fatto che, nonostante tutto, riuscii a passare l'esame finale del corso, e l'offerta d'un lavoro presso il dipartimento di matematica come terzo amanuense (col salario mensile di 180 corone, se non ricordo male). Il dipartimento si trovava al numero 18 della Trädgårdsgatan, in un edificio che in precedenza aveva ospitato l'istituto di anatomia. L'obitorio era ancora lì (spero già vuoto, allora). L'edificio era condiviso con fisica teorica, che occupava il primo piano.

Beurling allora viveva da solo in un ampio appartamento al 12 della Trädgårdsgatan. Stava sveglio fino a tardi e raramente si faceva vedere in dipartimento prima di mezzogiorno. Lavorava di notte e dai vicini del piano di sotto seppi che usava andare avanti e indietro nel suo appartamento. Il momento peggiore, dissero, era quando i passi cessavano. Probabilmente allora si metteva a sedere alla propria scrivania.

Nell'anno accademico 1947-48 frequentai il seminario di Beurling che si teneva di martedì tra le sei e le otto di sera. L'orario era stato scelto in funzione dei ritmi giornalieri di Beurling, ma anche per permettere di partecipare agli insegnanti dei licei cittadini. Essi però raramente lo facevano. In media c'erano tra le sei e le otto persone al seminario: uno o due docenti, G. Borg, C.-G. Esseen, poi Bo Kjellberg e Bertil Nyman, più uno o due di cui non ricordo il nome.

Posso aggiungere che G. Borg e C.-G. Esseen erano testimoni delle ampie conoscenze e dei molteplici interessi di Beurling. Sono entrambi noti internazionalmente, Borg per il primo teorema spettrale inverso, Esseen per aver trovato un resto ottimale del teorema del limite centrale. Pur non avendo lavorato personalmente nell'area, l'argomento era suggerito da Beurling.

A quel tempo non mi rendevo conto di quanto fossero notevoli i seminari. Era sempre Beurling a tenere lezione. Ogni volta veniva trattato un nuovo argomento, e il solo manoscritto usato da Beurling era un suo quadernetto d'appunti nero. Mi resi conto in seguito che quasi tutti i risultati presentati erano sue personali scoperte. Questo fatto andò avanti per una decina d'anni. Verso il 1950 fu chiesto a Bertil Nyman di raccogliere gli appunti presi ai seminari, metterli in ordine e trascriverli. Vennero fuori 500 pagine. Nelle opere di Beurling di recente pubblicazione, ci sono alcuni esempi di questi appunti, molti dei quali furono inclusi in articoli a stampa.

Ero ormai pronto a studiare per il master. Che cosa dovevo leggere? Beurling mi segnalò una serie di buoni libri francesi, la *Collection Borel*; ne comprai forse una decina e me li lessi tutti d'un fiato. Quindi, giusto come riscaldamento, mi diede un problema che in seguito fu esteso all'argomento della tesi. Il rapporto tra Beurling e i suoi studenti ha dato luogo ad una serie di miti. Si diceva che, quando uno studente gli portava qualche risultato, Beurling apriva il cassetto, tirava fuori un po' di fogli e diceva: "Bene, questo sembra giusto". Come con molte storie del genere, anche questa era vera solo in generale: gli argomenti erano scelti con cura e Beurling aveva spesso ottime idee sui metodi da usare. Egli era tremendamente generoso con le idee, sia verso gli studenti che verso i colleghi. Tornerò più avanti su questo aspetto.

Beurling trascorse l'anno 1948-49 negli Stati Uniti come *visiting professor* presso la Harvard University, dove era professore il suo vecchio amico e collaboratore Lars Ahlfors. Tornò in Svezia nel 1949, e vi rimase tre anni prima di trasferirsi in via definitiva all'Institute for Advanced Study di Princeton. Nei primi due degli ultimi tre anni a Uppsala, ebbi occasione di partecipare ancora una volta al suo seminario.

Com'era il Beurling matematico? C'è una solida tradizione svedese in materia di analisi, con una serie di nomi internazionalmente illustri: Mittag-Leffler, Fredholm, Carleman, Marcel Riesz, per indicare i più noti predecessori di Beurling. Agli inizi degli anni '50 un'ondata di astrazione investì l'argomento e, negli Stati Uniti in particolare, l'analisi classica era poco apprezzata. Beurling rimase isolato a Princeton, anche dopo che i venti avevano cambiato direzione. Collaborava con pochi amici, come Ahlfors, Malliavin e Deny, e continuava ad essere generoso di idee verso i vecchi studenti, tra i quali me stesso. Tuttavia era poco conosciuto negli ambienti matematici e non godette mai della reputazione che il suo genio e le sue conquiste matematiche avrebbero dovuto riservargli....

Beurling aveva un rapporto appassionato e complicato con la matematica. Si dice che Newton guardasse l'universo come a un crittogramma creato da Dio affinché lo scienziato lo decifrasse. Credo che questo fosse anche il modo nel quale Beurling pensava la matematica. Accettava solo le teorie belle e pure: aveva qualcosa dell'atteggiamento artistico nel valutare il proprio lavoro e quello degli altri. Era fiero di presentare i propri risultati in modo che rimanesse nascosto il metodo con cui li aveva ottenuti. "Un mago non rivela i suoi trucchi", era solito dire. C'era una sorta di stregoneria nel suo lavoro, qualcosa della magia delle grandi foreste, qualcosa di molto svedese. Questa è probabilmente un'altra ragione – e la più profonda – del suo isolamento negli Stati Uniti.

Anche i rapporti tra lui, i suoi colleghi e le sue scoperte furono complicati. Egli era estremamente generoso, ma alle proprie condizioni. Ciò significa che aveva un senso di proprietà dei risultati, dei quali non si doveva abusare. L'analogia più calzante è forse quella dell'artista che non vuole mostrare il proprio dipinto incompiuto, o quella della cuoca domestica che distribuisce le proprie ricette solo agli amici che useranno ingredienti di prima scelta.

Questo senso di proprietà fu all'origine di aspri contrasti, anche con amici e collaboratori che a suo giudizio non rispettavano le sue regole. Fu questa una delle tragedie della sua vita.

I risultati scientifici di Beurling sono pubblicati in cinquanta articoli, ora raccolti in due volumi non molti grossi[3]. Egli lavorò in tre campi dell'analisi: teoria del potenziale, analisi armonica e teoria delle funzioni analitiche. Nel 1933 discusse la sua tesi di dottorato, in cui fu introdotto il concetto di lunghezza estremale, tuttora di importanza centrale a 60 anni di distanza. Nella teoria del potenziale egli creò una struttura assiomatica, i cosiddetti spazi di Dirichlet, ponendo sotto un unico tetto la teoria del potenziale e la teoria delle probabilità. In effetti, i probabilisti hanno più dimestichezza degli analisti con questa teoria. Sull'analisi complessa ha scritto alcuni lavori che sono diventati i più citati tra sue pubblicazioni matematiche, almeno stando alle statistiche un po' ridicole degli ultimi tempi. Nell'ambito dell'analisi armonica, ha continuato nello spirito di Wiener, uno dei pochi matematici contemporanei di cui aveva letto gli articoli. Egli preferiva pensare tra sé e sé, e leggere molto poco.

In questa serie, incontreremo Beurling anche sotto un'altra luce, quella del crittologo. Sapete che stiamo parlando di uno dei più brillanti matematici del nostro tempo, e anche di un essere umano vigoroso e appassionato. Penserò sempre che la vicinanza a lui sia stato uno dei maggiori privilegi della mia vita.

---

[3] Arne Beurling, *Collected Works*, a cura di Lennart Carleson, Paul Malliavin, John Neuberger e John Wermer.

Intervista a Lennart Carleson

Usando la conferenza come punto di partenza, ho intervistato Lennart Carleson (B=Beckman, C=Carleson).

B. Probabilmente la maggior parte delle persone ha un'idea generale della matematica, almeno di quella elementare. Ma la matematica ha altre dimensioni. È forse un'arte?

C. Questo è uno degli aspetti. In un certo senso il matematico cerca la verità, e la verità è il modo in cui pensiamo e il modo in cui si comporta la natura. Si vorrebbe scoprire *la* verità, ma è una pretesa un po' esagerata. L'idea generale consiste nel cercare di interpretare e descrivere il mondo fisico intorno a noi, e risulta che la matematica è il linguaggio naturale da usare. Il mondo, dopo tutto, è piuttosto complicato.

B. I matematici, sono interessati agli usi pratici dei loro risultati?

C. Oh, certo, e questo è un altro aspetto. I ponti non devono crollare, le porte stagne delle navi devono tenere. Dietro c'è sempre la matematica. Beurling non era questo genere di matematico, e nemmeno io lo sono. Ma il lato pratico è la ragione principale dei fondi per la ricerca matematica.

B. Ma per lei e Beurling, l'arte è più importante?

C. In particolare nel caso di Beurling. C'era sempre molta emozione in ciò che faceva.

B. Così, gli scienziati non sono freddi razionalisti?

C. Credo che ci siano anche quelli. Ma Beurling non era certo uno di essi. Per altro, aveva una mente pratica, era interessato alle applicazioni pratiche, ma ciò che pubblicò non era di questo carattere.

B. Allora vorrei chiederle: che cos'è l'intuizione e che cos'è il genio? Åke Lundqvist dice che la più alta forma d'intuizione è il genio.

C. Niente da obiettare. Descrivere il genio è come descrivere un elefante: può essere difficile ma, se vedi un elefante, lo riconosci subito.
Åke Lundqvist ed io siamo d'accordo: Beurling è uno dei pochi che si può descrivere come un genio. E una delle ragioni è che una dimensione nel suo pensiero non era logica.

B. Intende con ciò la capacità di saltare uno o più anelli di una catena logica?

C. No, credo che sia più complicato, ha più a che fare con le emozioni e con l'estetica che con il cortocircuitare una catena logica. Questo lo facciamo tutti: se sappiamo fare qualcosa saltiamo molti passaggi che altri hanno difficoltà a superare.

B. Quale era l'atteggiamento di Beurling verso le proprie capacità?

C. Non lo so, ma non credo che avesse un complesso di inferiorità al riguardo. Credo però di non essermi nemmeno lontanamente avvicinato alla possibilità di discutere con lui simili questioni.

B. Cercò di circondarsi di un'aura di rispetto, rendendo difficile il contatto su qualche cosa?

C. Ero molto più giovane di lui e suo studente, perciò non posso dire di averlo conosciuto personalmente in qualche modo amichevole. Con lui non si sapeva mai come avrebbe reagito. C'erano argomenti vietati, cose non dette o non fatte. Mi sentivo come un bambino in colpa verso il proprio padre, senza sapere perché.

B. A proposito di che cosa?

C. A proposito della matematica, in modo complicato: quando usavo i suoi risultati, quando lavoravo su problemi sbagliati, per lo più egli aveva convinzioni molto solide circa i propri risultati.

B. Era generoso con le idee, ma infastidito se venivano usate: è così?

C. Era una cosa molto più sottile che rubare idee – cosa che certo non si faceva. È piuttosto come ho detto nella conferenza: tutto doveva avvenire alle sue condizioni, che però nessuno conosceva. Non ho mai capito questo fatto, e continuo a non sapere come intervenivano le sue emozioni.

B. Che genere di contatti scientifici ha avuto Beurling negli Stati Uniti?

C. Ha incontrato giovani matematici con i quali ha intrattenuto buoni rapporti, ma la maggior parte delle persone che andavano all'Istituto avevano paura di lui. E lui non trascorreva molto tempo nel suo ufficio. L'area della matematica che io rappresento rimase per un ventennio screditata negli Stati Uniti, non la si considerava degna di essere studiata. Egli probabilmente soffrì per questo motivo a Princeton, dove si formano le tendenze. Se fosse lì ora, sarebbe molto più apprezzato, ma forse si sarebbe isolato ugualmente.

B. Aveva il bisogno di far capire chi era quando si trovava in compagnia d'altri?

C. Sì, probabilmente l'aveva. L'ho spesso incontrato a feste e cerimonie. In quelle occasioni beveva molto e certamente non teneva la bocca chiusa.

Non era un uomo felice. In effetti, felicità è l'ultima parola da usare nel descrivere Beurling. Ahlfors è del tutto diverso, di lui si può dire che è felice. Egli stesso dice di aver avuto una bella vita, mentre Beurling parlerebbe dei contrasti e di tutte le ingiustizie subite. Era molto sospettoso.

Quando Lennart Carleson fu intervistato da Olle Häger per il documentario TV "G som i hemlig" [G come segreto], nel 1993, disse: "Il rapporto di Beurling con la matematica era un po' mistico, come se avesse avuto una linea diretta con Dio, con informazioni e altre conoscenze a noi non accessibili... Per lui gli Stati Uniti furono il posto sbagliato dove stare. Era la persona più svedese che io abbia mai incontrato; non ha mai preso la cittadinanza americana. La natura svedese gli era sempre presente. Il Neck [una mitica figura che vive nell'acqua] era suo cugino.

Ci sono molte storie su Beurling. Lennart Carleson non ne vuole ripetere nessuna, perché ritiene che la maggior parte di esse sia stata raccontata di malanimo. Tuttavia ha voluto esprimermi quanto segue:

All'Istituto, Beurling aveva un collega di nome André Weil, fratello di Simone Weil, la scrittrice. Non si guardarono mai di buon occhio, ma Beurling mi disse che fecero una tregua quando si accorsero di essere pari: "ho paura di André Weil perché è diabolico, ed egli ha paura di me perché sono forte".

Uno studente di Beurling degli anni '40 fu Yngve Domar, oggi in pensione dopo essere stato professore di matematica a Uppsala. In un'intervista all'*Uppsala Nya Tidning* (4 marzo 1994) dice che Beurling era un insegnante brillante, dotato di grande carisma e con gli occhi ardenti. Genio è parola non adatta a molta gente, "ma se proprio deve attribuirsi a qualcuno, Beurling è la persona giusta".

Beurling fu un pioniere. Non basava mai i propri risultati su ciò che facevano gli altri, ma affrontava i nuovi problemi con metodi originali e grande potenza.

Il suo potere di concentrazione era enorme, e riusciva a tenere a mente molte cose. Quando Beurling scriveva un articolo di matematica, anche breve, altri matematici riprendevano il filo e sviluppavano nuove teorie basate sul suo lavoro.

Domar vuole anche sottolineare che Beurling non fu l'unica stella svedese del firmamento matematico. Oggi abbiamo due matematici della medesima classe. "Uno è Lennart Carleson, professore in pensione dell'università di Uppsala, ma ancora molto attivo, e l'altro è Lars Hörmander, professore a Lund."

John Wermer, professore di matematica alla Brown University, negli Stati Uniti, parla della sua esperienza di studio con Beurling a Harvard nel 1948 (*The Mathematical Intelligencer*, vol. 15, n° 3, 1993).

Wermer aveva iniziato gli studi post-laurea un anno prima, su un problema di teoria delle algebre di Banach. Aveva avuto successo in alcuni casi particolari ma, nonostante sforzi notevoli, non riusciva a trovare la dimostrazione del caso generale. In autunno, alla prima lezione del corso di analisi di Beurling, trovò la soluzione del problema.

Arne Beurling alla lavagna

"Le lezioni di Beurling erano incomparabili" continua Wermer. "Egli esaminava un gran numero di problemi di analisi pura e applicata, tutti basati sui propri risultati. I partecipanti erano di prim'ordine, come Lars Ahlfors, eccetto alcuni novizi, come me. Dovevamo lavorare duro, e apparivamo comicamente ingenui a Beurling. 'Voi, gente di Harvard, sembrate aver paura del simbolo di integrale', esclamò una volta".

Nel seguente anno accademico Beurling ritornò a Uppsala, e Wermer lo seguì. Egli fu uno degli otto laureati di Beurling; l'altro professore di Uppsala, Tryggve Nagell, ne ebbe uno. I due primi anni erano tenuti da ex studenti di Beurling, Broman, Kjellberg e Borg, ma Beurling faceva gli esami orali agli studenti che avevano passato lo scritto. Wermer nota che 8 su 60 superarono l'orale, con grande differenza rispetto all'America.

Wermer partecipò al seminario di Beurling nel 1949-50, poi tornò a Harvard dove ricevette il dottorato nel 1951.

Nell'anno accademico 1976-77, Lennart Carleson organizzò un anno in onore di Beurling all'Istituto Mittag-Leffler di Stoccolma. Beurling fece una serie di lezioni che vertevano sullo sviluppo delle sue idee matematiche dagli anni '30 in poi. Carleson e Wermer presero gli appunti che sono inclusi nella raccolta di scritti di Beurling.

Lars Gårding tratta il lavoro di Beurling di prima degli anni '50 nel suo *Matematik och matematiker; matematiken i Sverige före 1950* ([Matematica e matematici; la matematica in Svezia prima del 1950][4], (Lund University Press, 1994, in svedese), e offre un resoconto delle acquisizioni di Beurling con i titoli seguenti: distanza estremale e lunghezza estremale, lemma di Beurling, problema di Milloux, analisi complessa, funzioni interne ed esterne, numero primo di Beurling, analisi spettrale e sintesi spettrale.

Per riassumere, Gårding osserva: "Egli ha scritto molte cose che non ha pubblicato, e gli piaceva accennare a ciò. La sua forte e autocosciente personalità è riflessa nei suoi articoli, dove il lettore si trova guidato da una mano forte attraverso un paesaggio fantastico". Gårding cita anche un'osservazione memorabile di Lars Ahlfors, collaboratore e amico di Beurling: "c'è qualcosa del genio in tutto ciò che fa".

---

[4] Tradotto in inglese come *Mathematics and Mathematicians in Sweden before 1950*, AMS-LMS, 1998.

32. Attraverso gli occhi di una donna

Arne Beurling non era un donnaiolo nel senso superficiale della parola. Non sapeva ballare e stava spesso tranquillo in compagnia d'altri. Ma era un bell'uomo, aveva carisma e le donne cadevano ai suoi piedi. Qualcuno dice che c'era qualcosa di magico nella sua persona. Gli piacevano le donne, la loro classe, compreso le loro doti intellettuali.

Dopo il documentario TV "*G come segreto*", ho incontrato Anne-Marie Yxkull Gyllenband, nata nel 1915, insegnante di lingue alla scuola superiore e celebre donna di lettere. Nel programma si era detto che non risultava esistessero fotografie di Beurling dopo gli anni '40. Anne-Marie Yxkull Gyllenband telefonò per dire che ne aveva qualcuna: fu organizzato un incontro. Ella si rivelò una donna vivace e contenta di raccontare la propria vita.

Anne-Marie Yxkull e Arne Beurling furono molto vicini negli anni '40, in particolare nel 1946. Si incontrarono la prima volta quando uno studente e grande ammiratore di Beurling, Tord Hall, le chiese di accompagnarlo al Ballo Giovanile di Uppsala. A quel tempo Anne-Marie stava terminando il suo tirocinio da insegnante a Malmö. Tord e Anne-Marie incrociarono Beurling per strada e Tord fece le presentazioni. Molto tempo dopo Arne chiese a Tord di Anne-Marie, "la ragazza che si muoveva così bene". Anne-Marie poi si trasferì a Midsommarkransen, un sobborgo di Stoccolma. Cominciarono a incontrarsi spesso. "Bisognava avere nervi saldi per star vicino ad Arne, e io non li avevo. Una volta intendevamo sposarci, ma la cosa pareva troppo rischiosa. Oltre alle mie esitazioni, altre cose consigliavano il contrario. Arne non era uno che se ne stava fermo, e nemmeno io lo ero. Tutto sommato, sarebbe stato difficile per noi vivere insieme.

"Dire che egli fosse di miccia corta sarebbe esagerato: non ne aveva affatto". Anne-Marie mostra con il pollice e l'indice la distanza di un millimetro.

"Arne aveva un gran senso dell'umorismo e rideva con facilità, ma nessuno aveva accesso al mondo dei suoi pensieri". Anne-Marie cita Churchill: "Alcuni sono inchiodati alla croce degli atti, altri alla croce delle idee".

Anne-Marie aveva una vena letteraria e si sentiva a casa propria nel mondo dell'arte, e in questo Arne non le stava dietro.

"Questo lo capisco, questo non lo capisco…" diceva leggendo un poema di Edith Södergran e spuntando un verso dopo l'altro.

Egli tuttavia aveva una particolare relazione con la letteratura, almeno quando si riconosceva in qualcosa. Anne-Marie cita il libro di Knut Hamsun, *Pan* [Fame], che egli lesse con interesse. Gli piaceva anche un poema di Oscar

Levertin su re Salomone e Morolf, che Anne-Marie gli aveva letto una volta ad alta voce. Sembra che non lo abbia mai dimenticato, poiché agli inizi degli anni '80, più di trent'anni dopo che si erano divisi, le scrisse pregandola di mandarglielo. Nel poema, Morolf alternava al triste re Salomone storie divertenti e verità spiacevoli, forse verità del tipo che Anne-Marie avrebbe voluto dire ad Arne. Come ringraziamento, Arne le mandò un bel libro su Karen Blixen, la scrittrice premio Nobel, molto ammirata da Anne-Marie. In esso Arne aveva scritto "Alla mia principessa, 1982".

A quel tempo, Beurling si era riproposto di andare in Svezia per un'operazione chirurgica a cuore aperto. Il proposito non ebbe seguito e ancora una volta Arne usò Tord Hall come intermediario per rintracciare Anne-Marie. Lei disse "operazione a cuore aperto" in modo ad un tempo drammatico e meraviglioso, pronunciandolo sia con passione che con compassione.

Arne Beurling aveva talvolta dei momenti di depressione, specialmente in autunno, e allora beveva parecchio. D'estate era diverso, allora poteva navigare con la sua barca a vela, *Capona*. Gli piaceva la vela, gli piaceva vivere semplicemente. Era affascinato dalla natura in modo quasi mistico.

Quand'era di cattivo umore si metteva al suo tornio. Amava lavorare il legno ed era abile nei lavori manuali. "Ma non sempre", aggiunge Anne-Marie. "Quando una volta mi diede una mano a lavare i piatti, mise i bicchieri nell'armadio senza asciugarli. Forse non era abituato a lavare i piatti, o forse pensava solo a qualcos'altro".

Con mia sopresa, Anne-Marie affermò che egli aveva un complesso d'inferiorità. "Era un uomo capace e bello, aveva fascino e una buona condizione sociale, le donne lo amavano; perché doveva sentirsi inferiore?" mi meravigliai. "Chiunque può sentirsi inferiore, a certi livelli", disse Anne-Marie. "Sua madre era una baronessa, ma lui non era un barone, tutt'al più un nobile a metà. Né pensava che ce l'avrebbe fatta a comportarsi da nobile. Non era una persona in vista, non sapeva conversare, non sapeva ballare, benché io abbia provato a insegnarglielo.

"Con te e con Ahlfors non sono tranquillo e riservato. A una festa, mi sento come una vongola", mi disse una volta. "Mi piace come bevono i Russi e i Finlandesi" disse anche, "perché bevono come me".

"Perché una donna andasse d'accordo con lui, non doveva viverci insieme, anche se egli aveva bisogno di un'anima pia che gli cucinasse e lavasse.

"Una volta, Tord Hall caratterizzò Beurling con la seguente battuta: "Viveva solo quando cantava". La più grande passione di Arne era la matematica: "Una donna può essere bella, ma la cosa più bella è una dimostrazione matematica", diceva". Tord Hall ebbe due idoli nella vita: Harry Martinson (lo scrittore e premio Nobel svedese) e Arne Beurling. Adorava Beurling e, secondo Anne-Marie, i due andavano molto d'accordo. Tord figura in molte storie narrate da

Anne-Marie Yxhull Gyllenband. In una di queste, la relazione tra Arne e Anne-Marie stava quasi per terminare:

"Arne una volta mi invitò a Sigtuna. Ci dovevamo incontrare là, ed Arne disse di avere una sorpresa per me. La sorpresa era Tord. I due cominciarono a bere del vino bianco, e continuarono a farlo. La festa finì con una scenata scandalosa. Non volevo averci niente a che fare e me ne tornai a Stoccolma. Un po' di giorni dopo presi il treno per Uppsala per rompere con Arne. Camminando in un parco, gli dissi cose che nessun'altra donna aveva mai osato dirgli, o almeno questo è ciò che egli sosteneva. Dopo un po' mi guardò e disse:

"Una donna che vuole rompere con un uomo non si mette un cappello tanto grazioso".

"Bene. Avete rotto allora?" domandai.

"No. Era piuttosto disarmante, non le pare?"

"Che tipo di cappello indossava?"

"Un cappello piccolo, un *coiffé*, non uno grande che copre la testa. Nessuno li usa più, forse ai ricevimenti delle ambasciate. L'avevo messo la prima volta che avevo incontrato Arne. Ora probabilmente pensavo: l'inizio e la fine".

Ella continuò a raccontare: "Arne con le donne aveva gusti antiquati e davvero le considerava come appendici. Credo che il femminismo sia comparso ben dopo la fine della guerra. Sua madre non amava le donne che lavorano. La prima moglie di Arne era una dottoressa e sua madre non l'ha mai capito.

"Arne viveva con sua madre e con Titti. Le due donne trotterellavano per l'appartamento, aspettando che il genio si svegliasse. Allora il genio chiedeva un'omelette al granchio. Poi pensavano che il genio avesse bisogno di scarpe nuove e, per fargli risparmiare tempo e fastidi, andavano a prenderle per fargliele provare.

"Arne rideva di tutto ciò, pur apprezzando al tempo stesso le loro attenzioni. Forse, per lui sua madre era importante perché si rendeva conto che aveva bisogno di molto tempo per le sue ricerche".

"Rispettava sua madre?"

"Si, ma se parlava un po' troppo, egli si metteva ad aprire e chiudere il portasigarette per farle capire che bastava.

"Arne aveva un grande senso di reponsabilità. Manteneva i due figli avuti dalla prima moglie ed aveva un buon rapporto con essi. A quel tempo doveva mantenere anche la madre, più Titti, i suoi due figli e se stesso. Si permetteva un solo lusso, la barca a vela. Era molto importante per lui".

Anne-Marie ricorda le gite in barca nella Kanholmsfjärden, una baia nell'arcipelago di Stoccolma:

"Una volta, avevamo appena issato il trinchetto per prendere il poco vento che c'era, quando all'improvviso partì un raffica, costringendoci ad ammainarlo nuovamente. Arne mi accennò di fare qualcosa al timone, ma evidentemente feci esat-

Anne-Marie Yxkull. Foto presa da Arne Beurling nel 1946

Arne Beurling sugli sci nel parco Djurgärden a Stoccolma, nel 1940

tamente l'opposto, cosa non insolita in situazioni del genere. Mi gridò che avevo l'intelligenza di un bambino di due anni. Cercai di restare calma fino a quando raggiungemmo un approdo, quindi gli dissi: "me ne vado, spero che tu non creda che io sia sleale". "Come potrei interpretare la cosa in altro modo?" disse.

"Da un'altra barca a vela qualcuno chiamò 'Ellen'. Questo ci bloccò e Arne disse: Sai, sulle barche a vela gli uomini tendono a urlare alle loro Ellen".

Anne-Marie tenne a sottolineare che Arne non credeva di aver sempre ragione. Spesso si dispiaceva per gli scatti di collera e dopo se ne scusava. A volte il suo temperamento lo danneggiava, come una volta, quando era in cerca di nuovi introiti: ciò probabilmente avvenne quando la FRA decise di non rinnovargli il contratto. Una certa Brita Trygger organizzò un incontro, in una notte di *Valpurga*, tra Arne ed Erik Kempe, direttore esecutivo del MoDo (un grande complesso industriale per la lavorazione del legno). Quando il giorno dopo Anne-Marie lo incontrò, si rese subito conto che l'incontro era andato male. "Tu, barone di legno" gli avrebbe detto, "puoi andare da solo a giocare con i tuoi cubetti di legno". Forse non è la miglior cosa da dire quando si è in cerca di lavoro.

Anne-Marie non pensava che Beurling avesse una grande cultura. Egli leggeva libri, ma spesso derideva gli studiosi di letteratura. Il suo interesse per la religione era minimo. Una volta, in treno incontrò un professore di teologia che gli chiese che cosa pensasse di Gesù. Arne rispose che Cristo fu un genio morale, una risposta che ad Anne-Marie parve intelligente. Quando gli fu chiesto il concetto di divinità, Beurling descrisse la propria prova "teleologica" dell'esistenza di Dio: quando la bottiglia di Coca Cola e la monetina introdotta per acquistarla escono entrambe dalla macchinetta.

Arne Beurling non aveva molto rispetto per i colleghi di Uppsala, e trattava con essi con difficoltà. Credeva di essere perseguitato. In un caso forse aveva ragione: l'altro professore di matematica, Tryggve Nagell, era un suo acceso nemico e, secondo Anne-Marie, fece circolare la voce che Beurling era nazista. Ciò era ovviamente ridicolo, ma colpì Beurling molto duramente. Non gli piaceva andare al proprio ufficio al dipartimento di matematica. "Non puoi immaginare quanto io odi la scrivania, non posso essere creativo quando sto là seduto", diceva.

Nel mondo della matematica Beurling aveva un vero amico, Lars Ahlfors, un finlandese e un matematico della stessa classe di Beurling. Abbastanza curiosamente, Ahlfors si trovò a lavorare sullo stesso tema della tesi di Beurling e fu questa una causa indiretta del rinvio del dottorato di Beurling. Ma cose del genere capitano nel mondo accademico e Arne non lo prese come un fatto personale. Anne-Marie ricorda di aver incontrato Ahlfors in un paio di occasioni e ricorda il suo senso dell'umorismo. Una volta sulla cosiddetta "veranda del pover'uomo" al Gran Hotel di Stoccolma, Ahlfors guardò il cappellino di Anne-Marie, una paglietta bianca con relativa veletta: "Mi piace di più senza il coordinato".

33. Una magica amicizia

Nel 1947 Lars Ahlfors divenne professore di matematica alla Harvard University. Anne-Marie Yxkull, che vedeva Beurling tutt'altro che contento a Uppsala, gli scrisse per chiedergli se poteva trovare qualcosa per Arne. Poco tempo dopo, gli fu offerto un incarico di *visiting professor* a Harvard.

Nel 1987, dopo la morte di Beurling, Tord Hall scrisse un necrologio sulla *Svenska Dagbladet*, con le parole seguenti:

> Gli interessi di Beurling non si limitavano alla matematica. Egli conosceva Shakespeare e la poesia classica del nostro paese. Lo ricordo molto tempo fa che recitava a memoria brani dal poema di Verner von Heidenstam:
>
> I nostri uomini migliori nacquero in esilio,
> sii fiero di non ricevere gli onori che meriti.
> Se dieci altri non vogliono vederti ucciso,
> Non sei degno di un amico.
>
> Sono parole piene d'orgoglio e amarezza, che si adattano al caso di Beurling. Esse riflettono la delusione per il mancato riconoscimento del suo lavoro da parte dei colleghi e la sua irritazione per la crescente burocrazia nel mondo accademico. Per questo se n'è andato in esilio all'*Institute for Advanced Study* di Princeton. Ma nemmeno lì si è trovato bene. Gli piaceva la vita all'aperto: cacciare sulle montagne della Lapponia, andare in barca a vela nell'arcipelago di Stoccolma. Non vedeva l'ora di ritornare.

Mentre cercavo di trovare qualcosa su Arne Beurling come persona, continuava a saltar fuori il nome di Ahlfors.

Lars Ahlfors è stato un astro lucente del firmamento matematico. Benché finlandese, la sua madrelingua era lo svedese. Sul piano internazionale egli fu molto più famoso di Beurling e nel 1936, a 29 anni, ricevette la medaglia Fields "il Nobel della matematica". Decisi di fargli visita. Carleson ci mise una buona parola e, dopo avergli telefonato, mi recai a Boston, che molti considerano il centro scientifico e culturale degli Stati Uniti. Sia l'università di Harvard che il MIT, il ben noto *Massachusetts Institute of Technology*, si trovano a Cambridge, un sobborgo di Boston. Parlai con Erna Ahlfors al telefono. Mi mise in guardia dicendo che suo marito a volte aveva difficoltà a ricordare le cose.

La meravigliosa coppia formata da Lars ed Erna Ahlfors viveva in un bell'appartamento di Commonwealth Avenue a Boston. Lui aveva 87 anni, lei 92. Se Lars non ricordava sempre, ci pensava Erna, e con spirito di rivalsa. Sembravano essersi divisi le parti con cura, dopo averle affinate in tanti anni di vita sociale universitaria: Erna parlava con vivacità, mentre Lars si limitava ad esprimersi con secchi ed arguti commenti. Ci si chiamava per nome e ci si dava del tu, una cosa nuova per loro, parlando svedese con uno straniero, ma si abituarono presto. Il punto di partenza della conversazione fu un articolo su Beurling che Lars aveva scritto per *The Mathematical Intelligencer* (n°3, 1993). L'articolo cominciava con le seguenti parole: "Arne Beurling fu il miglior amico che io abbia mai avuto".

Lars Ahlfors disse che lui e Arne non potevano essere più diversi. Ad Arne piaceva la vita all'aperto. Lars la odiava. Ad Arne piacque andare a caccia di alligatori a Panama con il padre, mentre Lars fu ben contento quando suo padre si dette da fare perché seguisse il suo mentore e insegnante, Rolf Nevanlinna, a Zurigo. Benché di soli due anni più giovane di Arne, Lars disse che, rispetto all'amico, continuava a sentirsi come un ragazzo.

A Lars sembrava che si fossero incontrati per la prima volta al Congresso Scandinavo di matematica del 1934, poco dopo che Beurling aveva preso il dottorato. Essi lavoravano negli stessi campi matematici e trattarono persino lo stesso argomento nelle proprie tesi di dottorato: in breve tempo divennero buoni amici. Entrambi avevano così tanta passione per la matematica che tutto il resto pareva loro di scarsa importanza. Di ritorno da Parigi, dove aveva trascorso tre anni con uno borsa di studio post-dottorato, Lars cominciò a fare ricerca all'Istituto Mittag-Leffler di Stoccolma, ma di tanto in tanto si recava a Uppsala per incontrare Beurling. Un anno dopo sposò Erna, che aveva aspettato cinque anni prima che Lars si decidesse: "dopo tutto, era una questione importante", disse lui, sulla difensiva.

Gli fu assegnato un incarico triennale come assistente a Harvard, Lars si trasferì negli Stati Uniti e cessarono i contatti personali con Beurling, pur continuando la collaborazione. Dopo gli anni di Harvard, gli Ahlfors tornarono a Helsinki, dove Lars ottenne la cattedra svedese di matematica. Ma, dopo un solo anno di serenità, scoppiò la guerra. Quando le donne e i bambini cominciarono a essere evacuati da Helsinki per via dei bombardamenti, Erna decise di trasferirsi dalla sorella, a Kungsbacka, sulla costa occidentale della Svezia, insieme ai due figli.

Dopo la Guerra d'Inverno, nel marzo del 1940, la famiglia si ricongiunse, ma solo per dividersi nuovamente quando iniziò la Guerra di Continuazione

nel 1941. Erna si recò di nuovo in Svezia, questa volta con tre bambini, mentre
Lars dovette rimanere in Finlandia. Quando aveva quasi perso ogni speranza
di rivedere i suoi familiari, giunse da Zurigo, mandato da Dio, un telegramma
che gli offriva una cattedra all'università. Ovviamente Lars prese al volo l'occasione e accettò. Con sua grande sorpresa gli fu permesso di partire, a condizione di non portare soldi con sé.

Fu facile arrivare in Svezia come prima tappa, ma una volta qui, si trovò cir-
condato da paesi nemici. Dato che la Finlandia stava cercando di negoziare
una pace separata con l'Unione sovietica, la Germania, sua vecchia alleata, ora
nemica, non aveva interesse ad aiutare Ahlfors. Gli Inglesi in quel momento

Lars Ahlfors. Fotografia presa da Beurling

erano nemici sulla carta, tuttavia dissero che l'avrebbero aiutato, anche se probabilmente sarebbe occorso molto tempo.

A quel punto tornò in ballo Arne Beurling. Ahlfors ricorda: "Appena saputo che ero in Svezia, mi invitò a Uppsala. Mi aiutò ad affittare una camera e mi organizzò un ufficio al dipartimento di matematica. La sua generosità non aveva limiti. Ero spesso invitato a colazione o a cena a casa sua e, arrangiando lezioni e altre piccole iniziative, riuscì a farmi avere un reddito sufficiente a permettermi di vivere. Ciò era necessario, dato che la Svizzera rifiutava di anticipare denaro prima di essere sicura che mi sarei trasferito".

Lars ed Erna conobbero la madre di Beurling, Elsa Raab. Come Arne, aveva un'aria molto aristocratica. Era meravigliata per la generosità e le premure di Arne: "È tanto affezionato a Lars; questo è un lato del carattere di Arne che non conoscevo affatto".

Arne e Lars continuarono a lavorare insieme sul concetto di lunghezza estremale e trovarono una definizione che sostituì tutte le precedenti. Lars partecipava ai famosi seminari serali, che a volte erano seguiti da visite a un qualche piccolo ristorante. Quando era di buon umore, Arne non disdegnava di prendere parte a piccoli scherzi. Lars ricorda una sera, mentre tornavano a casa, a tarda ora, da un ristorante. C'era molta neve, era appena cominciato il disgelo e le strade erano tutto meno che vuote. Ad un angolo, un lampione sembrava brillare più degli altri e Beurling non seppe resistere all'impulso di tirargli una palla di neve. Con sua sorpresa lo centrò e riuscì a rompere la lampadina. "Si rivolse allora verso di me e disse: corriamo, e così si fece".

Nonostante l'incertezza sulla loro partenza per la Svizzera, quello fu un periodo piuttosto lieto per Lars ed Erna. Ma il fato aveva in serbo una tragedia. Il loro figlio di un anno e mezzo, Christopher, per la cui salute avevano lasciato la Finlandia, morì in un incidente. La causa fu un filo elettrico difettoso della macchina da cucire della sorella di Erna. Uno dei cugini di Christopher credette che il filo che giaceva in terra fosse fuori posto, e lo mise su una poltrona. Quando Christopher entrò nella camera dalla cucina e si arrampicò sulla sedia, afferrò il filo con entrambe le mani. Una scarica elettrica lo uccise sul colpo.

Ciò accadde nella casa della sorella di Erna a Kungsbacka. La sola persona che Erna riuscì a trovare a Uppsala fu la madre di Arne, e questi dovette dirlo a Lars. "Non ho mai visto qualcuno affrontare un compito tanto difficile con maggiore tatto e compassione" disse Lars. "Mi accorsi che la straordinaria sensibilità di Arne riuscì a portare il livello della nostra amicizia ad un'altezza mai sperimentata in precedenza, e da quel momento in poi guardai ad Arne come alla personificazione della vera amicizia. Egli si occupò anche del mio viaggio in treno, di notte, per Göteborg – era bravo ad organizzare le cose – in modo che io potessi raggiungere Erna e le mie due figlie, Cynthia e Vanessa".

Alla fine l'aiuto dall'Inghilterra arrivò. In una notte senza luna, la famiglia si recò in volo a Prestwick, in Scozia e, con l'aiuto dell'ambasciata svizzera a Londra, riuscì a raggiungere la propria destinazione. Ma, secondo Lars, Zurigo fu una delusione. L'università sembrava essersi addormentata durante la guerra e Lars aveva la sensazione di trovarsi nel posto sbagliato e nel momento sbagliato. Per questo motivo accettò volentieri l'offerta di ritornare a Harvard nel 1947, dove trovò buoni studenti e la libertà di insegnare ciò che preferiva. Ma, meglio di tutto, poté fare in modo che Beurling andasse a raggiungerlo. Anne-Marie Yxkull Gyllenband mi raccontò del periodo di sconforto che Beurling stava attraversando. Quando citai questo fatto a Lars e ad Erna, Lars ricordò di aver incontrato Anne-Marie, così come la storia della veletta coordinata.

"Ti ha scritto lei, Lars, per chiederti se potevi invitare Arne?" chiese Erna.

Ovviamente potrei confermarlo, ma Lars non fu in grado di ricordare quanto grande fosse stata la parte avuta da quella lettera.

Arne arrivò a Boston e ne seguì un periodo di stretta collaborazione e di mutua ispirazione. I più importanti risultati di quel periodo così creativo furono pubblicati in un articolo degli *Acta Mathematica*, dal titolo "*Conformal invariants and function-theoretic nullsets*", che conteneva la presentazione definitiva del metodo della lunghezza estremale.

Lars ed Erna conservavano molti cari ricordi di quel periodo. Vivevano in un piccolo appartamento in Harvard Square, con Beurling come ospite quasi fisso. Trascorsero insieme molte serate piacevoli e, a volte, quando la notte volgeva al mattino, si sedevano in cucina ad aspettare il sorgere del sole sopra la cima dei tetti di Cambridge.

Sia Lars che Arne amavano bere, un fatto su cui Lars ed Erna erano abbastanza aperti. "Qualche volta Arne non era in grado di tornare a casa con le proprie gambe", disse Erna. "Avevamo un piccolo appartamento ma un grande letto. Io giacevo lì tra quei due uomini piuttosto ubriachi, uno per parte. Non mi sentivo in imbarazzo, Arne aveva un gran rispetto per me. Furono tempi molti belli per noi, eravamo veri amici".

Lars ricorda che un giorno riaccompagnò Arne al suo appartamento di prima mattina. Comparvero due poliziotti e Lars si accorse che Arne cercava di tenersi il più dritto possibile, sforzandosi di camminare normalmente. Arne fu molto sorpreso quando i poliziotti dissero "Buon giorno signori, buona serata". Questo a Uppsala non sarebbe capitato.

"Era veramente un gran bell'uomo. Tutte le donne cadevano ai suoi piedi. Pensavano che fosse difficile da trattare, ma l'amavano. Anch'io senza dubbio ero innamorata di lui, ma solo come amica", disse Erna.

"Gli piaceva venirci a raccontare tutto. Ammirava il nostro matrimonio equilibrato, si sentiva a proprio agio ed a casa da noi. Ma in altre circostanze era molto sospettoso ed aveva momenti di umore nero, di depressione. Sentiva la forza di Lars, la calma e la fermezza del suo carattere. Credo che questo sia stato ciò che di Lars lo attraeva maggiormente".

Mi ero portato dietro alcune fotografie di Arne Beurling nella sua barca a vela. Dopo averle studiate con attenzione Erna disse:

"Fa tristezza vedere le foto di quando era nel fiore degli anni". Di una foto in particolare ebbe a dire: "Non è forse una splendida foto, questa che lo raffigura?"

Chiesi del suo famoso caratteraccio: "Non vi capitò mai di litigare?"

"Arne e Lars andavano molto d'accordo, ma naturalmente lui poteva dire all'improvviso le cose più orribili".

"Ciò non mi disturbava minimamente" disse Lars. "Io vado d'accordo con gente del genere. Me ne accorgo appena quando si arrabbiano".

Abbiamo anche parlato degli aspetti difficili del carattere di Beurling, quelli che talvolta rendevano difficile capire le sue reazioni. Lennart Carleson aveva raccontato della tregua tra Arne e André Weil. Lars ed Erna ricordano quand'erano ancora in guerra: "Anche André Weil fu un importante matematico, ma un genere d'uomo totalmente diverso. Aveva interessi più vasti, conosceva le lingue e aveva doti letterarie. Ma lui e Arne avevano rancori reciproci e litigavano facilmente. Una volta, ad una cena a Princeton offerta dal matematico norvegese Atle Selberg, André accennò ad una decisione presa di recente dall'Istituto. Weil evidentemente la giudicava un'ottima decisione. Arne manifestò il suo disaccordo con veemenza, e ne seguì un terribile alterco. Entrambi promisero di spararsi a vicenda, ed Arne abbandonò la cena, furibondo".

Il giorno dopo Lars ed Erna andarono a trovare Arne, ma incontrarono per strada André.

"Beh, ti ha sparato?" chiese Lars. "Non ancora" rispose André; forse stava andando a chiedere scusa.

Arne non era molto interessato alla cosiddetta cultura intellettuale. C'erano molti bei concerti a Harvard e Boston, ma solo raramente Lars ed Erna riuscivano a convincere Arne ad andare con loro. Egli pensava che i concerti fossero in genere troppi lunghi.

"Riusciranno mai a smettere?" mi sussurrava nel bel mezzo dell'esecuzione. Durante una breve pausa della musica diceva "Ora!" ma poi aggiungeva, con disappunto, "No! Continuano".

Arne Beurling ricevette l'offerta di dirigere l'Istituto Mittag-Leffler di Stoccolma, come successore di Torsten Carleman. L'Istituto è un centro di ricerca matematica di fama mondiale, e la carica di direttore è importante e

Arne Beurling nella sua barca a vela, la Capona. Foto di Anne-Marie Yxkull

prestigiosa. Beurling non era entusiasta dell'idea. Avrebbe voluto piuttosto che fosse Lars ad accettare l'offerta, e cercò di convincere l'amico sottolineando i lati positivi della carica. Sebbene considerasse seriamente l'offerta, Lars era indeciso.

Più o meno nello stesso periodo ebbe luogo un incidente, nel quale fece la ricomparsa il lato difficile da comprendere del carattere di Beurling. Erna ricorda:

Nella primavera del 1949 andammo alla Stanford University in California, dove Lars avrebbe dovuto tenere un corso estivo. Arne era con noi. Un giorno un gruppo di noi si mise a chiacchierare e, tra gli argomenti di conversazione, saltò fuori l'Istituto Mittag-Leffler. Improvvisamente Arne parve sentirsi offeso, qualcuno forse aveva detto qualcosa che non gli era piaciuto. Corse fuori, verso la sua macchina – aveva comprato una macchina che amava – e ci rimase seduto per un bel pezzo. Forse sperava che uscissimo a prenderlo. Noi invece, dal canto nostro, eravamo preoccupati e ci domandavamo perché non tornava. Un po' di giorni dopo arrivò una cartolina "Ora ho raggiunto la fine dell'America. Sono al confine con il Messico, ma faccio marcia indietro". Doveva aver guidato per parecchio tempo. Non abbiamo mai saputo perché si fosse arrabbiato.

Se ne tornò in Svezia mentre eravamo ancora in California. Di ritorno al nostro appartamento, ci accorgemmo che aveva lasciato dello champagne nel frigorifero e un messaggio nel quale ci invitava a brindare per la decisione di trasferirsi in Svezia, all'Istituto Mittag-Leffler.

Mentre bevevamo lo champagne Lars era di umore molto cupo, ed io gli chiesi: "Allora Lars, che succede: è una celebrazione o una veglia funebre?".

"Sai Erna, non posso ritornare in Svezia".

Così decidemmo di non andarcene. Harvard voleva tenere Lars, e Lars si rendeva conto che il Mittag-Leffler non era il posto giusto per lui. Lì avrebbe dovuto occuparsi di faccende amministrative, come sollecitare denaro dalle industrie ecc. Cose che non lo interessavano.

Non scoprirono mai perché Arne si sentisse così afflitto. Egli tornò negli Stati Uniti un paio d'anni dopo per insediarsi all'Institute for Advanced Study di Princeton. A quel tempo sposò anche Karin Lindblad, piovuta da Värmland, nella Svezia occidentale, ma che aveva studiato a Uppsala. La stretta collaborazione tra Lars e Arne si allentò ma i legami sociali rimasero forti per molti anni.

Un giorno però, Arne disse che non voleva più avere a che fare con Lars. Erna racconta la storia: "c'era un tratto chiaramente patologico nel carattere di Arne. Egli pensava che volessimo imbrogliarlo, che volessimo fargli del male. Questo capitava anche con molti altri, con persone che gli piacevano e che lo amavano molto. Per noi la cosa fu molto triste e del tutto incomprensibile. Come poteva distruggere un'amicizia così bella? La ragione era la stessa di molti altri casi in cui Arne aveva rotto l'amicizia. Lars aveva tenuto una conferenza, più tardi pubblicata, su alcuni temi sviluppati con Arne. Arne era continuamente citato e veniva detto esplicitamente che il lavoro si basava sulle idee di Beurling. Ma Arne ne fu seccato e disse che quel materiale era ancora da portare a termine e non doveva essere usato. Quella era la fine dell'amicizia, disse, e non voleva più vedere Lars".

"Passarono molti anni, troppi" dice Lars "senza il minimo contatto personale. Tutto gli sforzi per mettere le cose a posto furono inutili. Fu una cosa tragica e dolorosa. Io, più di chiunque altro, non gli avrei certo portato rancore".

Finalmente, nel 1984, successe qualcosa. Gli organizzatori del *Bieberbach Jubilee* a Purdue combinarono un incontro tra Arne e Lars. Entrambi furono invitati come conferenzieri, entrambi accettarono ed entrambi sapevano che l'altro sarebbe venuto. Ad Arne era stato diagnosticato un cancro e non era certo se poteva viaggiare, ma egli decise di andare comunque a Purdue.

Arne vide Lars per primo. Lars sentì una mano sulla spalla e sentì Arne dire "Ciao Lasse!".

"La maggior parte della gente mi chiama Lars, ma Arne usava spesso il vezzeggiativo "Lasse". Così, senza ulteriori parole, capii che il passato era passato", disse Lars. "La vecchia magia aveva funzionato. Eravamo di nuovo insieme, e durante l'incontro ci raccontammo l'uno all'altro, per quanto era permesso dalla salute di Arne. Ci lasciammo da amici.

Arne Beurling nella sua automobile

"Nell'ottobre 1986 Karin Beurling chiamò. Disse che Arne stava molto male e che voleva vedermi. Quando andai a trovarlo stava proprio molto male e soffriva molto. Ma la sua mente era lucida ed egli era pienamente consapevole della ragione dell'incontro.

"Meno di due settimane dopo era già morto. E quella fu la fine di una bella amicizia".

Arne Beurling morì il 20 novembre 1986. Fu sepolto nella tomba di famiglia dei Beurling nel *Norra kyrkogården* (Cimitero del Nord) di Stoccolma. Lars Ahlfors è morto l'11 ottobre 1996.

Fonti

Archivi della FRA. Questa è la mia fonte principale. Dietro speciale permesso, mi è stato consentito di consultare documenti che si riferiscono al lavoro dell'agenzia nel periodo 1939-1945.

Krigsarkivet [Archivi di guerra svedesi].

Conferenze registrate e lezioni tenute da Arne Beurling alla FRA nel novembre 1976.

XL90: Lezioni tenute in un convegno interno della FRA, per celebrare il cinquantesimo anniversario della decrittazione della G-Schreiber.

TV93: Interviste fatte per un documentario televisivo intitolato *G som i hemlig* [G come Segreto], prodotto da Olle Häger e dall'autore nel 1993. Solo molto poche di esse furono usate nel documentario.

I94-95: Interviste fatte dall'autore negli anni 1994 e 1995.

	XL90	TV93	I94-95
Lars ed Erna Ahlfors			x
Birgit Asp	x	x	
Horst B.			x
Gunnar Blom			x
Carl-Gösta Borelius	x	x	x
Lennart Carleson	x	x	x
Wilhelm Carlgren	x	x	
Tore Carlsson			x
Carl-Georg Crafoord			x
Ulla Flodkvist	x	x	x
Bengt Florin			x
Gertrud Nyberg-Grenander			x
Elna Gyldén			x
Ulrika Hamilton			x
Raimo Heiskanen	x		
Gunnar Jacobsson			x
Bertil Levison			x
May Lindstein			x
Åke Lundqvist	x	x	x
Gunnar Morén		x	
Kurt Nilsson	x	x	
Erkki Pale	x		
Birgitta Persson			x
Gertrud Sjögren Hirschfeldt			x
Tage Sverisson			x
Åke Svensson	x	x	x
Johannes Söderlind	x		x
Robert Themptander			x
Gösta Wollbeck	x		x
Sven Wäsström	x	x	x
Ann-Marie Yxkull Gyllenband			x
Teuo Äyräpää	x		x

I riferimenti alle opere pubblicate sono menzionati nel testo.
Le fotografie provengono dagli archivi della FRA eccetto quelle di
Erna e Lars Ahlfors: pp.......
Elna Gyldén: pag. ....
Wolfgang Mache: pag. ...
Anne-Marie Yxkull Gyllenband.: pp. ....

Indice dei nomi

ISBN 88-470-0316-4

€ 28,95